国家自然科学基金项目（71872122）

U0343996

建筑节能工程质量治理与监管

郭汉丁◎著

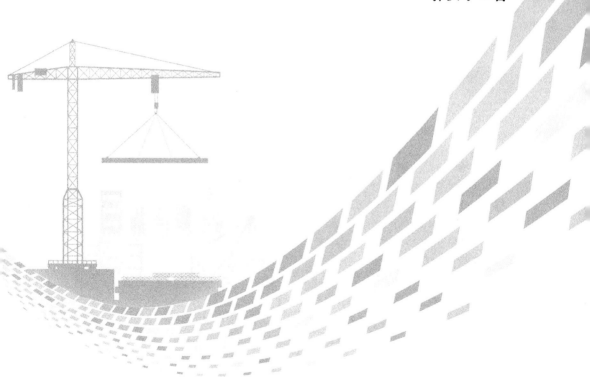

机械工业出版社

CHINA MACHINE PRESS

本书是国家自然科学基金项目（71872122）的阶段性研究成果。全书编写采用篇章结构，上中下三篇既相对独立，又逻辑衔接；章节统一排序，既侧重理论体系的系统完整性，又突出指导实际工作的实践针对性。本书从建筑节能工程质量管理的关键环节（新建建筑外墙节能工程和既有建筑节能改造工程）分析入手，以承包商工程质量治理和政府监管相结合的视角，提出并论证了承包商建筑外墙节能工程质量管理实施过程与效果评价、ESCO 既有建筑节能改造工程质量风险管理、工程质量政府监管信息化平台运行机理与激励体系架构等理论与实践体系，形成了较为系统的建筑节能工程质量治理与监管的理论观点与实践工作指南。

本书可供建筑承包商、建筑节能服务企业、工程质量政府监督机构的相关专业技术人员和行业监管工作者学习借鉴和实践参考，也可作为高等院校、科研院所相关专业教师、研究人员和学生的研究参考用书。

图书在版编目（CIP）数据

建筑节能工程质量治理与监管／郭汉丁著 . —北京：机械工业出版社，2019. 4
ISBN 978-7-111-62384-7

Ⅰ . ①建… Ⅱ . ①郭… Ⅲ . ①建筑 – 节能 – 工程质量 – 质量管理
Ⅳ . ①TU111. 4②TU712

中国版本图书馆 CIP 数据核字（2019）第 057129 号

机械工业出版社（北京市西城区百万庄大街 22 号　邮政编码 100037）
策划编辑：徐文京　康会欣　　责任编辑：徐文京
责任校对：刘晓宇　　　　　　责任印制：康会欣
装帧设计：高鹏博
北京九州迅驰传媒文化有限公司印刷
2019 年 4 月第 1 版·第 1 次印刷
170mm×242mm·16. 75 印张·286 千字
标准书号：ISBN 978-7-111-62384-7
定价：68. 00 元

作者简介

郭汉丁，男，1962年10月出生。博士（后），教授，高级工程师，硕士研究生导师，天津城建大学生态宜居城市与可持续建设管理研究中心主任。30多年来一直从事建设工程管理实践、教学与研究工作；主要围绕生态宜居城市与可持续建设管理开展建设工程质量政府监督管理、废旧电器回收再生利用生态产业链管理、既有建筑节能改造管理等3个方面的研究；是天津市教学名师，主持工程项目管理课程群教学团队获批天津市市级教学团队，主持工程建设管理综合训练中心获批天津市示范实验中心；天津市管理科学与工程学科领军人才。

获得天津市高等教育成果二等奖1项，天津市高等教育学会优秀教育研究成果三等奖1项，天津城建大学优秀教学成果一等奖2项、三等奖1项，重庆市第十一届期刊好作品三等奖1项；指导的硕士生学位论文中有2篇获评天津市优秀硕士学位论文。参编国家"十一五"规划教材1本，主编天津市"十二五"规划教材1本，主编住建部"十三五"规划教材1本。

主持完成国家自然科学基金项目1项，省部级项目5项，天津市教委等局级项目5项；参加完成国家科技攻关项目2项，亚行援助项目1项；参与完成国家自然科学基金项目1项，省部级项目9项，厅局级项目7项。出版《建设工程质量政府监督管理》《建设工程质量政府监督管理评价理论与实践》《工程质量政府监督多层次激励协同机理研究》《废旧电器回收再生利用项目管理理论与实证》《废旧电器再生利用生态产业链运行管理研究》《既有建筑节能改造EPC模式及驱动要素研究》《既有建筑节能改造市场发展机理与政策体系优化研究——基于主体行为博弈策略视角》等7部著作；先后发表学术论文200余篇；获山西省科技进步二等奖1项（集体），天津市社会科学优秀成果二等奖1项、三等奖2项，中国建筑学会科技进步二等奖1项；获天津市建设系统优秀教科论文二等奖1项、三等奖2项。目前，主持在研国家自然科学基金项目2项；参与在研国家社科基金项目1项、天津市教育规划项目2项、天津社科规划项目2项。

1986年，山西省"2080"重点工程"先进个人"；1991年，山西师范大学"优秀教育工作者"；1996年，山西省高校基本建设"先进工作者"；1996年，山西师范大学"优秀共产党员"；1998年，山西省下乡扶贫"先进工作队员"；2007年，获得天津城市建设学院优秀教师称号；2009年1月天津市人民政府授予"优秀博士后研究人员"；2012年，获得天津城市建设学院优秀共产党员称号；2013年，获天津市五一劳动奖章。

前言
FOREWORD

以循环经济理论为指导，牢固树立"创新、协调、绿色、开放、共享"五大发展理念，全面落实"经济建设、政治建设、文化建设、社会建设、生态文明建设"五位一体总体布局，已成为经济社会可持续发展、实现强国富民梦想国家战略的内在要求。同时，更新发展理念、优化产业结构、和谐人与自然关系是时代进步与社会发展的主旋律。解决资源、能源危机和生态环境问题需要科学战略规划，更需要全面持续推进。40年的改革开放，经济社会建设成就辉煌，我国建设规模之大，建筑存量增长之快，前所未有，成为世界之最。但由于粗放型增长，建筑能耗攀升高达全社会总能耗的1/3，建筑业成为我国社会发展过程中资源与能源消费大户。因此，建筑节能是实现节能减排战略目标的重要举措。

从建筑业整体状况来看，建筑节能基本途径包括新建建筑绿色化和既有建筑绿色改造两个阶段。新建建筑节能的关键环节之一是建筑外墙节能工程，提高建筑外墙节能工程质量是新建建筑节能的基本要求。近10年，我国既有建筑节能改造主要以政府主导为推动模式，虽然取得了显著成效，但距离既有建筑绿色化改造和全社会节能减排战略目标的要求还相差甚远，主要体现在市场机制欠完善、主体驱动乏力、政策匹配性不够等，造成节能改造功能效果、节能效益和市场发展进程都不明显，既有建筑节能改造工程效果整体欠佳。因此，基于实施主体治理视角，开展承包商建筑外墙节能工程质量治理和节能服务公司（ESCO）既有建筑节能改造工程质量风险管理研究，改善工程质量政府监管的手段和理念，都是建筑节能工程质量治理与监管值得深入探讨的课题。

"百年大计，质量第一"，工程质量是建设行业的永恒主题，建筑节能工程质量也不例外。建筑节能的两阶段论决定了建筑节能工程质量治理的两阶段性，建筑节能工程形成的系统复杂性决定了建筑节能工程质量治理体系与治理过程的复杂性，工程质量生产者负责制是国际惯例，它内在规定了承包商实施建筑节能工程质量治理的基础性作用。因此，从建筑节能工程质量形成的生产实践过程来看，强化承包商建筑节能工程质量治理是保证建筑节能工程质量的基础。正因如此，本书上篇规划了承包商建筑外墙节能工程质量管理实施过程与效果评价，中篇规划了ESCO既有建筑节能改造工程质量风险管理，依据建筑节能工程质量两阶段各自不同的特点，架构了承包商建筑节能工程质量治理的重点与思路。同时，工程质量的提高离不开政府监管，建筑节能工程质量也需要政府的有效监管。从工程质量政府监督改善的视角，本书下篇着重阐述了工程质量政府监管手段改善（信息化平台运行机制）和政府监督理念改善（多层次激励体系架构），形成了建筑节能工程质量承包商治理与政府监管改善互动的工程质量管理理论体系。

本书是工程质量政府监督管理研究与既有建筑节能改造研究前期成果交叉融合的新成果。我先后出版《建设工程质量政府监督管理》《建设工程质量政府监督管理评价理论与实践》《工程质量政府监督多层次激励协同机理研究》3本工程质量政府监管著作；近期出版了《既有建筑节能改造EPC模式及驱动要素研究》《既有建筑节能改造市场发展机理与政策体系优化研究——基于主体行为博弈策略视角》2本既有建筑节能改造管理著作，奠定了本书形成的前期理论基础。

本书基于主体关联的建筑节能工程质量治理与监管互动视角，以建筑节能工程治理生产者负责制和全面质量管理为基本观念，实施建筑节能工程质量的新建建筑外墙节能工程质量承包商治理与既有建筑节能改造工程质量风险管理的分阶段承包商治理；基于工程质量政府监管有效性视角，以工程质量政府监管改善为切入点，围绕工程质量政府监管手段信息化平台运行和监督主体多层次激励体系架构，激发监管的积极性与能动性两大基点，形成建筑节能工程承包商治理与政府监管改善的理论体系。

本书采用的基本研究思路模式为"总-分-合"。首先，对"建筑节能工程质量治理与监管"实施总体规划与设计论证，确定研究总目标和主要分块内容；其次，依据总体研究目标要求，按照分解的3个子课题"承包商建筑外墙节能工程质量管理实施过程与效果评价研究""ESCO既有建筑节能改造工程质量风险管理研究""工程质量政府监管信息化平台运行机理与激励体系架构研究"分别以硕士学位论文为单元开展专题研究，形成相对完整的3个研究成果体系；最后，以3个硕士学位论文专题研究成果为基础，基于"建筑节能工程质量治理与监管"的主题逻辑内涵要求，调整、补充、整合已完成研究成果，形成系统体系完整、内容逻辑严谨的著作成果架构，推敲修改研究内容，完成系统研究的最终成果。

本书从系统整体实施全面规划着手，构架了总括、承包商工程质量治理、ESCO 工程质量风险管理、工程质量政府监管改善、总结等 5 大模块、上中下三篇共 12 章的层次体系。模块 1 为总括，对应本书第 1 章。模块 2 为上篇（承包商工程质量治理），由 3 大要素构成，对应本书第 2~4 章。模块 3 为中篇（ESCO 工程质量治理），由 3 大要素构成，对应本书第 5~7 章。模块 4 为下篇（工程质量政府监管改善），由两大要素构成。要素之一为手段改善（信息化平台），由本书第 8~10 章共 3 章构成；要素之二为理念改善（协同激励），对应本书第 11 章。模块 5 为总结，对应本书第 12 章。

本书的形成经历了立题研究、学位论文论证、成果整合深化完善、全文统稿充实研究等，长达 11 年之久。尽管进行了反复推敲与修改，但由于本书主要成果形成的阶段性，使得部分较早数据资料尚未完全更新，研究内容分块实施可能会造成语言表达方式欠一致等不尽如人意之处。再者，由于水平有限，书中的错误与不妥之处在所难免，敬请读者批评指正。

郭汉丁

2018 年 12 月 18 日

目录
CONTENTS

上 篇
承包商建筑外墙节能工程质量管理实施过程与效果评价

中　篇

ESCO 既有建筑节能改造工程质量风险管理

下 篇

工程质量政府监管信息化运行机理与激励体系架构

第1章 绪 论

工程质量是建筑行业发展的主题，也是工程建设管理的主题。无论是新建建筑工程，还是改造工程；无论是一般建筑工程，还是节能工程；无论是业主、承包商、监理单位，还是政府监管部门，从事工程建设管理，都必须紧紧围绕工程质量主线开展管理。"百年大计，质量第一"是历史的概括，也是时代的呼唤。随着建筑行业践行可持续发展理念的深入，绿色建筑、节能建筑、可持续建筑逐步成为建筑行业发展的共识。新的理念对工程质量的管理提出了新的要求，建筑节能工程质量承包商治理和政府监管也必然融入新的内涵。本书从新建建筑节能工程质量重点环节，即建筑外墙节能工程质量管理、既有建筑节能改造工程质量风险管理两个阶段，基于建筑节能工程质量实施主体和政府监管两个视角，探讨建筑节能工程质量共治理论体系，以期为建筑节能工程质量的协同治理提供理论借鉴与实践参考。

20世纪以来，全世界能源消耗的增长速度远超过人口增长速度，这将带来世界性能源危机与环境危机。而50%以上的温室气体来自于与建筑业相关的生产运输、建筑的建造以及建筑运行管理等环节的能源消耗。近年来，我国每年新建房屋面积占世界总量的一半，其中95%以上属于高耗能建筑，在400多亿m²既有城乡总建筑面积中只有1%左右是节能面积。建筑业作为能耗大户，包括建筑材料生产及采暖通风、配电照明、监测与控制系统在内的总能耗已达到一次能源消耗的30%以上，居能耗首位。因此，我国"十二五"规划明确提出发展绿色建筑，加强工程建设全过程的节能减排，实现低耗、环保、高效生产；大力推进建筑业技术创新、管理创新，推进绿色施工与节能改造，发展现代工业化生产方式，这使节能减排成为建筑业发展新的增长点。

建筑节能事业分为两大部分：新建建筑节能和既有建筑节能改造。对于新建建筑，"十二五"规划通过对建筑材料与节能标准的制定得以有效管理。建筑节能的关键环节之一是建筑外墙节能。既有建筑规模巨大，能耗比较高，据统计，我国单位建筑能耗为气候条件相当的发达国家的2~3倍。因此，既有建筑是节能改造最具潜力的建筑节能发展方向。既有建筑实施节能改造是一项系统而复杂的工程，涉及工程经济性分析、投融资模式分析、节能施工技术管理、工程施工安全管理、工程质量管理等内容。建筑节能工程质量承包商治理与政府监管研究，对我国建筑节能事业的发展、和谐社会的构建将起到重大推动作用。

1.1　研究背景与意义

1.1.1　研究背景

建筑业已经成为我国国民经济支柱产业及对外经济的主要组成部分。据《中国统计年鉴》建筑业有关数据，2008 年、2009 年、2010 年建筑业总产值分别为 62 036.81 亿元、76 807.74 亿元、95 206 亿元；分别占国内生产总值比例 19.75%、22.56%、23.92%；2009 年较 2008 年同比增长 23.81%，2010 年较 2009 年同比增长 23.95%。从增长趋势看出，建设工程正处于蓬勃发展时期，建筑产业已经成为推动国民经济增长的重要因素。因此，工程质量治理与监管的价值变得更加重大，承包商对于工程质量治理的责任、政府对工程质量监管的责任也愈加繁重，工程质量承包商治理与政府监管进入内涵丰富的全面系统治理新阶段。

20 世纪以来，全世界能源消耗的增长速度远远超过人口的增长速度，这将带来世界性的能源危机和环境的恶化，而大约一半以上的温室气体来自于与建筑有关的生产运输、建筑的建造以及建筑运行管理等环节的能源消耗，全世界大约有 40% 的砂石块、25% 的原木将被用在建筑中，建筑生产活动产生的垃圾占人类活动垃圾总量的 40%[1]。随着我国国民经济的飞速发展和人民生活水平的不断提高，在建筑产业发展的同时，研究与之相适应的建筑节能工程质量管理是时代发展的必然需要。基于承包商建筑外墙节能工程质量管理与效果评价、既有建筑节能改造工程质量风险管理、建筑节能工程质量政府监督信息化平台运行与激励体系架构等研究正成为建筑节能工程质量管理不断加强和完善过程中需要探索的新课题。其目的在于提高节能工程质量管理水平，确保整个建筑节能工程质量，切实改善人民生活环境，降低国家和公众的能源消费支出，最终保护生态环境。

建筑节能工程质量治理与监管研究的时代背景可以归纳为以下几点：

1. 降低建筑能耗是开展建筑节能工程质量治理研究的基本动机

至 2010 年，建筑能耗已上升到占全国总能耗的 1/4。据统计，我国建筑能耗占能源总消费量的 20% ~ 30%，依照发达国家的经验，建筑能耗最终会占整个能源消耗量的 30% ~ 40%[2-3]。预计到 2020 年，我国建筑能耗将上升到 10.89 亿 t 标准煤，是 2000 年的 3 倍，而空调高峰负荷所需的电量将相当于 10 个三峡电站满负荷出力。面对如此严峻的能源紧缺现状，我国在"十一五"规划中明确将建筑节能列为十大节能工程之一，并提出要尽快改变建筑高能耗的现状，推动建筑节能事业的发展[4]。这种高能耗的现象与建筑外墙节能工程质量不达标有着密切关系。因此，通过改善建筑外墙节能工程节能效果来提高建筑围护结构保温隔热水平，从而达到降低建筑能耗的任务不仅繁重，而且势在必行。

2. 政策法规、标准规范推动建筑节能发展是开展建筑节能工程质量治理研究的动力

我国建筑节能工作的开展是以 1986 年颁布的北方居住地区建筑节能设计标准为标志的。在 30 多年的发展过程中，随着政府及学术界对建筑节能问题的不断重视，不断深化建筑节能的推广工作。从 1986 年的《北方寒冷地区建筑节能标准》，2001 年的《夏热冬冷地区居住建筑节能设计标准》和 2003 年的《夏热冬暖地区居住建筑节能设计标准》，到 2007 年《建筑节能工程施工质量验收规范》以及 2008 年《民用建筑节能条例》等一系列规范和标准的推出，充分说明我国政府对建筑节能工作的重视，并正在有计划地由北向南推进节能工作，逐步深入规范建筑节能管理，这已成为推动建筑节能事业快速发展的驱动力。

3. 确保建筑外墙节能工程质量和建筑围护结构保温隔热效果是承包商新建节能建筑工程质量治理的核心环节

2008 年，我国通过围护结构的传热热损失量占总能量的 70% ~ 80%，当建筑节能达到 50% 标准时，各部分的能耗量如图 1-1 所示，通过外墙的热损失占整个建筑热损失量的 27.5%，分别高于外窗的 18.9%，屋面的 7.9%。并且通过计算发现[5]，外墙的传热系数每增加 10%，全年综合耗电量同

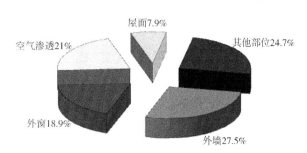

图 1-1　建筑节能达到 50% 建筑围护结构各部分能耗量

比增加2%~5%；而且屋面传热系数对全年的综合耗电量的影响远远小于外墙，一般情况来看，屋面的传热系数每增加10%，全年综合耗电量增幅小于1%。因此，提高建筑外墙保温隔热效果，减少围护结构的热损失，将是提高建筑节能的有效手段。

4. 建筑外墙节能工程质量问题频发，为此要增强建筑节能工程质量承包商治理研究的紧迫感和责任感

我国从20世纪80年代开始兴起建筑节能。由于实施时间短，节能材料、工艺、技术都不成熟，相关标准、制度都很不完善，施工全过程中的建筑外墙节能工程质量难以保证。其主要问题可以概括为以下几个方面：

1）建筑外墙节能工程在施工过程中，人、材、机、设备和方法等要素的投入质量不足，从而影响建筑外墙节能工程质量的实现。

2）建筑外墙节能工程在施工过程中缺乏有效的过程控制，导致中间质量转化过程存在问题，使最终的建筑外墙节能工程质量无法实现。

3）在竣工验收环节，普遍存在检验人员专业素质不高，检验过程形同虚设等问题，不能起到把关验收的作用。

4）相关管理制度不完善。节能材料投入、中间过程检验、竣工验收及保修维护都缺乏有针对性的管理制度，造成每个环节都存在建筑外墙节能工程质量管理控制不到位的现象，无法保证建筑外墙节能工程质量的顺利实现[6]。

5. 既有建筑节能改造工程的合同能源管理模式内在要求治理既有建筑节能改造工程质量风险

既有建筑节能改造工程质量是其成败的关键，也是各方主体及社会关注的重点，对其工程质量风险控制的好坏直接关系节能改造工程的成败，也是既有建筑节能改造工程各方主体根本利益的体现。节能服务公司(ESCO)实施既有建筑节能改造必须实施既有建筑节能改造工程质量风险管理，以保障既有建筑节能改造工程质量能够实现既有建筑节能改造功能，达到既有建筑节能改造的效果与目的，实现既有建筑节能改造事业健康可持续发展。

6. 建筑信息化的进程对于建筑节能工程质量政府监督手段改进提出了新要求

计算机、通信及网络等信息技术革命，加速了全球各领域信息化进程，信息化已成为国家经济和社会进步的助推器；与时俱进的管理方法与现代化质量保证技术的快速发展与完善，给"质量从工业时代带入信息时代"[7]提供了理论支持与技术保障；政策上，1984年实施建设工程质量政府监督制度，对保证国家与公众的工程质量利益起到不可替代作用，住房与城乡建设部发布的

《2003—2008 年全国建筑业信息化发展纲要》（2003 年），标志着我国建筑业信息化步入了政府全面规划与监管实施阶段。

7. 我国工程质量监管体系"各自为政，分散管理"的现状问题对于建筑节能工程质量监管信息化平台运行改善提出了迫切需要

对工程质量，政府监管手段信息化利用水平低，提高工程质量政府监督有效性与管理效率迫在眉睫。这需要从改革工程质量政府监管手段着手，实施工程质量政府监管信息化，即结合我国政府质量监管现状和把握信息化发展趋势，将信息技术等高科技手段应用到政府对工程质量的监管过程中，实现工程建设全过程和全生命周期的网络化、动态化及实时监管，推动我国工程质量政府监管向专业化、科学化、高效化、国际化发展。本书针对工程质量政府监管历史进程、现存问题与发展动向，提出构建工程质量政府监管信息化平台这一设想。对信息化平台运行机制与技术架构展开分析，探讨政府监管信息化平台的体系结构，从不同角度给出组成平台的 4 大模型；在政府监管信息化平台设计原则和技术实现基础上，对平台 6 个子系统展开详细设计；对典型省（市）级工程质量监管信息门户网站进行横向和纵向的数据统计与多维比对分析，指出工程质量政府监管门户网站规划设计发展出路——标准化；在使用集成评价理论的基础上，对工程质量政府监管信息化绩效进行综合评价并给出具体评价方法。

1.1.2 研究意义

建筑节能工程质量治理与监管研究是基于工程质量价值认识和工程质量生产者责任制的理念，从生产主体质量和政府监管互动视角，架构建筑节能工程质量承包商治理、ESCO 既有建筑节能改造工程质量风险管理、工程质量政府监督改善的研究内容体系，是保证与提高建筑节能工程质量的必要措施，具有重要的理论与实际意义。

1. 保证建筑外墙节能工程质量，降低运行能源消耗，实现可持续发展

我国地域广阔，冬季南北温差大，气候条件复杂多样。东北地区不仅气温低，而且低温时间持续长。华北地区虽不及东北地区那样寒冷，但总体冷热时间相对较长，并且夏季经常会出现超高温天气。1 月份东北地区的平均气温偏低 10 ~ 18℃、华北地区的平均气温偏低 10 ~ 14℃、长江南岸偏低 8 ~ 10℃、东南沿海偏低 5℃，而 7 月份各地平均温度又普遍偏高 1.3 ~ 2.5℃[8]。过去我国对建筑物的隔热、保温以及气密性的重视程度不够，大多数住宅的建筑保温隔热性能仅相当于欧洲 20 世纪 50 年代的平均水平，冬季普遍居室的温度低于

16℃、夏季又超过30℃，居室热环境相对较差，影响着广大人民群众的身体健康和生活舒适度。每年冬天，感冒、关节炎、气管炎、心脑血管疾病、风湿性心脏病的发病率明显增高，而到了盛夏季节，由于室内闷热，特别是处在顶层和西向房间的居民最为难熬。从20世纪80年代开展建筑节能后，上述情况得到了明显改善，新建节能建筑除了采用节能、高效的供暖、空调设备之外，还特别加强围护结构的保温和隔热性能以及门窗的气密性。

提高建筑外墙节能工程的节能效果，利用适宜的节能技术改善室内热环境，提高人民居住和工作条件，有利加快推进社会主义现代化建设的步伐。建筑节能的目标就是在满足人民生活水平和社会发展需要的条件下，减少建筑运行时的能源消耗，并减少资源浪费，达到保护环境、实现可持续发展的目的。目前我国城乡建筑发展十分迅速，房屋建设规模日益扩大，建筑用能增长速度快，但能源浪费现象严重。20世纪80年代初期，全国每年建成的建筑面积为7亿~8亿m^2。目前我国城乡既有建筑面积已超过420亿m^2，年竣工建筑面积也超过20亿m^2，而其中大部分属于高能耗建筑，居住和公共建筑的用能增长迅速。据测算，使用1t优质绝热节能材料，1年就可节约3t标准煤，而间接相当于减少二氧化碳、氧化氮、二氧化硫、一氧化碳等有害气体1.015t的排放量[9]。通过提高建筑外墙节能工程质量改善围护结构保温隔热效果，可以有效减少建筑在运行维护期间的能源消耗，进而减少氮氧化物、一氧化碳、二氧化硫及烟尘颗粒的排放，实现社会可持续发展。

2. 促进节能服务型企业自身发展，推动既有建筑节能改造行业发展

既有建筑节能改造工程质量特征与影响因素、质量风险识别与评价等的研究，对节能服务型企业增强质量管理水平、降低工程质量风险发生概率有重要意义。同时提高节能改造成功率，有助于节能服务型企业改善工程质量、提高工程利润率。节能服务型企业对既有建筑节能改造工程质量与风险的良好监控，将对既有建筑节能改造工程起到很好的宣传与推广作用，可充分调动业主改造的积极性，形成良性循环，从而进一步丰富既有建筑节能改造实践经验，提高节能效果，扩大节能改造收益，推动既有建筑节能改造行业的健康发展。

3. 改善工程质量政府监管手段，提升建筑节能工程质量政府监管有效性

实施建筑节能工程质量政府监管是国际惯例。随着我国建筑业的迅猛发展，一方面，政府对建筑节能工程质量监管业务的标准化、程序化、可控度的要求在逐渐提高；另一方面，重大项目在数量上的增加和对质量的严格要求，使监

管工作难度与日俱增。这就需要建立系统、健全的建筑节能工程质量政府监管体系，深入开展政府质量监管信息化平台体系理论研究与实践探索。这在国际经济一体化大环境下，对维护国家、社会和公众利益，提高工程质量整体水平有重大现实意义。

我国工程质量政府监督手段和管理方式进入了深化改革阶段，政府为了实现对建筑节能工程质量监管工作的根本转变，其监督内容、方法和手段应顺应新形势要求进行改革。为了把政府对建筑节能工程质量的监管全过程纳入信息平台范围内，需要采用科学的方法对质量行为能力和行为过程实施信息化的流程分析与实践探究，并以信息技术为支撑点和驱动力，实现监管工作流程的信息化和网络化、监管方法的科学化和先进性，从而带动整体安全质量监管系统工作水平迈上新台阶。

建筑节能工程质量政府监管信息化平台的构建与运行研究是促使质量监管从传统手段向法制化、社会化和专业化进步的需要。监管部门借助信息化平台，有利于提高建筑节能工程质量政府监管效率，督促建筑市场健康有序发展；监督人员借助信息化工具可提高自身业务监管水平，给建筑节能工程监管工作提供技术支持和知识指引，加强监督人员履行监督执法职责的意识；监管信息化平台研究从整体上考虑主体质量行为和质量运作体系，可有效规范政府质量监督行为，提高建筑节能工程质量政府监管准确度和决策科学性；建筑节能工程质量政府监管信息化研究促进监管市场数字化水平，对形成公平、公正、公开的建筑市场有深刻的现实意义。使用信息技术改进、变革和创新工程管理的思想、组织、方法与手段，给全球建筑领域带来了较大冲击。信息技术的开发和运用已成为提高业主满意度、增强企业核心竞争能力的主要手段和发展战略。为了增强我国建设事业在国际建筑市场中的竞争力与合作机会，深入探究建筑节能工程质量政府监管信息化平台的建设势在必行。

1.2　研究目标与内容

1.2.1　研究目标

建筑节能工程质量治理与监管研究采取模块划分、整体优化的方式构架体系，形成承包商建筑外墙节能工程质量治理、ESCO 既有建筑节能改造工程质量风险管理、工程质量政府监督改善相互关联的理论体系。其研究目标可概括为

3 个方面：

1) 从国内外建筑外墙节能工程质量管理理论与实践分析入手，以承包商视角，对建筑外墙节能工程质量管理实践特征进行系统分析，探究建筑外墙节能工程质量管理的主要影响因素；引入全面质量管理理念，探讨承包商建筑外墙节能工程质量管理的措施与对策；建立科学合理的建筑外墙节能工程质量管理评价体系和评价方法，初步形成建筑外墙节能工程质量管理的基本原理与运行体系；为承包商建筑外墙节能工程质量管理决策提供理论基础和实践指导，推动建筑外墙节能工程质量持续改进。

2) 从国内外建筑工程质量管理理论与实践分析入手，结合既有建筑节能改造工程质量形成特征，以节能服务型企业为既有建筑节能改造工程质量治理的对象，总结既有建筑节能改造工程质量特征与影响因素。通过对质量风险内涵的深入分析，探究既有建筑节能改造质量风险形成机理及特征，科学开展既有建筑节能改造工程质量风险识别；建立既有建筑节能改造工程质量风险评价体系，实施既有建筑节能改造工程质量风险管理量化评价；提出既有建筑节能改造工程质量风险控制措施，形成既有建筑节能改造工程质量风险治理理论体系；改善既有建筑节能改造工程质量治理体系，提高既有建筑节能改造工程质量。

3) 在综述国内外工程质量监管信息化研究成果的基础上，结合我国工程质量政府监管现状，按照工程质量政府监管过程特征和工作流程，以建设法律法规、行政文件、工程管理、设计、材料、施工技术与验收标准、实验与检测等国家标准为依据，通过对信息化平台构建条件、信息化平台系统模块、信息化平台子系统、信息门户网站、信息化绩效评价等的研究，完善我国建筑节能工程质量政府监管体系，提供建筑节能工程质量政府日常监管工作流程的信息化手段和方式，构建建筑节能工程质量政府监管信息化平台构建与运行机理，推动建筑节能工程质量政府监管信息化进程。基于建筑节能工程质量政府监督能动性，从工程质量政府监督代理链分析与多层次激励机制、工程质量政府监督多层次利益分配与激励协同机制、工程质量政府监督的声誉激励机制等 3 个方面架构建筑节能工程质量政府监管激励体系，提高建筑节能工程质量政府监管信息化平台建设水平和监管有效性，从整体上保证与提升建筑节能工程质量。

1.2.2　研究内容

我国建筑总能耗占全国能耗总量的 1/3 左右，随着城镇化加速和人们生活舒适度的提高，这一比例还会继续上升。面对如此严峻的能源消耗问题，我国在"十一五"规划中将建筑节能列为十大节能工程之一。建筑节能不仅是新建建筑节能，而且包括既有建筑节能改造。建筑节能实现的主要途径是提高建筑围护结构性能和采暖空调设备能效比，建筑围护结构保温隔热性能改善的关键是保证建筑外墙节能工程质量。保证既有建筑节能改造有效性的核心在于反映节能改造效果的工程质量。"百年大计，质量第一"是我国工程建设的基本方针，实施工程质量政府监管是国际惯例。因此，开展建筑节能工程质量治理与监管具有重要的理论意义和实践价值。本书从国内外建筑外墙节能工程质量管理理论与实践分析入手，站在承包商的角度，对建筑外墙节能工程质量管理基本原理以及实践与效果评价开展系统分析与探究，初步形成建筑外墙节能工程质量管理运行体系；从提高既有建筑节能改造有效性出发，依据现代项目风险管理基本理论，结合既有建筑节能改造工程质量形成特征，探索既有建筑节能改造工程质量风险的识别、评价与应对原理；基于工程质量政府监管资源的有限性认识，改善工程质量政府监管手段和监管理念，并以此作为提高工程质量政府监管有效性的根本途径。系统开展工程质量政府监管信息化平台构建与运行机理研究，全面架构工程质量政府监督多层次协同激励机制。本书形成了既相对独立的上中下三篇，又相互关联的5个模块12章内容的篇章结构系统体系，主要研究内容包括以下10个方面：

1. 建筑外墙节能工程质量管理实践特征与影响因素分析

基于国外发达国家建筑节能实施过程中质量管理的理论与实践研究综述，总结分析我国现行节能法律法规、标准规范约束下建筑外墙节能工程质量管理的实践特征，剖析承包商建筑外墙节能工程质量管理的问题及产生根源。以建筑外墙节能工程质量形成过程为主线，剖析建筑外墙节能工程质量管理形成的内在规律，分析建筑外墙节能工程质量的影响因素及其相互关系，探究承包商建筑外墙节能工程质量管理的关键环节与必要性。

2. 建筑外墙节能工程质量治理实践与评价

针对建筑外墙节能工程质量形成的内在特征，基于全面质量管理理念，探讨施工全过程承包商建筑外墙节能工程质量管理的策略与措施。以建筑外墙节能工程质量形成的全过程为基点，通过对评价原则、评价内容的研究，建立建筑外墙节能工程质量综合评价体系，选择模糊综合评价法对建筑外墙节能工程质量管理进行量化评价。以实际建筑外墙节能工程质量管理为对象，进行质量管理过程与评价实践分析，实施跟踪调研与反馈，不断完善承包商建筑外墙节能工程质量管理与评价。

3. 既有建筑节能改造工程质量的形成过程与风险识别

基于既有建筑节能改造工程质量形成过程进行概述，分析了建筑节能改造工程质量影响因素，分析了既有建筑节能改造工程质量特征，揭示了既有建筑节能改造工程质量问题及原因所在。通过对既有建筑节能改造工程质量风险内涵进行探析，剖析了既有建筑节能改造工程质量风险特征。通过对质量风险识别方法的归纳与总结，找出最适合既有建筑节能改造工程质量的风险识别方法，并通过实际应用，对既有建筑节能改造工程质量风险进行有效识别。

4. 既有建筑节能改造工程质量风险评价与应对

以既有建筑节能改造工程质量形成全过程为基础，提出既有建筑节能改造工程质量评价原则与评价内容，建立既有建筑节能改造工程质量综合评价体系，选择模糊综合评价法对既有建筑节能改造工程质量风险进行量化评价。分析既有建筑节能改造质量风险控制的必要性，揭示既有建筑节能改造工程质量风险控制特征，运用风险管理方法，提出有效控制既有建筑节能改造工程质量风险的途径与策略。

5. 工程质量政府监管信息化平台运行机制与技术架构

通过对目前信息化在建设领域取得的研究成果的系统总结与归纳提炼，提出影响工程质量监管信息化建设的主要因素，由此探寻理论上影响工程质量监管的主要因素。基于对国内外工程质量监管信息化发展现状的直接和间接调研，结合国内工程质量政府监管模式，分析国内工程质量政府监管信息化发展的现状，总结信息化在工程质量政府监管中存在的不足，探求工程质量政府监管信息化平台构建的理论基础及发展动向。以工程质量政府监管信息化平台构建的必要性和目的为中心，围绕工程质量政府监管信息化平台构建与运行机理所需的环境条件，展开对工程质量政府监管机制、监管工作流程、信息化平台运行动力机制、动态控制机制和技术支持架构的探讨。

6. 工程质量政府监管信息化平台系统模型的构建与设计

以工程质量政府监管流程和信息化平台体系结构为研究对象，对组成工程质量政府监管信息化平台体系的总体模型、内容模型、功能与控制模型、技术支持模型进行分析，构建各模型框架并进行内容概述。以工程质量政府监管信息化平台内涵及特征为基础，提出平台设计原则；结合政府监督内容和管理流程，提出政府监管信息化平台由监管决策指挥控制系统、信息发布与服务系统、质量监督业务系统、技术支持服务系统、后台管理系统、安全保障与系统维护等子系统构成，并对各子系统进行详细分析与功能设计。

7. 工程质量政府监管信息门户网站规划与绩效评价

工程质量政府监管信息门户网站是信息化平台设计成果的最直观体现，通过对不同省（市）级工程质量监管信息门户网站建设过程和运行结果的分析，总结其共性问题，指出标准化这一发展趋势，提出工程质量政府监管信息门户网站规划与设计的基本要求、定位、原则、功能及互动接口设计。通过对国内外电子政务绩效评价主流模式的探讨，构建了工程质量政府监管信息化绩效集成评价模型总体框架，并使用层次分析法和模糊综合评价法对其进行绩效评价和等级划分，最后写出评价报告。

8. 工程质量政府监督代理链分析与多层次激励机制探究

分析项目业主层、项目管理层、项目执行层、项目供应层等交互作用、工程产品交易特征和工程质量形成的内在特性，构建工程质量政府监督代理链；采用 Holmstrom 与 Milgrom 参数化方法架构工程质量政府监督委托代理机制模型，基于代理链结构分析形成简化的激励机制模型，通过博弈求解得到工程质量监督的激励参数。结果证明：建立质量分级评价机制可以更好地体现激励机制的作用；提高工程质量监督人员素质和专业水平，降低其质量监督成本系数；若政府监督部门保留费用比例为 $1 - \rho$，调整激励机制的系数为 $\rho\delta$ 和 $\rho\gamma$，仍可使政府的目标函数达到最优。除激励机制外，惩罚机制、信誉机制、保险机制、评级机制共同作用，有利于保障工程质量稳步提升。

9. 工程质量政府监督多层次利益分配与激励协同机制探究

针对工程质量政府监督所形成的政府主管部门、政府质量监督机构、质量监督团队（或小组）等多层次管理系统，通过构建参与各方之间的利益分配函数，构建工程质量政府监督多层次激励协调的博弈模型，对第一阶段的合作博弈和第二阶段的非合作博弈求解与推论。结果表明：工程质量政府监督者的努力协调程度与协调成本有关，与其固定成本无关；利益分配系数大小不仅取决于工程质量政府监督者的努力协调效率，而且与其他方的努力协调效率有关；工程质量监督者在增强自身管理能力时，还要关注与其他方的协调，以提高工程质量政府监督的总体绩效。工程质量政府监督合作共赢的激励协调机制策略是：政府应合理设置质量监督团队，提高协调效率，降低监督协调成本，实现自身激励价值最大化；质量监督团队（或小组）应建立合作伙伴关系，努力提高协调效率，实现自身激励价值最大化。

10. 工程质量政府监督的声誉激励机制探究

工程产品交易特征和质量形成的特殊性决定了工程质量政府监督制度的社会

价值。基于工程质量政府监督委托代理链框架结构，从完全信息和不完全信息两方面，构建工程质量监督的声誉动态博弈模型，由此推导出固定监督人员"诚信"行为的条件，剖析声誉激励机制对于监督质量的推动效果；提出完善工程质量政府监督声誉激励机制和策略：完善工程质量监督诚信机制，健全质量监督人员评价激励体系，落实工程质量终身负责制，提高质量监督人员的能力，奠定工程质量政府监督声誉激励基石，推动声誉激励建设，构建全面声誉网络，夯实声誉基础。

1.3 研究观点与方法

1.3.1 研究观点

本书研究基于主体关联的建筑节能工程质量治理与监管互动视角，以建筑节能工程治理生产者负责制和全面质量管理为基本观念，实施建筑节能工程质量的新建与改造阶段划分并分别治理；以工程质量政府监督改善作为切入口，围绕工程质量政府监管信息化和监管主体能动性两个基点，形成了以下 8 个方面的基本研究观点：

1）建筑节能工程质量形成的阶段性决定了分别治理的阶段特征。建筑节能本身包括两大方面：新建建筑节能和既有建筑节能改造。因此，建筑节能工程质量治理必然需要分别考虑新建建筑节能工程质量治理和既有建筑节能改造质量治理，这是建筑节能工程质量形成的阶段性特征所决定的。

2）建筑节能工程质量治理应实施生产者负责制。建筑节能工程质量是工程质量内涵的延伸与提升，是工程质量的重要组成部分，按照国际惯例，工程质量实施"谁设计谁负责、谁施工谁负责"，即工程质量的生产者负责制。建筑节能工程质量的实施核心主体是承包商和 ESCO，因此，本书围绕承包商建筑外墙节能工程质量管理实施过程和效果评价、ESCO 既有建筑节能改造工程质量风险管理开展建筑节能工程质量探索。

3）工程质量政府监管改善应重点突出手段与理念革新。建筑节能工程质量政府监管是工程质量政府监管的重要组成部分。提高工程质量政府监管的有效性必须改善工程质量政府监管手段和理念，监管手段的改善应立足于工程质量政府监管信息化平台的构建与运行机理的研究，监管理念改善应以激发监管者主观能动性为切入点，即需要架构多层次激励协同机制。

4）建筑外墙节能工程质量管理研究的基础是系统分析其质量形成过程与影响机理。基于国内外建筑节能实施过程中质量管理综述，揭示我国建筑外墙节能工程质量管理的实践特征，剖析承包商建筑外墙节能工程质量管理的问题及致因；基于建筑外墙节能工程质量形成过程，分析建筑外墙节能工程质量的影响因素及其相互关系，探究承包商建筑外墙节能工程质量管理的关键环节与内容。

5）建筑外墙节能工程质量承包商治理有效性有利于科学合理的评价。以建筑外墙节能工程质量形成的全过程为基点，提出建筑外墙节能工程质量管理的评价原则与内容，构建建筑外墙节能工程质量综合评价指标体系，选择模糊综合评价法对其实施量化评价；基于实际建筑外墙节能工程质量管理评价实践，提出完善承包商建筑外墙节能工程质量治理策略。

6）EPC 模式下既有建筑节能改造成功的关键在于改造质量，实施 ESCO 既有建筑节能改造工程质量风险管理是其市场运行机制的核心环节。分析既有建筑节能改造工程质量特征，揭示既有建筑节能改造工程质量问题及原因，基于既有建筑节能改造工程质量实现的不确定性分析，剖析 ESCO 既有建筑节能改造工程质量风险特征，对既有建筑节能改造工程质量风险进行有效识别与评价度量，揭示既有建筑节能改造工程质量风险控制特征，提出有效控制既有建筑节能改造工程质量风险的途径与策略。

7）工程质量政府监管手段改善的基础是信息化平台系统模型构建与设计。以工程质量政府监管流程和信息化平台体系结构为研究对象，系统分析监管信息化平台体系的总体模型、内容模型、功能与控制模型、技术支持模型，构建工程质量政府监管信息化平台的决策指挥控制系统、信息发布与服务系统、质量监督业务系统、技术支持服务系统、后台管理系统、安全保障与系统维护等，开展各子系统的详细分析与功能设计。以工程质量政府监管信息门户网站为基点，提出工程质量政府监管信息门户网站规划与设计的基本要求、定位、原则、功能及互动接口设计，构建工程质量政府监管信息化绩效集成评价模型总体框架，并使用层次分析法和模糊综合评价法对其进行绩效评价和等级划分。

8）工程质量政府监管理念变革的本质是以激励引导为主，激发监管主体的积极性和能动性，关键是要形成工程质量政府监督多层次协同激励机制。多层次协同激励机制需要探索工程质量政府监督代理链分析与多层次激励机制、工程质量政府监督多层次利益分配与激励协同机制以及工程质量政府监督的声誉激励机制。

1.3.2 研究方法

本书研究总体上是采用"总－分－合"的实施研究过程。首先，开展研究的总体设计；其次，分3个子课题开展专题分工研究；再次，对3个子课题进行研究，按照总体系统构成要求，进行集成、补充与整合，形成完整的系统体系。具体研究内容及研究方法主要包括以下4个方面：

1）学习借鉴与实践创新相结合。广泛收集国内外，尤其是发达国家的相关理论研究成果，及时了解建筑节能工程质量管理与工程质量政府监管的实践新问题，学习借鉴多学科理论方法和国外先进经验，促进建筑节能工程质量治理与监管视角下的理论研究深化，提出适应我国建筑节能工程质量与工程质量政府监管改善的实施对策与建议。

2）资料分析与专家咨询相结合。以资料分析、专家咨询为手段，分析建筑节能工程质量及其政府监管运行实践过程，结合建筑节能工程全面质量管理基本原理与实践分析，研究建筑节能工程质量形成特征、发展规律、影响机理及其治理政策体系构建策略。

3）定性与定量分析相结合。从定性分析入手，探讨建筑节能工程质量形成过程、影响因素、基本特征、风险因素、信息平台、信息系统构成与设计及其有效性评价内容，建立建筑节能工程质量、既有建筑节能改造工程质量、工程质量信息平台运行绩效有效性评价指标体系；运用多层次模糊法、综合评价法、层次分析法等实施指标权重确定和评价量化，保证评价的科学性。

4）交叉学科方法借鉴与应用。本书研究涉及工程管理和信息技术的交叉学科，综合运用政府管制、管理学、系统工程和管理信息系统等理论探讨工程质量政府监管信息化内涵与信息化平台构建，分析信息化时代我国工程质量政府监管信息化平台的动力机制、动态控制机制、技术支持架构等问题，构建平台体系模型，架构信息化绩效评价模型。

1.4 研究思路与架构

1.4.1 研究思路

本书研究思路分为3个基本层次：

第一个层次是研究规划与实施。本书采用的基本研究思路为"总－分－

合"，即以"建筑节能工程质量治理与监管"的课题总体规划为先导，开展课题研究的整体设计与论证，确定总体研究目标和主要分块研究内容，并以此为基础，分解规划子课题研究方向与内容；按照课题总体研究目标要求，对"承包商建筑外墙节能工程质量管理实施过程与效果评价研究""ESCO 既有建筑节能改造工程质量风险管理研究""工程质量政府监管信息化平台运行机理与激励体系架构研究" 3 个子课题分别以硕士学位论文为单元开展专题研究，形成子课题相对完整的研究成果体系；在完成 3 个子课题研究的基础上，基于"建筑节能工程质量治理与监管"的总课题研究的逻辑内涵要求，调整、补充、整合已完成的 3 个子课题研究成果，形成系统体系完整、内容逻辑严谨的成果架构，推敲修改研究内容，形成系统研究的最终成果。

第二个层次是勾画课题研究统一视角。从承包商治理与政府监管互动出发，基于建筑节能工程质量生产者负责制理念，以承包商实施质量治理为视角，开展建筑外墙节能工程质量管理实施过程与效果评价研究、ESCO 既有建筑节能改造工程质量风险管理研究；以工程质量政府监管改善为切入点，开展工程质量政府监管信息化平台构建与运行机理研究，以及进行工程质量政府监督多层次激励协同体系架构。本书研究的基准视角是建筑节能工程质量管理的有效性，其实现研究的基本思路是工程质量承包商治理与政府监管改善互动发展，体现建筑节能工程质量多主体协同治理的基本要求。整合与集成 3 个子课题研究成果，补充工程质量政府监督多层次激励协同体系架构（国家自然科学基金项目"工程质量政府监督多层次激励协同激励研究"的后期部分成果），同时，以建筑节能工程质量治理有效性为主线，基于建筑节能工程质量承包商治理与工程质量政府监管改善两个互动视角，形成"建筑节能工程质量治理与监管"的最终成果，构筑研究视角与理念的独特性与新颖性。

第三个层次是各个子课题研究过程的学理逻辑。子课题研究都遵循要素构成、影响机理、治理实践、机制模型、评价体系、改善策略的研究逻辑，揭示子课题研究的内在规律与关联关系，探索 3 个子课题节能的本质特征，实现研究内容的深化与提升，提高研究成果的创新性与学术价值。

1.4.2 体系架构

建筑节能工程质量治理与监管研究，从系统整体实施全面研究规划，构架了总括、承包商工程质量治理、ESCO 工程质量风险管理、工程质量政府监管改善、总结等 5 大模块、上中下三篇共 12 章的层次体系。模块 1 为总括（第 1 章），以总体研究体系架构为核心要素，是对本书研究内容的总体设计。模块 2 为工程质量承包商治理（第 2～4 章），以建筑外墙节能工程为对象，以全面质量管理为理念，以工程质量管理理论与实践分析、全面质量管理实践、质量管理效果度量为核心要素，是实现建筑节能工程质量治理的实施基础。模块 3 为 ESCO 既有建筑节能改造工程质量风险管理（第 5～7 章），以 EPC 模式下节能改造工程质量风险特征分析为切入点，以工程质量管理现状分析、既有建筑节能改造工程质量风险识别、改造质量风险治理为核心要素，是实现既有建筑节能改造工程质量治理的运行基础。模块 4 为工程质量政府监管改善（第 8～11 章），以手段信息化和协同激励理念优先为基点，以监管信息化平台运行机制、监管平台模型构建与设计、监管网站规划与绩效评价、政府监督多层次激励体系为架构，是实现建筑节能工程质量政府监管有效性的途径。模块 5 为总结（第 12 章），以揭示建筑节能工程质量治理与监管研究规律为导向，以研究结论与发展趋势为核心要素，是建筑节能工程质量治理与监管探索的方向标。

模块 1 即总括，对应本书第 1 章绪论。主要分析建筑节能工程质量治理与监管的研究背景及意义，勾画本书核心内容与目标，提出本书关于建筑节能工程质量治理与监管研究的主要观点和研究方法，揭示本书研究的基本思路，形成本书的整体内容体系构架，如图 1-2 所示。

模块 2 即上篇（工程质量承包商治理），由 3 大要素构成。要素之一：工程质量管理理论与实践现状，对应本书第 2 章，概述了国内外建筑节能工程质量管理理论与实践现状，阐述了建筑节能工程质量管理相关理论，剖析了建筑节能改造工程质量管理实践问题与致因。要素之二：全面质量管理实践，对应本书第 3 章，解析了建筑外墙节能系统分类与技术要点，分析了建筑外墙节能工程质量影响因素，阐述了全面质量管理基本理论，探讨了建筑外墙节能工程质量全面质量管理实施原理，架构了建筑外墙节能工程质量管理的科学规划与有效控制过程。要素之三：质量管理效果度量，对应本书第 4 章，从建筑外墙节能工程质量管理评价的价值分析入手，探讨了建筑外墙节能工程质量管理评价内容与指标体系，设计了建筑外墙节能工程质量管理评价量化实施步骤，开展了案例评价实践，提出了建筑外墙节能工程质量管理的改进对策。

模块 3 即中篇（ESCO 工程质量治理），由三大要素构成。要素之一：工程质量风险管理现状，对应本书第 5 章，概述了国内外工程质量风险管理理论与

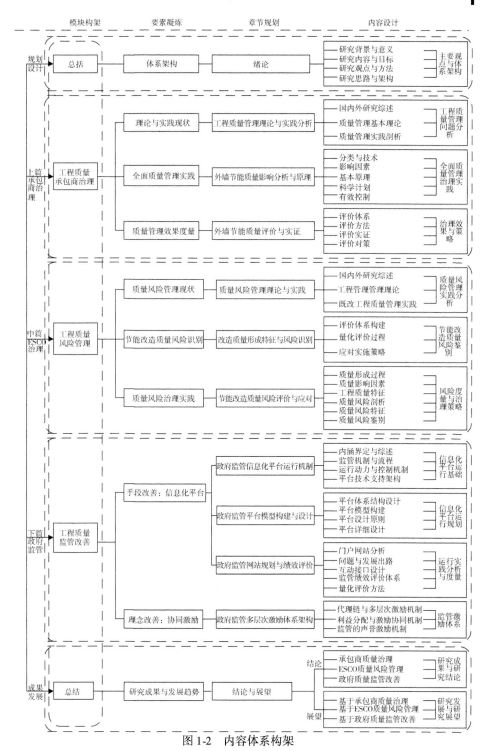

图1-2 内容体系构架

实践现状，阐明了工程质量风险管理基本理论，剖析了既有建筑节能改造工程实践。要素之二：节能改造工程质量风险识别，对应本书第6章，从既有建筑节能改造工程质量形成过程分析入手，分析了既有建筑节能改造工程质量影响因素，揭示了既有建筑节能改造工程质量特征，剖析了既有建筑节能改造工程质量问题与原因、风险及其特征，基于支持向量识别了既有建筑节能改造工程质量风险因素。要素之三：节能改造治理风险治理实践，对应本书第7章，分析了既有建筑节能改造工程质量风险评价的意义与内容，构建了既有建筑节能改造工程质量风险评价指标体系，基于层次分析法实施了既有建筑节能改造工程质量风险评价量化过程，提出了既有建筑节能改造工程质量风险管理应对实施策略。

模块4即下篇（工程质量政府监管改善），由两大要素构成。要素之一：手段改善（信息化平台），由本书第8~10章构成，第8章，界定了工程质量政府监管信息化平台内涵与特征，梳理了国内外工程质量政府监管信息化研究现状，阐述了工程质量政府监管机制与工作流程，揭示了工程质量政府监督信息化平台运行的动力机制和动态控制机制，架构了工程质量政府监管信息化平台技术支持体系；第9章，分析了工程质量政府监管信息化平台体系结构，构建了工程质量政府监督信息化平台的总体模型、内容模型、功能模型、控制模型与技术集成模型，提出了工程质量政府监管信息化平台设计原则，从系统构成、决策指挥控制系统、信息发布与服务系统、监管业务系统、技术支持服务系统、后台管理系统、安全保障与系统维护等方面，开展了工程质量政府监管信息化平台详细设计；第10章，基于典型省市，分析了工程质量政府监管信息化门户网站，揭示了省（市）级工程质量政府监督信息门户网站运行问题与发展出路，阐述了工程质量政府监管门户网站规划原理与互动接口设计，论述了工程质量政府监督信息化绩效评价内涵与内容，构建了工程质量政府监督信息化绩效评价模型与框架，设计了工程质量政府监督信息化绩效评价指标体系与量化评价方法，拟定了工程质量政府监督信息化绩效评价报告。要素之二：理念改善（协同激励），对应本书第11章，从建设主体及其质量形成特征分析入手，构建了工程质量政府监督委托代理链，基于监督代理链博弈分析，提出了完善工程质量政府监督的策略；基于工程质量政府监督多方利益分配理论与利益分配机制构建，阐述了两阶段行为博弈策略，架构了工程质量政府监督激励协调机制与实施策略；基于工程质量形成与产品交易特征分析，揭示了声誉激励如何成为实现监管目标的有效手段，提出了完善工程质量政府监督声誉激励机制的策略。

模块 5 即总结，对应本书第 12 章，结论与展望。按照 3 个子课题划分，梳理了研究结论与研究展望，研究成果与结论包括承包商建筑外墙节能工程质量管理实施过程与效果评价、ESCO 既有建筑节能改造工程质量风险管理、工程质量政府监管信息化平台运行机理与激励体系架构等 3 个方面；基于承包商工程质量治理、ESCO 工程质量风险管理和工程质量政府监管信息化平台运行等 3 个视角，揭示了建筑节能工程质量承包商治理与政府监管改善的研究动态与展望。

上　　篇

承包商建筑外墙工程质量管理
实施过程与效果评价

第2章 建筑外墙节能工程质量管理理论与实践分析

2.1 国内外建筑节能工程质量管理研究综述

2.1.1 国外建筑节能实施管理实践特点

石油危机爆发后，美国、德国、加拿大、日本等发达国家非常重视建筑节能事业的快速发展，取得了较为成功的管理实践经验。它们在建筑节能实施过程中的实践经验和特征主要体现在法律法规及标准规范、模拟仿真技术、节能理念、节能技术及设备、能效标识和合同能源管理等6个方面：

1. 依法推动节能事业

国外发达国家非常重视依靠法律法规及标准规范的制定促进建筑节能事业的发展，尤其注重从建筑节能设计源头开始，通过制订不断完善的节能设计方案推动建筑节能事业的快速发展。美国政府在2005年颁布了《2005能源政策法》，对建筑节能的设计方法等做出了新规定，要求新建建筑设计在ASHRAF-standard 90.1—2004的能耗标准基础上降低30%，并采用全生命周期分析和可持续设计原则，有效节约能源消耗[10]。加拿大在1989年颁布的《国家建筑节能规范》中指出，只要设计的建筑物总能耗满足规范要求，设计人员可以突破规范中的某些条款限制，鼓励设计人员灵活设计，提倡利用全生命周期费用分析法确定全国各省和地区建筑物维护结构的传热系数。德国在2006年实施的《建筑节能规范》中将建筑物同用能设备视为一个整体，要求建筑保温设计人员和设备技术人员在建筑设计阶段协调配合，通过合理的整体设计，进一步有效节能。

2. 以计算机模拟仿真技术改善节能设计

国外发达国家在节能设计阶段注重利用计算机模拟仿真技术进行动态能耗

设计，提高节能设计的科学性，减轻节能设计人员的负担，促进建筑节能事业的发展。通过计算机仿真分析典型实例，模拟建筑传热过程，应用仿真程序对输入的模拟数据进行分析计算，优化分析结果和图表，从而选择科学的节能方案。20 世纪 70 年代中期，逐渐形成了至今在美国仍盛行的两个建筑模拟程序：EnergyPlus 和 DOE-2。它们分别在动态模拟逼真性和建筑能耗结果分析准确性上有很高的地位。欧洲也于 20 世纪 70 年代初产生了具有代表性的软件，分别是英国的 ESP-r、Energy2，瑞典的 BKL、JULOTTA，芬兰的 TASE，法国的 CLM2000 等。与此同时，亚洲国家也逐渐认识到建筑模拟技术的重要性，主要有日本的 HASP 等。

3. 以新的节能设计理念提升节能水平

国外发达国家倡导节能设计理念的出新，重视设计与环境的协调发展，提倡低能耗建筑，利用多种新理念全面提升节能水平。日本于 20 世纪 90 年代提出了"与环境共生住宅"的理念，强调建筑立面设计、自然采光、通风、太阳能供电系统、智能照明系统、空调系统等设计必须与环境、气候协调一致。目的是在大范围的气候条件影响下，针对建筑自身所处的具体环境气候特征，重视利用自然环境，要求设计与之相适应，从而创造良好的建筑室内微气候，减少对建筑设备的依赖，最终提高节能效果。德国很早就提出低能耗建筑，相应的采暖能耗指标为 $70kW \cdot h/ (m^2 \cdot a)$ 以下。其中 LUWOGE 住宅开发公司，在设计现代化的低能耗住宅时，用于取暖的燃料量平均仅为 $5 L/ (m^2 \cdot a)$，已充分达到低能耗建筑标准。LUWOGE 还与莱茵河区域政府联合制定实施了"Brunk Quarter 现代化城市建设"示范项目，适用于房屋取暖的燃料平均消耗量仅为 $1L/ (m^2 \cdot a)$。

4. 强化节能技术开发和用能设备更新换代

发达国家大力发展建筑维护结构、常规能源系统的优化利用和可再生能源利用 3 个方面的建筑节能技术，并十分重视红外热反射技术、硅气凝胶材料、高效节能玻璃、太阳能利用、热回收、开发利用新能源和可再生能源等新型建筑节能技术的开发研究。美国政府提倡设备更新换代，鼓励安装节能窗和节能灯、太阳能热水系统、光伏发电系统、燃料电池系统、维修室内制冷供暖设施，并且可以得到一定比例的税收减免。在 1997 年提出"百万太阳能屋顶计划"，目标是到 2010 年在 100 万个屋顶或建筑物其他可能的部位安装太阳能系统，起到节能示范作用。在 2004—2006 年间，联邦政府每年拨款 3.4 亿美元给州政府，用于鼓励购买节能新产品，其中凡用户购买安装节能灯，75% 的费用由政府承担。日本把太阳能利用技术作为国策"新能源引进大纲"中的重要组成部分，目标到 2010 年太阳能发电设备能力达到 500kW，是 1999 年的 25 倍。

5. 采用能效标识手段提高节能效果

能效标识制度以其投入少、见效快得到许多国家的认可。随着世界各国对建筑节能的重视，能效标识逐渐应用于建筑领域。据国际能源署统计，目前世界上已有美国、加拿大、德国、俄罗斯等约 40 个国家和地区实施了建筑能效标识制度。通过建设单位或业主委托、经政府授权的第三方对新建建筑工程、既有建筑或建筑材料、部品的用能效率或热工性能进行测评、评估，公示建筑有关能效指标和其他信息，促进终端用能设备效率提高，是有效的建筑节能重要方式之一。目前国外针对不同情形实施强制性和自愿性两种能效标识制度。德国能源服务公司发起的"建筑物能耗认证证书"项目、俄罗斯莫斯科市实施的建筑"能源护照"计划是针对能耗较大、范围较广的建筑实施强制性的能效标识[11]；美国能源部和环保局组织实施的"能效之星"建筑标识，是基于政府鼓励性的、应用先进节能技术的建筑采用自愿性的能耗标识制度。

6. 运用合同能源管理方式提高节能运行管理效率

合同能源管理是发达国家广泛适用于既有建筑节能改造的一种商业运作模式。核心是通过专门从事节能服务的 ESCO 企业与客户签订节能服务合同，进行一整套节能服务，通过专业化的组织和经验丰富的专业人员在建筑运行维护期对节能设备的维护、运转情况进行管理，最终减少能源费用，提高节能运行管理效率。运用这种合同方式，ESCO 企业可以从客户节能改造后获得的节能效益中收回投资和取得利润，从而将节能性能和合同报酬二者联系在一起，为 ESCO 企业提供维护和提高节能性能的长期激励，并取得显著成效。以美国为例，其 ESCO 企业的收入年均增长率高达 24%。

2.1.2 国外建筑节能实施管理理论研究动态

从收集到的文献来看，国外建筑节能实施过程管理理论研究主要可归纳为节能技术、风险量化、可行性分析和运行模式等 4 个视角的研究，可总结概述如下：

1. 基于实践分析的建筑节能技术研究

建筑节能效果实现与否和建筑节能技术本身节能水平密切相关。Izquierdo 等[12]对马德里 3 种面积（80m²、150m²、300m²）的住宅保温层厚度进行实验研究，发现最优的保温层厚度与用户、保温层物理特性、成本及建筑物使用寿命有很大关系。他利用模拟仿真通过统计 10 年计量结果发现：当建筑物寿命期为 50 年或 70 年时，3 种不同住宅保温层厚度最优值分别为 4cm、10cm、12cm 和 5cm、10cm、12cm。Tavil[13]对单层玻璃窗和 8 种分别充以空气和氩气的双层玻璃窗探讨了不同季节玻璃窗层数与不同材质对耗热量的影响，结果表明：在采暖季节，为了降低采暖能耗，应尽可能选用导热系数小的填充介质，低辐射玻璃和放射系数低的边框；在制冷季节窗户系统的得热系数是主要影响因素，在过渡季节应首选具有放射系数低的窗户系统。

2. 基于风险管理的建筑节能定量化研究

因节能项目在收益、风险等方面的不确定性影响业主投资的积极性，最终很难保证建筑节能工程的节能质量的实现。Millsa 等[14]就节能项目中风险管理问题提出了分析框架，在该框架下能效专家和投资决策专家通过交流经验，对节能项目的各方面充分了解后，就可能存在的风险进行精确分析，予以定量化评价，并以建筑节能风险管理分析为例，就如何鉴定和量化，给出了技术指导与实证分析。Haves 等[15]对建筑节能的检测和认证的成本效益进行风险管理研究，针对不同类型的建筑建立基本信息数据库，利用软件定量化分析潜在收益与风险，为最优决策提供判别依据。

3. 基于经济评估的建筑节能可行性研究

如何选择既可行又经济的节能方案是目前节能设计人员和施工管理人员所面临的重要问题。Osman 等[16]在全生命周期等基本理论下，提出对居住建筑从设计到使用的过程进行模块化研究，建立建筑节能技术经济评价模型，利用专业建筑能耗模拟软件，确立一套可行的模型求解方法，为实施过程中节能方案的选择提供一种新方法。Doukas 等[17]指出有效的经济评估的关键内容，并结合美国联邦政府节能改造项目，建立智能决策模型，以便对建筑节能方案进行可行性分析。

4. 基于运行效率的建筑节能模式研究

运行模式的合理程度直接影响建筑用能系统的运行效率，采取切实可行的措施改善建筑节能运行模式是提高能效的有效途径。Murakaml Yoshifumi、Terano Masaaki、Obayashi Fumiaki 和 HonmaMutuo 在分析传统运行阶段自动控制的缺陷上，提出建立"合作式"节能控制模式，通过管理人员的共同商谈、交流成功经验，确定合理的控制点，以提高设备的运行效率。这种模式在日本已经得到发展和应用，与没有应用这种模式的建筑相比可多节能 10%。

2.1.3 我国建筑节能实施管理实践特征

与发达国家相比，我国建筑节能管理实践起步较晚，尤其是实践推广方面差距较大。从整体来看，建筑节能实施阶段的管理实践特征主要集中在节能规划、施工过程投入控制和节能检测等方面。

1. 注重节能规划的科学指导作用

节能规划是一项综合性工作，具有很强的实践指导意义。目前，我国针对北方严寒、中部夏热冬冷、南部夏热冬暖不同的气候带先后设立了相应的《民用建筑节能设计标准》《夏热冬冷地区居住建筑节能设计标准》《夏热冬暖地区居住建筑节能设计标准》。并在"十五"期间开展的建筑节能工作部署中，明确提出在巩固北方严寒和寒冷地区建筑节能成果的基础上，积极开展中部夏热冬冷地区的建筑节能工作，并尽快向南方夏热冬暖地区扩展。由于建筑节能科学技术进步的不断提高，对节能目标提出了新的要求。1995 年修订的《民用建筑节能设计标准》中要求采暖能耗在当地 1980—1981 年住宅通用设计的基础上再节能 30%，达到节能 50% 的目标（其中建筑物约承担 30%，采暖系统约承担 20%），随后进一步在部分发达地区提出了 65% 的节能目标[18]。

2. 重视输入环节的事前控制

建筑节能施工是一个具有工期长、环节复杂、问题多等特点的过程，所以控制好输入环节人、材、机、施工方法的事前控制就显得尤为重要。我国在 2007 年专门针对建筑节能工程施工阶段的质量控制、验收等做出明确规定，并颁布了《建筑节能工程施工质量验收规范》。其中明确规定承担建筑节能工程的施工企业应具有相应的资质和完整的质量管理体系，以及对从事建筑节能工程施工作业人员进行必要的技术交底和实际操作培训。材料设备也应同时符合施工图设计要求和国家有关标准规定。同时对已经无法满足节能工程建设使用要求、阻碍技术进步与行业发展且已有替代技术的材料设备，规定严禁使用。在施工前，建筑施工单位还应编制合理、可行的建筑节能施工组织设计方案，并经监理或建设单位审查批准后方可实施。经审查批准的施工方案是节能工程施工的依据，同时也是节能工程施工应遵循的基本要求。

3. 严格节能检测

节能检测作为检查验收的重要手段，用来确保建筑节能分部工程的施工质量。建筑节能工程检测主要是对建筑围护结构各部件（外墙、幕墙、门窗、屋面和楼面等）、组成各部件的保温隔热系统和系统各组成材料的检测以及采暖空调设备运行效果节能性检测。目前在施工过程中通常应用多种检测方法、多环节检测，保证节能分部工程的质量。对进场部品、构件、材料、保温隔热节能系统及组成材料的定型产品和成套技术，除了由生产厂家委托具有相应资质的检测机构对定型产品或成套技术的全部性能做型式检测外，还要在现场进行抽样复查检测以及监督检查检测。2001 年颁布的《采暖居住建筑节能检验标准》明确规定，建筑节能分部工程的质量验收是在建筑节能分项工程全部验收合格的基础上，进行外墙节能构造实体检测，严寒、寒冷和夏热冬冷地区的外窗气密性现场检测，以及系统节能性能检测和系统联合试运转与调试，确认建筑节能工程质量达到验收条件后方可验收。

2.1.4　我国建筑节能实施管理理论研究趋势

我国建筑节能实施过程管理的理论，概括起来有节能设计方法优化、施工管理模式、生态化工程项目管理、施工技术影响因素和建筑节能评价体系等 5 个方面。

1. 节能设计方法优化研究

设计方法的好坏将直接影响设计方案的质量，并在很大程度上影响节能工程的质量，所以设计方法的优化显得至关重要。曾旭东等[19]提出将建筑信息模型技术（BIM）与建筑能耗分析结合起来，创建虚拟建筑模型，利用建筑能耗分析软件自动识别、转换和分析模型，从而快捷地得到建筑能耗分析结果。陈实等提出建筑围护结构节能并行设计概念及微循环模型，为优化建筑围护结构设计提供了一种新思路。王恩茂等[20]通过对节能住宅设计要素的分析，建立了节能住宅设计方案评价的递阶层次结构，利用层次模糊综合评价法，结合实例说明如何进行设计方案优选。叶国栋等[21]从系统工程角度分析，指出实现建筑节能优化设计要解决的两个关键问题，并结合深圳某公寓进行了建筑节能优化设计的实例研究。

2. 节能施工管理模式研究

施工管理模式关系建筑节能工程在施工过程中是否有行之有效的质量保证体系、质量管理体系和技术管理体系能使节能质量得到保障、节能标准落到实处。通过对传统施工管理模式的缺陷分析，周红波等[22]提出构建基于精益思想的"绿色精益施工管理模式"。基于绿色精益施工管理模式框架分析和模式特点研究，结合切实、可行的实践方案分析，他们指出，为了增强方案的推广性，建议将其作为 2010 世博会"智能化生态住宅"工程的参考施工管理模式。从建设项目全生命周期集成化管理的角度研究，贺成龙等[23]分析了建筑节能集成管理系统的结构特点、系统集成层次和集成方法以及在此环境下的虚拟组织模式等核心问题，运用现代集成管理（CIMS）理念提高建筑节能集成管理水平，为节能施工管理模式开拓新的研究方向。

3. 生态化工程项目管理研究

将生态化理念引入工程项目管理，是建筑节能事业可持续发展的必然选择。潘祥武等将生态管理的概念引入工程项目管理的研究范畴，分析了传统工程项目管理在现实生态的可持续发展中所面临的挑战。付晓灵分析了工程项目管理的绿色问题，提出了重视环境评价、采用生态建筑材料和先进的施工方法提高绿色施工措施的可行性。白思俊[24]详细分析了我国在环境保护实践中与工程项目管理密切相关的两项内容，即"三同时制度"（同时设计、同时施工和同时投产）和环境影响评价制度。在已有研究的基础上，支海波针对目前各种理论所缺乏的可操作性，提出了绿色化工程项目管理的实施框架，分析了框架的主要特征，描述了实施框架的静态结构和动态过程，并以该框架指导绿色化工程项目管理的持续改进。

4. 节能施工技术影响因素研究

建筑节能施工技术的落后是制约我国建筑节能发展的主要原因。针对目前建筑节能工程常见的质量问题，如墙体裂缝、面砖脱落以及保温性能不良等问题，王庆生[25]从理论上进行了分析，并对建筑节能工程中的新技术、新材料和新工艺给建筑节能施工技术创新带来的影响进行了剖析，具体阐明了墙体保温隔热、保温面层贴面砖、新型节能门窗和幕墙及遮阳等新技术应用对保温工程施工技术提出的要求，并给出了相应的应对方法。刘承东介绍了一种普遍适用于长江中下游地区的建筑节能技术——SJN 技术及其施工工艺，并分析了 SJN 技术产生的经济及社会效益，充分证实 SJN 技术的实用性能。

5. 建筑节能评价体系研究

通过完善的建筑节能评价体系，可以判断建筑是否达到节能标准或者是否具有节能性[26]，从而起到促进建筑节能良性循环发展的作用。杨丽，卢德华在建筑节能综合评价体系的基础上建立了人工神经网络建筑节能综合评价体系。通过人工神经网络模型的学习识别，获取各种影响因素对映射关系的影响权重和评价计算所需的映射模式，并以实例表明具有一定的可行性和有效性。赵靖等[27]按照项目生命周期分析的评价步骤建立了我国北方供暖地区既有居住建筑供热计量及节能改造的三级目标考核评价体系，为系统、科学、全面、客观地评价节能改造项目提供了一整套科学的方法。任志涛等也将全生命周期评价方法运用到建筑节能评价体系中，并结合实例予以论证。

2.1.5　我国建筑外墙节能工程质量管理研究现状

我国重视建筑外墙节能工程比较晚，20世纪90年代才开始推广外墙保温技术。从1994年建设部成立节能工作协调组和建筑节能办公室开始，才打开了有组织、有计划地开展我国建筑节能工作的新局面。同时标志着我国的建筑节能工作从节能技术研究开发、技术标准制定、技术推广与工程试点转向全行业行政推动阶段。各省、自治区和直辖市成立相应的墙体材料革新和建筑节能办公室，负责推广各省市的建筑节能组织管理工作。目前推广节能建筑的工程已从点到面逐步扩展，从少数北方城市建造单栋节能试点住宅发展为几十个南北方城市成批建设建筑节能示范小区；据不完全统计，至2005年全国累计建成节能建筑面积4.6亿 m^2，取得了一些可喜的成绩。

近年来重点开展了新型墙体材料、外墙外保温技术、节能门窗的科研开发、技术攻关和应用等节能工作。新建节能建筑也广泛采用了外墙外保温技术和节能门窗。

在理论方面，我国开展了外墙能耗的经济研究。兰勇等[28]通过选择典型的居住建筑，改变其外墙的构造形式，形成不同的建筑方案；利用DOE-2IN软件计算不同方案的能耗情况，从而分析了外墙传热系数与建筑能耗之间的关系。樊洪明等[29]利用模拟仿真技术探讨不同保温方式对外围护结构墙体内温度分布和热传导的影响程度，对围护结构内的温度场和热流密度进行较精确的分析，从而揭示了不同保温方式的经济价值；在保温层最佳厚度的技术经济研究方面，考虑太阳辐射对墙体传热的影响和其他多方面的因素。于靖华等[30]运用P1-P2经济性模型对生命周期内保温层最佳厚度进行了研究，选定长沙市居住建筑8个朝向和3种外表面颜色的典型外墙的保温层进行最佳厚度计算。最终通过现值因数、基层热阻和气候因素等对选定的5种保温材料最佳厚度进行因素影响分析，提出了保温材料的性价指标，确定最优保温材料的方法。王厚华等[31]以重庆地区常见的几种居住建筑外保温墙体结构为例，采用采暖和空调度日数并结合现值系数的方法，得出不同墙体构造的保温材料最佳经济厚度值；指出影响墙体保温经济厚度的因素有建筑物所在区域、空调运行时间、保温材料价格等。在外墙的节能检测与施工方法研究方面，韦延年等[32]提出了建立在测试手段简便、数据可靠的表面温度与空气温度实测结果上的外墙与屋面热工性能检测判定方法，是建筑外墙与屋面节能保温隔热工程现场热工性能检测判定方法的一大创新，具有一定的推广应用价值。选择一种在严寒地区适用的墙体保温的施工方法显得尤为重要，在对节能建筑外墙保温要素分析的基础上，孙连营等[33]提出将层次分析与模糊综合评判法引入节能建筑外墙外保温施工方法优选中，建立施工方案优选的递阶层次结构，通过判断矩阵计算出层次总排序的权向量，并运用模糊综合评判模型优选出最佳施工方案。

2.2 建筑外墙节能工程质量管理相关理论

2.2.1 建筑节能的基本概念

1. 建筑节能

1）建筑节能是指公共建筑和居住建筑的规划、设计、建造和使用各个过程中，通过执行相关建筑节能标准和采用切实可行的技术经济措施，在保证建筑使用功能和室内环境质量的前提下，做到降低建筑能源消耗和更加合理、有效地利用能源的活动。

2）建筑节能的内涵是指建筑物在建造和使用过程中，人们根据有关法律、法规的规定，采用节能高效型的建筑规划设计，使用节能型的材料、产品、器具和技术，实现提高建筑物隔热保温性能，并要求在满足舒适性需求（冬季的室温在18℃以上，夏季的室温在26℃以下）的前提条件下，尽量减少采暖、制冷、照明等能耗，达到提高能源利用率的目的，主要是指采暖、空调、通风、炊事、照明、家用电器及热水供应等的能源效率。

2. 建筑保温

1）建筑保温是指围护结构在冬季阻止室内向室外传热，从而保持室内适当温度的能力。保温是指冬季的传热过程，通常按稳定传热考虑，同时考虑不稳定传热的一些影响。

2）围护结构是指建筑物及其房间各面的围护物，分为透明和不透明两种类型。不透明围护结构有墙、屋面、地板、顶棚等；透明围护机构有窗户、天窗、阳台门、玻璃隔断等。按是否与室外空气直接接触，可分为外围护结构和内围护结构。与外界直接接触者称为外围护结构，包括外墙、屋面、阳台门、外门以及不采暖楼梯间的隔墙和户门等。一般情况下，围护结构即指外围护结构。

3）保温性能的评价。保温性能通常用传热系数值或热绝缘系数值来评价。其中传热系数原称总传热系数，现通称传热系数。传热系数 K 值，是指在稳定传热条件下，围护结构两侧空气温差为 1K 或 1℃，1s 内通过 $1m^2$ 面积传递的热量，单位是 W/（$m^2 \cdot K$）或 W/（$m^2 \cdot ℃$）。

3. 建筑隔热

1）建筑隔热是指建筑的围护结构在夏天通过隔离室外高温和太阳辐射实现其内表面温度控制在适当范围的能力。隔热主要是针对夏季传热过程而言，通常以 24h 作为一个周期考虑周期性的热传递。

2）建筑隔热性能的评价。建筑隔热性能通常在夏季室外温度条件下进行，通过围护结构的内表面最高温度值来衡量计算。在同一条件下，围护结构的内表面最高温度如果低于其外表面的最高温度，则认为符合隔热要求。

2.2.2　建筑外墙节能工程质量管理相关理论概述

1. 可持续发展与建筑节能

可持续发展的概念最早可追溯到公元前 2 世纪，秦朝的《田律》最初体现了可持续的思想。"可持续发展"一词在国际资料中最早出现于 1980 年由世界自然保护同盟制定和发布的《世界自然保护大纲》。1987 年世界环境与发展委员会在长篇报告《我们共同的未来》中，正式提出了可持续发展模式，表明了世界各国对可持续发展理论研究所做出的努力。进入 20 世纪 90 年代以来，可持续发展的概念和所引发的理性思考开始在全世界推广。1992 年联合国环境与发展大会上通过的《21 世纪议程》等文件，体现了当代人对可持续发展理论的认识。

所谓可持续发展，是既满足当代人的需求，又不危及后代人且满足其需求的发展。涉及两条基本思路：一是人类要发展，尤其是穷人要发展；二是发展要有限度，不能危及后代人。由于人们逐步认识到过去的发展模式是不可持续的，是危及子孙后代的，通过不断的反省和重新认识，可持续发展已成为世界各国的共识，反映了人类对以往发展模式的怀疑与否定，以及对今后发展道路和发展目标的憧憬和向往。

建筑的可持续观是一种全面的建筑观，是可持续思想的一种体现[34]。建筑业的根本任务是在改造自然环境的同时，为人类建造能满足物质生活和精神生活需要的人工环境。但传统的建筑活动在为人类提供生产和生活用房的同时，过度消耗自然资源，建筑灰尘、建筑垃圾、城市废热等已造成严重污染。可持续建筑必须遵循"节约化、生态化、人性化、无害化、集约化"的基本原则，并将这些原则贯穿于可持续建筑的始终。遵循可持续发展原理的设计，就必须对资源和能源的使用效率、材料的选择、健康的影响方面等进行综合考虑。1993年由美国出版的《可持续设计指导原则》界定了有关自然资源、基地设计、能源利用、供水及废物处理方面的可持续的含义，并提出了一系列的设计目标。布兰达·威尔和罗伯特·威尔在《绿色建筑学：为可持续发展的未来而设计》中提出可持续发展建筑的六项设计原则，其中包括节约能源、设计结合气候、能源和材料的循环使用等。

随着我国经济的快速发展，二氧化硫的排放量急剧增加，所引起的酸雨污染范围也在不断扩大，已由20世纪80年代初的西南局部地区，扩展到西南、华中、华南和华东的大部分地区。目前年平均降水pH酸碱度低于5.6的地区占我国整个国土面积的40%左右。保护生态环境、减少能源浪费已成为时代的主旋律。我国有关可持续建筑的理论与实践的发展尚处于初级阶段，其发展既要符合我国国情，又要遵循全球可持续建筑的一般原则，还要具有现实性、超前性、动态性、矛盾性、综合性等特点。可持续发展作为时代的主旋律，其与建筑节能之间有着密不可分的联系。而建筑节能则关系建筑是结合环境的自然发展，还是走向灭亡，即建筑节能是可持续建筑发展的必由之路。

2. 系统论与建筑外墙节能工程质量管理

系统思想源远流长，但作为一门科学的系统论，人们公认是美籍奥地利人、理论生物学家L. V. 贝塔朗菲（L. Von. Bertalanffy）创立的。贝塔朗菲在1952年发表"抗体系统论"，提出了系统论的思想，奠基了系统生物学，奠定了这门科学的理论基础。该理论立足于系统观念，运用逻辑和数学方法，为管理学从定性走向定量、由经验转向科学奠定了基础。

系统一词来源于古希腊语，是由部分构成整体的意思。今天人们从各种角度研究系统，有"系统是诸元素及其顺常行为的给定集合""系统是有联系的物质和过程的集合"等说法。一般系统论则试图给出一个能描述各种系统共同特征的一般的系统定义，通常把系统定义为：由若干要素以一定结构形式联结构成的具有某种功能的有机整体。在这个定义中包括了系统、要素、结构、功能四个概念，表明了要素与要素、要素与系统、系统与环境三方面的关系。

系统论认为，整体性、关联性、等级结构性、动态平衡性、时序性等是所有系统的共同的基本特征。系统论的核心思想是系统的整体观念。贝塔朗菲强调，任何系统都是一个有机的整体，它不是各个部分的机械组合或简单相加，系统的整体功能是各要素在孤立状态下所没有的性质。要素之间相互关联，构成了一个不可分割的整体。要素是整体中的要素，如果将要素从系统整体中割裂出来，它将失去要素的作用。正像人手在人体中它是劳动的器官，一旦将手砍下来，那它将不再是劳动的器官了一样。

建筑外墙节能工程是建筑节能的重要组成部分，作为大系统的一个小系统，同样包括了规划设计、施工准备、施工建设、竣工验收以及运行管理等多种活动。因而要从整个工程系统的整体出发，去观察问题、考虑问题、分析问题和解决问题，在关注局部的同时必须注意局部之间的有机联系；在一定的资源约束条件下，进行合理地组织、协调，使建设实施过程实现资源优化配置，从而发挥最大的效益。与此同时，仍要考虑系统内外相关部门和相关工作共同作用的结果，因此，建筑外墙节能工程管理必须对工程内外诸要素之间的各种联系加以全面分析，综合考察研究，从而确保建筑外墙节能工程质量的实现。

3. 控制论与建筑外墙节能工程质量管理

控制论诞生于 20 世纪 40 年代末，由美国数学家维纳（N. Wiener）创立。控制论是 20 世纪最大的科学成就之一。它打破了自然科学与社会科学、工程技术与生物技术的界限，并在 20 世纪 60 年代后广泛用于管理科学。控制的目的是设法保证目标和计划的顺利实现，管理的过程包括确定目标、衡量成效和纠正偏差三个步骤。

工程管理过程，从一定程度上讲，就是控制论在其实施中的应用过程。工程项目目标一旦确定，项目规划必须随之具体化为各项计划及任务、职责的分工和详细的工作流程。在这一期间，随时需要了解工程的进展情况，实际状况是否与计划有偏差。若存在偏差，如何采取必要的纠偏措施，使其运行重新回到预定的轨道。控制的过程是一个"计划—跟踪—控制"不断循环往复的动态闭环过程，贯穿于工程实施的始终，具体流程如图 2-1 所示。

为了实现建筑外墙节能工程质量管理目标，必然涉及人、材、物的投入[35]；在工程实施过程中，必定存在各种各样的干扰，如设计图不及时、恶劣气候、材料不到位等；收集实际数据，对工程进展情况进行评估和检查，在对工程进展情况、已完工程的开支和质量进行检查的同时，还要检查组织的运转情况。

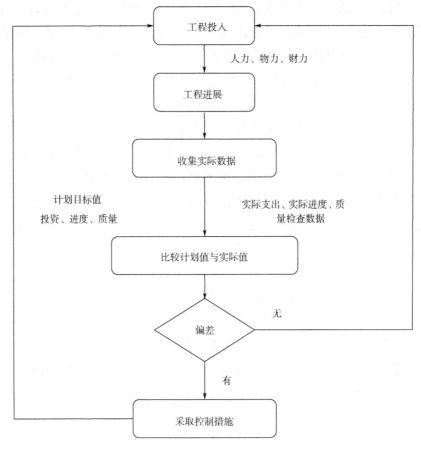

图 2-1　工程控制流程

2.3　建筑外墙节能工程质量管理实践分析

建筑外墙是建筑围护结构的重要组成部分，建筑围护结构的保温隔热水平是建筑节能的重要环节，是降低建筑采暖耗能的必要措施。从围护结构热损失来看，通过外墙的热损失占整个建筑热损失的 27.5%，分别高于外窗的 18.9%、屋面的 7.9%；从外墙的热导率来看，与发达国家相比，我国为发达国家的 3～4 倍[35]。目前，我国房屋数量有 400 亿 m² 左右，每年城乡新建建筑竣工面积为 15 亿～20 亿 m²，其中有 94% 是高耗能建筑[36]，这与建筑外墙节能工程质量不合格有着密切联系。因此，提高建筑外墙的保温隔热性能显得尤为重要。

建筑能耗一般是指建筑在使用过程中所消耗的能源量，主要是建筑采暖、空调、炊事、热水供应、家用电器、照明等方面的耗能。由于通过围护结构所散失的能量和供暖制冷系统所消耗的能源量在整个建筑能耗中占了绝大部分，因此，世界各国通过提高围护结构的保温隔热性能以及提高供热制冷系统的效率两个方面开展建筑节能工作。我国住宅的建筑围护结构的传热系数的设计标准与其他气候条件相近的发达国家住宅的建筑围护结构传热系数设计标准具体比较结果见表 2-1。

表 2-1　我国与发达国家围护结构传热系数设计标准对比

（单位：W/（m² · K））

国家/地区		外墙	外窗	屋顶
中国	北京居住建筑	0.82 ~ 1.16	3.5	0.60 ~ 0.80
	夏热冬冷地区	1.0 ~ 1.5	2.50 ~ 4.70	0.80 ~ 1.00
瑞士南部		0.17	2	0.12
丹麦		0.20（密度 < 100kg/m²）	2.9	0.15
		0.30（密度 > 100kg/m²）		
美国		0.32（内保温）	2.04	0.19
		0.45（外保温）		
日本	北海道	0.42	2.86	0.23
	东京	0.87	2.33	0.23
俄罗斯	一等	0.77	2.75	0.57
	二等	0.44	2.75	0.33

由表 2-1 可以看出，即使是我国严格按照节能设计标准设计的建筑，与发达国家建筑围护结构的保温隔热水平相比仍有很大差距。目前，我国建筑外墙的平均保温隔热水平是北欧等同纬度发达地区的 1/4 ~ 1/2，并且冬季采暖所需热量将高出 2 ~ 3 倍。

2.3.1　建筑外墙节能工程质量管理相关政策及法律法规

近年来，随着世界各国对建筑节能技术的开发与重视，我国政府对建筑外墙节能技术和产品也给予了相当的关注[37-38]，制定并颁发了一系列法律法规（见图 2-2），都明确指出应加大对外墙保温隔热的产品与技术的开发力度，并把外墙保温隔热水平作为建筑节能的关键指标。我国政府自 1986 年以来相继颁发了一系列建筑节能有关的法律、法规、标准和规范，目的在于推动建筑节能事业的快速发展，提高建筑节能工程质量的水平，改善人民生活的水平。

2008 年 ← 《民用建筑节能条例》
2007 年 ← 《建筑节能工程施工质量验收规范》
2005 年 ← 《民用建筑节能管理规定》
2005 年 ← 《国民经济和社会发展第十一个五年规划纲要》
2005 年 ← 《公共建筑节能设计标准》
2004 年 ← 《建筑照明设计标准》
2003 年 ← 《夏热冬暖地区居住建筑节能设计标准》
2002 年 ← 《建设部建筑节能"十五"计划纲要》
2001 年 ← 《夏热冬冷地区居住建筑节能设计标准》
1995 年 ← 《建设部建筑节能"九五"计划和2010年规划》
1995 年 ← 《民用建筑节能设计标准（采暖居住建筑部分）》修订版
　　　　　　（节能50%标准）
1993 年 ← 《民用建筑热工设计规范》
1987 年 ← 《采暖通风与空调设计规范》
1986 年 ← 《民用建筑节能设计标准（采暖居住建筑部分）》
　　　　　　（节能30%标准）

图 2-2　政府推进建筑节能工作路线图

1995 年，建设部制定了《建筑节能"九五"计划和 2010 年规划》，确立了建筑节能的目标、重点、任务和实施步骤，并提出新建居住建筑的节能应分 3 个阶段：1996 年之前的新建居住建筑要在 1980—1981 年当地通用设计能耗水平的基础上普遍降低 30%；1996 年起在达到第一阶段要求的基础上再节能 30%；2005 年起在达到第二阶段要求的基础上再节能 30%[39]。并指出根据我国当前的建筑能耗情况，多以采暖和空调耗能为主，相应地确定工作重点应放在采暖和降温能耗两个方面。降低采暖和降温能耗主要有两个途径：提高围护结构的保温隔热性能和提高供热制冷系统的效率。在《夏热冬冷地区居住建筑节能设计标准》中第 3.0.3 条指出"居住建筑通过采用增强建筑围护结构保温隔热性能和提高采暖、空调设备能效比的节能措施，在保证相同的室内热环境指标前提下，与未采取节能措施的情况相比较，采暖、空调能耗应节约 50%"。由此节能目标应由围护结构性能和采暖空调设备的效率共同承担。总体上来看，围护结构与设备应各承担能耗 50% 左右，在二步节能条件下，围护结构一般分担略低于 25% 的节能率。

2004 年 3 月，建设部在《关于发布〈建设部推广应用和限制禁止使用技术〉的公告》中明确指出：外墙保温技术、建筑门窗及门窗配套件、采暖节能技术和太阳能利用技术应加以推广应用。并在同年 4 月，印发《建设事业技术政策纲要》中明确提出到 2010 年全国的大中小城市普遍执行居住建筑节能设计标准。

2006 年 9 月，建设部发布了《关于贯彻〈国务院关于加强节能工作的决定〉的实施意见》，其中提出了建筑节能的工作目标：要到"十一五"期末实现节约 1.1 亿 t 标准煤的目标。具体通过加强节能监管，严格执行节能设计标准，大力推动直辖市、严寒和寒冷地区率先执行更高标准的节能设计标准，严寒和寒冷地区的新建居住建筑应实现节能 2100 万 t 标准煤的目标，夏热冬冷地区的新建居住建筑应实现节能 2400 万 t 标准煤的目标，夏热冬暖地区的新建居住建筑应实现节能 220 万 t 标准煤的目标，总共实现节能 7000 万 t 标准煤；同时，还应推广应用节能型照明器具，再实现节能 1040 万 t 标准煤；太阳能、浅层地能等可再生能源应用面积应占新建建筑总面积的 25% 以上。

2007 年 1 月，建设部颁布了《建筑节能工程施工质量验收规范》。该规范总结了近年来我国建筑工程中节能工程的设计、施工、验收和运行管理等方面相关的实践经验和研究成果，同时借鉴了国际先进做法，在充分考虑我国现阶段建筑节能工程实际的情况下，形成了一部涉及多专业并具有很强针对性的施工验收规范[40]。不仅完善了我国现有建筑节能法规和标准体系，而且为落实建筑节能设计标准提供了具有可操作性的技术手段和技术保障，为建筑节能工程施工验收提供了统一的技术标准。同年颁布的 GB50411—2007《建筑节能工程施工质量验收规范》中，共有 20 条强制性条文，有 6 条涉及外墙保温，而墙体节能工程的 15 个主控项目中就有 14 个与外保温有关。

2008 年 10 月又以法律法规的形式颁布了《民用建筑节能条例》，强调城市规划的主体及相关责任，要求政府严格审核建筑工程规划许可证，以及施工图设计文件，若不符合民用建筑节能设计标准就不得颁发许可证等，这些要求从设计这个源头提高了建筑节能的效果。通过这一系列法律法规，为落实建筑节能设计标准和有关建筑节能的规定要求提供了强有力的法律保障，对实现建筑节能目标和要求，确保建筑节能工程质量，强化建筑节能监管等方面都有重要的意义和作用。

2.3.2 建筑外墙节能工程质量管理存在的问题

我国建筑外墙节能是从 20 世纪 80 年代兴起的，节能技术、施工工艺、检测方法等发展不成熟导致建筑外墙节能工程在施工全过程中存在施工前的节能审查、材料检验和施工图会审控制不到位[41]，施工中的投入品、中间节点、成品保护等方面控制不严以及竣工后的验收控制不足、后期质量管理缺失等不同的质量问题。

1. 施工前建筑外墙节能工程质量管理不到位

1）建筑节能材料检验不严格。节能材料作为重要的投入要素之一，质量好坏直接影响建筑外墙节能质量的实现，所以严格的节能材料检验是关键。有以下两个问题会导致节能材料检验不严格：一是人员失职，其中包括技术管理人员、监理人员和节能检测人员。在节能材料进场时，由于技术管理人员没有及时报验，错过了节能材料检验的最好时机，有可能造成不合格的节能材料以次充好情况的发生。而监理人员没有严格对节能材料的质量证明文件进行审查，在抽样复验时没有严格履行跟踪监督的义务，这些都会造成节能材料质量得不到有效保证[42]。节能检测人员对节能材料性能指标和检测方法不熟悉，使节能材料在进场检验中失去了最后的有效控制，从而无法保障最终节能材料质量的可靠性。二是检测指标不全面。目前，我国节能材料检测主要针对节能材料导热系数、表观密度、抗压强度或压缩强度和燃烧性能等指标进行测试，而恰恰缺少节能材料的耐候性检验。研究表明，只有能够经受住周期性热湿和热冷气候条件的长期作用，才能使合格的建筑外墙节能工程至少在 25 年内保持完好。由于检测水平和检测条件的限制，导致节能材料耐候性指标缺少控制，使得节能材料在不到 25 年内就出现各种质量问题。

2）施工方不重视施工图会审。施工图会审是设计与施工平稳接轨的关键环节，也是对建筑外墙节能工程事前控制的重要环节。由于施工工期紧，在施工图会审时施工方往往只重视建筑和结构两方面的图纸问题，而缺乏对建筑节能方面的施工图审查，即使有相关审查，也很难做到把建筑图和设计文件所引用的图集进行对比分析，尤其缺乏对外墙重要节点构造要求的复核检验过程；由于无法及早发现施工图中建筑外墙节能设计方面的错、漏、碰、缺，所以施工图会审也就无法实现对建筑外墙节能工程质量事前控制的目的，也就无法在施工过程中避免建筑外墙节能工程质量问题的发生。

2. 施工中建筑外墙节能工程质量管理不系统

1）外墙节能工程投入把关不足。人、材作为建筑外墙节能工程重要的投入要素，其投入不足将直接制约建筑外墙节能工程质量的实现。一是人员专业素质不够。人员指作业人员和技术管理人员。通常建筑外墙节能工程不是专业分包队伍进行施工，而是施工单位对一般作业人员进行专项建筑外墙节能工程技术培训或技术交底，作业人员在完成简单的专业知识学习后就上岗施工。由于只是简单、短暂的学习，所以很难使所有的作业人员具备相同的高水平专业技术，容易导致在建筑外墙节能工程施工过程中出现质量问题。而技术管理人员由于自身对建筑外墙节能工程专业技术、标准、规程不熟悉，在实际施工管理中出现对建筑外墙节能工程的管理失误或缺失，甚至对作业人员进行技术交底时把握不清关键环节、施工难点，直接导致建筑外墙节能工程施工质量难以达到标准。二是聚合物砂浆配制可控性差。目前市场上建筑外墙节能工程专用的聚合物砂浆主要有工厂化生产的干粉状预混砂浆和厂家供应聚合物两种形态，而这两种情况都需要在施工现场按照一定比例加入水泥、砂子进行搅拌。由于实际存在操作人员不按比例配置，或是配比计量不准确等问题，造成聚合物砂浆搅拌后质量难以保证，出现固化后成品质量问题。

2）新型工艺使用准入审核缺乏。新型建筑外墙节能工艺的使用增加了建筑外墙节能工程施工控制难度。在实际建筑外墙节能工程施工中存在以下问题：一是对新型工艺的了解不足。由于技术管理人员对新型建筑外墙节能工艺相关技术要求、规程和做法不熟悉，无法对使用该新型建筑外墙节能工艺可能出现的质量问题提前做出应对方案，并在施工过程中很难对建筑外墙节能工程施工重点和难点进行有针对性的控制[43]。另外，作业人员对新型建筑外墙节能工艺基本没有施工经验，在实际操作过程中很容易发生建筑外墙节能工程质量问题。二是缺少相关验收标准。由于新型建筑外墙节能工艺本身发展不成熟，有些新工艺缺少相应的检验验收标准，致使在验收环节缺少验收依据，很难对建筑外墙节能工程质量是否合格做出判断，影响建筑外墙节能工程质量的实现。

3）外墙节能工程施工工艺过程控制不严。有效的施工工艺过程控制可以确保建筑外墙节能工程中间转化产品的质量，而隐蔽验收作为重要的过程控制方法显得尤为重要。在实际施工中主要有以下4个问题会造成隐蔽验收的过程控制不到位：一是验收人员专业素质欠缺。由于验收人员对建筑外墙节能工程的验收标准、内容不熟悉，导致验收时对主控项目和一般项目验收重点把握不清。二是验收程序控制不严。施工单位对建筑外墙节能工程分项、检验批未进行自检就向监理申请报验[44]，导致建筑外墙节能工程质量问题不能自行有效避免。三是缺少验收检测仪器。在建筑外墙节能工程验收过程中，针对建筑外墙节能工程质量基本没有专门的检测仪器，影响验收人员判断建筑外墙节能工程质量的准确性。四是质量问题处理不到位。监理发现建筑外墙节能工程存在质量问题，并要求施工单位进行整改，但对整改后的结果没有严格进行二次验收就允许隐蔽，致使之前存在的质量问题并没有彻底解决，遗留质量隐患。

4）外墙节能工程成品保护意识淡薄。对成品进行有效保护可以预防其他施工作业对建筑外墙节能工程质量造成不必要的破坏。由于对建筑外墙节能工程成品保护的意识不强，在建筑外墙节能工程结束后很容易造成破坏成品质量现象的发生。在建筑装饰装修工程中，存在对建筑外墙随意开凿空洞，在已施工好的节能墙体附近进行电焊、电气作业，将重物不慎撞击墙面，翻拆脚手架时撞击到已装修好的外墙墙面、门窗洞口、边、角、垛处，其他作业污染了外墙墙面等问题。这些作业中的任何一项或几项都会破坏局部建筑外墙节能工程质量，甚至导致外墙的细部节点部位出现"热桥"现象，从而降低建筑外墙节能工程质量的水平。

3. 竣工验收建筑外墙节能工程质量管理不科学

竣工验收是对建筑外墙节能工程质量的最后把关[45]，也是建筑外墙节能工程转入使用维护阶段的必要环节。主要有以下两个问题易造成建筑外墙节能工程竣工验收控制不严：一是验收内容过于简单。在竣工验收环节以施工资料和设计方案与实际构造做法的复核验收为主要内容，针对建筑外墙节能工程保温做法及其保温层厚度等进行直观检验，做不到对建筑外墙节能工程进行科学、准确现场仪器检测，缺乏相关节能性能的检验，起不到把关确认建筑外墙节能工程质量的作用[44]。二是检测技术不成熟。即使有条件进行现场检测，由于对墙体的传热系数检测必须在冬季自然环境下采用热流计法进行，而这种方法耗时长，受自然条件的影响很大，测量精度差，不具有很强的可操作性，加之要求测试外墙的传热系数均是对应的平均传热系数，其中包括热桥的影响，进一步加大了外墙现场检测的难度，因此缺乏科学的检测方法验收建筑外墙节能工程质量[45]。

2.3.3 建筑外墙节能工程质量问题特征分析

建筑外墙节能工程质量问题的实质是建筑外墙节能工程的中间产出或最终产出质量达不到国家现行有关节能技术标准、设计文件的要求。从建筑外墙节能工程质量影响因素、质量问题及其实质可以探究建筑外墙节能工程质量问题的复杂性、多发性、潜在性、依附性及责任多元性等特征。

1. 复杂性

建筑外墙节能工程质量问题的复杂性是由建筑外墙节能工程形成本身的复杂性决定的。主要包括三个方面：一是建筑外墙节能设计方案综合评价模型和各部分能耗的平衡分析、计算具有高度复杂性。二是因不同构造做法而选用不同的节能材料，存在节能材料性能本身的复杂性和以抽样检验为手段的节能材料质量所体现出的统计复杂性。三是因建筑外墙节能工艺和节能材料的多样，导致不同外墙节能工艺选择不同节能材料容易产生复杂多样的质量问题。

2. 多发性

建筑外墙节能工程质量问题多发性表现在3个方面：一是由于建筑外墙节能工程本身构造层次关系，不仅受到自重、风压等外荷载作用，还要受到室外温度、湿度变化引起的内应力作用，影响因素多样，容易引起质量问题的发生。二是建筑外墙节能工程施工层次复杂，构造节点多样，增加了施工验收的难度，带来了质量问题多发性的潜在因素。三是建筑外墙节能工程先行于装饰装修工程和设备安装工程，由于后续工程施工作业时，如重物撞击、开凿空洞等违章作业都会不同程度破坏建筑外墙节能工程质量，增加了建筑外墙节能工程质量保护的难度，加大了质量问题发生的可能性。

3. 潜在性

建筑外墙节能工程质量问题的潜在性，一是由于建筑外墙节能工程实施时间不长，新型节能材料和工艺本身质量存在缺陷，给建筑外墙节能工程的使用带来先天性的质量隐患。二是在建筑外墙节能工程隐蔽验收过程中，由于对新型节能工艺、节能材料的控制关键点和性能不了解、检验人员的专业素质欠缺及检验方法落后，使建筑外墙节能工程质量问题不能得到及时解决，形成了建筑外墙节能工程质量问题潜在性的原因。三是节能材料本身质量检验的统计性，有可能造成缺陷材料未检查出来就已用到隐蔽工程中。节能材料本身性能不足引起建筑外墙节能工程质量问题是潜在发生的。

4. 依附性

建筑外墙节能工程质量问题的依附性是由本身与主体结构工程的构造层次关系所决定的。主要包括3个方面：一是主体结构工程质量不能满足后序施工的要求，如基层表面处理不平整，基层过于干燥或潮湿等，容易导致保温板的脱落等质量问题的发生。二是主体结构工程本身的质量问题，如地基不均匀沉降等，造成主体结构工程外墙开裂而形成质量问题。三是两者之间的相互作用，如各自相互接触的材料因温度线膨胀系数不同，导致不同的热胀冷缩程度，造成建筑外墙节能工程墙体开裂。可见，建筑外墙节能工程的这种依附性也是导致其质量问题产生的主要特征。

5. 责任多元性

建筑外墙节能工程质量问题责任多元性是由参与多主体在其质量形成的不同阶段，产生多种质量影响因素所致。从形成阶段来看，可能发生在设计阶段、施工准备阶段、施工建设阶段和使用维护阶段；从形成的责任主体来看，可能是业主主体、施工主体、监理主体、材料供应主体、检测主体的工作失误所致，仅某一主体责任进行分析，可能是决策层、管理层、操作层的责任，也可能是人力、材料、机械、施工方法和工艺等投入的质量问题，还可能是由于政策、经济、技术等外部环境因素的影响。而且出现建筑外墙节能工程质量问题，往往是由多个不利影响因素综合作用的结果，涉及多方主体、多层次人员、多方面原因和多个阶段，所以由其带来的质量问题责任明显具有多层次、多元性的特征。

2.3.4 建筑外墙节能工程质量问题产生的根源

1. 缺乏施工组织设计优化

施工组织设计是组织工程施工总的指导性文件，是保障施工顺利进行的前提。由于在施工组织设计中只重视建筑、结构两方面内容，缺乏建筑节能相关内容。不能做到从节能工艺、节能技术和质量保证体系等方面对施工组织设计进行优化，使得施工组织设计缺少相应的可操作性，从而起不到对建筑外墙节能工程施工的指导作用。

2. 过程动态控制意识不强

动态控制是一种可以解决过程控制不足的有效方法，其中以计划—实施—检查—处理（PDCA）循环控制方式最为成熟。在建筑外墙节能工程质量控制过程中应用 PDCA 循环理论不足，没有形成多阶段、多环节、多工作 PDCA 循环模式，无法不断提高建筑外墙节能工程质量控制的效果。不能做到在建筑外墙节能工程施工前、施工中和竣工后不同阶段分别针对不同环节、不同工作进行 PDCA 循环。缺少这种不断循环的质量控制方式，导致增加了施工全过程中建筑外墙节能工程质量问题发生的可能性，并且加剧了质量问题的严重性，无法保证建筑外墙节能工程中间转化质量的实现。

3. 相关管理制度不健全

管理制度是影响建筑外墙节能工程质量的重要外部因素，所以完善的管理制度是保障[46-47]。由于人员的专业素质不够，管理水平有限，缺少各种用人制度和用人标准，多方主体的专业素质很难提高；针对节能材料质量缺陷难以发现，节能性能指标不明确，没有建立专门的材料检验制度和建筑能效标识制度，不能做到严把材料检验关和标识节能材料的热工性能、能效等相关指标，很难保证材料投入品的质量符合设计要求；针对隐蔽验收程序不严、方法滞后，缺乏隐蔽验收检验制度，无法强化检验程序，应完善验收内容。

第 3 章 建筑外墙节能工程质量影响分析与全面质量管理探析

3.1 建筑外墙节能系统分类及技术要点

3.1.1 建筑外墙节能系统分类

近年来我国的外墙保温做法有多种形式，按照保温材料的不同进行分类，可分为单一材料的节能墙体（通常所说的外墙自保温）和复合节能墙体；从保温材料所在外墙系统的不同位置对复合节能墙体进行再分类，又可分为外墙内保温、外墙夹芯保温和外墙外保温三种构造形式[48]。由于外墙内保温和夹芯保温存在不可避免的"热桥"而逐步被外墙外保温系统所取代，并且外墙外保温作为国家重点工程得到大力推广。

1. 外墙自保温

外墙自保温系统是因墙体自身材料具有隔热保温性能而形成的保温系统，主要采用加气混凝土砌块。这些砌块保温性能形成的机理是自身有许多封闭小孔。尽管外墙自保温系统具有明显优势，但推广难度很大。首先，由于自保温材料强度比较低，抗裂性较差，长时间使用容易产生墙体开裂等现象；其次，控制变形难度大，即使用在一般框架结构上，由于框架变形性能大，而填充墙变形性能相对较小，很难使两者的变形保持一致，若再增设过多的构造柱和水平抗裂带就会导致增加冷热桥处理的难度。而且，随着多数高层建筑短肢剪力墙的大量使用，填充墙所占比例减小，使得外墙自保温系统推广受到限制。

2. 外墙内保温

外墙内保温系统是将保温材料置于外墙的内侧，由多孔轻质保温材料构成的轻型墙体或由多孔轻质保温材料构成的内保温墙体。因其传热系数 K 值较小，

或其传热阻 R 值较大，其保温性能相对较好。但因为是轻质墙体，热稳定性较差，加之又是轻质保温材料形成的内保温墙体，内侧的热稳定性较差，在夏季室内空气温度波和室外综合温度的作用下，内表面温度容易升得较高，亦即其隔热性能相对较差。

3. 外墙夹芯保温

外墙夹芯保温系统是将保温材料置于同一外墙的内、外两侧墙片之间，而内、外侧墙片也均可采用传统的混凝土空心砌块、黏土砖等材料[49]。该技术主要被应用于混凝土框剪体系中将聚苯板内置于模板的情况，即在将浇筑的墙体外侧，在浇筑混凝土的同时聚苯板与混凝土一次成型。

4. 外墙外保温

外墙外保温系统即将保温材料置于外墙的外侧，由于具有优良的保温隔热效果，并可以有效减少结构性的冷热桥，起到保护主体结构的作用，并且具有不占室内使用空间等特点，因其具备了综合经济效益高等优点而被建设部广泛推广。虽然从理论上分析外墙外保温系统是非常合理的，但在实际操作中存在困难，尤其在施工中尚存在可操作性、产品的耐候性及安全性能等方面的问题，有待进一步解决。

3.1.2　建筑外墙节能系统的特点

建筑外墙节能系统因其本身的构造不同，所具有的特点也不相同。从 20 世纪 80 年代开展建筑外墙节能工程以来，外墙外保温系统由于具有明显的优势越来越受到重视，得到广泛应用。

1. 外墙自保温系统

外墙自保温具有将围护结构和保温系统合二为一的特点，无须另外附加保温隔热材料，在满足建筑要求的同时又能满足节能要求，使得施工简便，造价较低。

2. 外墙内保温系统

外墙内保温系统施工简便，易于操作，受气候影响小，增加了外墙面的自由度，因而受到业主的欢迎。这种保温系统的优点在于：

1）对面层无耐候性要求。由于在室内施工，不需要考虑大气和雨水的侵蚀。

2）施工相对便利。施工不受气候条件的影响，多为室内干作业施工，不需要做防护措施，较为安全方便。

3）造价较低，能充分利用工业废物，不需要很多器具。

3. 外墙夹芯保温系统

由于外墙主体与保温层一次浇筑成型，使得工效大幅度提高，工期也可以大大缩短，且更重要的是保证了施工人员的生命安全。而且在冬季施工时，聚苯板能起到保温作用，可减少外围围护的保温措施。

4. 外墙外保温系统

外墙外保温系统就是将保温材料（如 EPS/XPS、胶粉聚苯颗粒保温砂浆、矿棉板、无机保温砂浆和发泡聚氨酯等）通过采取不同的安装模式（如粘贴、粉刷、锚固、喷涂等施工工艺），置于建筑物墙体材料的外侧，这种由墙体材料加外置型保温材料所组成的复合保温墙体系统称为外墙外保温系统。它具有以下特点[49]：

1）外保温可以有效避免热桥的产生。过去外墙既要承重又要起到保温作用，外墙厚度必然很厚。现在采用高效保温材料后，墙厚得以减薄。但如果采用内保温，主墙体越薄，保温层就越厚，热桥问题也随之趋于严重。在寒冷的冬天，热桥不仅会造成额外的热损失，还可能在外墙内表面出现潮湿、结露，甚至发霉和淌水等质量问题，而外保温则可以不存在这样的问题。由于外保温可以有效避免热桥，在采用同样厚度的保温材料条件下，外保温系统要比内保温的热损失减少约1/5，从而节约了能源[50]。

2）外保温系统增大了内部的实体墙热容量。随着室内能蓄存更多的热量，减缓了太阳辐射或间歇采暖造成的室内温度变化，使得室内温度较为稳定，生活较为舒适；同时人体散热、太阳辐射热、炊事及家用电器散热等因素产生的"自由热"得到较好的利用，有利于节能。而在夏季，外保温层可以减少太阳辐射热的进入和室外高气温的综合影响，使室内空气温度和外墙内表面温度降低，可见外墙外保温有利于使建筑冬暖夏凉。

3）外保温可以提高外墙内表面温度和减少采暖负荷。居民实际感受到的室内温度既和室内温度有关，又受围护结构内表面温度的影响。这就表明，即使室内的空气温度有所降低，通过提高外墙保温性能，增加外墙内表面温度，也能得到舒适的热环境，从而可以适当降低室温，达到节约能源的目的。

4）外保温可以提高主体墙的使用寿命。由于采用了外保温系统，内部结构的砖墙或混凝土墙受到保护。不断变化的室外气候引起墙体内部的温度变化发生在外保温层内，使内部的主体墙冬季温度提高，湿度降低，温度变化较为平缓，从而减少了主体墙发生裂缝、变形和破损等质量问题的概率，大大延长了主体墙的使用寿命。

5）外保温提高了室内装修、安装的灵活度。内保温系统的墙面上难以吊挂装饰物品，甚至安装散热器、窗帘盒都相当困难，而外保温系统就不存在这样的问题。因其自身的构造特点，外保温系统的墙面有效提高了室内装饰装修与安装的自由度。而且，当外墙需要进行抗震加固时，选择外保温系统也是最经济、最有利的方案。

6）外保温有利于加快施工进度。如果采用内保温，房屋内部装修、安装暖气等作业，必须等到内保温做好后才能进行，但采用外保温系统，则可以与室内工程平行作业，大大提高室内安装、装修的施工进度。

7）外保温扩大了使用空间。与内保温相比，每户使用面积增加$1.3 \sim 1.8m^2$。

8）外保温适用范围十分广泛。严寒、寒冷、夏热冬冷、夏热冬暖和温和等5个不同地区的不同种类的建筑均适用，大大提高了外墙外保温的应用价值。

9）外保温的综合经济效益相对较高。虽然外保温节能工程每平方米造价比内保温来说要高一些，但由于外保温比内保温增加了使用面积，使得实际上的单位面积造价反而略低于内保温系统。加上外保温系统具有节约能源、改善热环境等一系列优点，综合效益十分显著。

3.2　建筑外墙节能工程质量影响因素分析

从投入角度分析建筑外墙节能工程质量的影响因素，其质量的形成涵盖了施工准备、施工阶段和竣工验收等建筑外墙节能工程质量形成的全过程。它的质量影响因素也必然涉及每个阶段、每个环节、每道工序实施过程中的人、材、机、方法和环境5个要素的投入、转化和产出，尤其是所有参与主体从事建筑外墙节能工程建设的质量行为和活动结果，其所有物化劳动和活劳动及其结果对建筑外墙节能工程质量的形成都起着必不可少的作用[51]。而且每个阶段、每个环节，甚至是每道工序产出的结果都有机组成了建筑外墙节能工程质量，只是每个阶段、环节或工序投入的重点有所不同，转化的方式不一样。所有影响建筑外墙节能工程质量产出的投入要素和转化工作过程中的行为和活动结果，都是建筑外墙节能工程质量管理不可忽略的因素，其重点是抓投入质量和转化质量[52]。

从工程质量形成的影响内容分析建筑外墙节能工程质量的影响因素，主要有"人、材料、机械、方法和环境"等5个方面，即4M1E，其中，人的因素最为关键，人是工程质量形成的动力要素；材料是工程质量形成的物质基础；机械是工程质量形成的工具；方法是工程质量形成的主要形式；环境是工程质量形成的基础条件。

3.2.1 人对建筑外墙节能工程质量的影响

人是工程质量管理过程中的策划者、决策者、组织者、指挥者和操作者，是影响工程质量的核心因素。人作为控制的对象，在施工过程中，要充分发挥"人的因素第一"的主导作用[53]。针对建筑外墙节能工程质量管理，作为承包商应从技术管理人员和施工作业人员两个方面考虑人的因素。

1）技术管理人员的综合素质，主要包括政治素质、思想素质、专业素质、身体素质和心理素质等方面。其中，专业素质是技术管理人员能否顺利完成工程任务的重要素质，具体包括理论知识、技术水平、管理水平、学习能力等方面，针对建筑外墙节能工程质量管理，技术管理人员应具备的专业素质：一方面，体现在学习能力，学习能力是技术管理人员自身发展的关键，也是专业能力提升的前提条件，具体表现在能否在质量管理过程中对原有的施工工艺不断进行总结，能否提出一些合理化的改进建议，以及能否在平时的工作中学习一些先进的技术措施，并尝试应用到实际施工中，以保证质量目标更好实现；另一方面，体现在对相关节能标准、规范的熟悉程度，尤其是《建筑节能工程施工质量验收规范》对不同外墙节能工艺所规定的主控项目和一般项目质量标准的掌握程度[54]，以及能否结合不同外墙节能工艺的特点合理选择相匹配的材料或机械，是否了解不同外墙节能工艺施工过程中的控制重点，针对可能出现的质量问题或是施工难点能否采取合理的对策和措施，这些都是技术管理人员专业素质的具体表现。一个技术管理人员专业素质的高低将会影响建筑外墙节能工程施工方案编制的科学性、技术交底的可操作性、组织部署的合理性等方方面面。

2）施工作业人员的专业素质，主要体现在对建筑外墙节能工程施工工艺、施工方法、施工技巧的掌握程度上，并将直接反映在建筑外墙节能工程现场施工的质量上。由于目前建筑外墙节能工程大多不采用专业分包队伍施工，存在施工作业人员不具备相应的专业技术水平就上岗操作，所以应加强技术管理人员对施工作业人员上岗前的专业技术培训，以及在施工方案实施前的技术交底工作，从而提高施工作业人员建筑外墙节能工程施工的专业水平。

3.2.2　材料对建筑外墙节能工程质量的影响

材料（一般包括原材料、成品、半成品、构配件）是工程施工的物质条件，其质量是工程质量的基础，加强材料的质量控制是提高工程质量的重要保证。影响建筑外墙节能工程质量的材料因素主要有以下 3 个方面：

1. 材料检验

1）材料检验的时效性。它是保证材料质量合格的先决条件，只有施工管理人员在材料进场时对材料检验及时进行报验，才能保证材料质量在第一时间得到有效检验。

2）材料检验的全面性。主要包括材料质量证明文件的核查、材料的可视检查以及材料的抽查复验。三个环节的有机组合是材料检验质量合格的重要保障。

3）材料检验的有效性。强调每个环节的材料检验质量是否合格，每个环节材料质量的可靠性是下一个环节材料质量检验的基础。尤其是材料取样的有效性，按照《常用建筑材料取样规程》和《常用建筑材料取样规范》的规定要求，材料取样应在监理工程师的见证下进行，并要对节能材料按相应的标准程序进行复验[54]。材料取样的有效性是约束节能材料检验行为的有效方式，可以最大限度防止违规情况的发生。

2. 材料的保护管理

1）原材料的保护管理。在施工过程中，现场各类节能材料应合理堆放、隔离、搬运和保管，以确保其适用性。

2）半成品、成品的保护管理。在外墙节能工程施工完成，屋面防水、门窗安装、外饰面装饰、室内抹灰等分项工程尚未完工，极有可能造成对外保温层的污染及碰撞。并且外保温的保护层多为水泥基材料，硬化过程中易产生收缩，形成裂纹，造成渗漏，须在施工过程中加强对半成品、成品的防护工作[55]。

3. 材料的选择和使用

由于不同的节能材料所具有的性能特点各不相同，所以针对不同的外墙节能工艺应选用不同的节能材料与之相匹配。对于胶黏剂选择不同的配比决定不同的性能，纤维网格选择不同的布孔径、密度、拉伸断裂强力、耐碱率都会影响其自身的性能，而且材料之间的兼容性也是制约整个外墙节能系统性能的重要因素。

3.2.3　施工方法对建筑外墙节能工程质量的影响

施工方法主要包括施工组织设计、施工方案、工艺流程、组织措施、检测手段等内容，其中技术文件（指施工组织设计和施工方案）是建设项目施工的依据。技术文件的合理、科学性直接影响工程项目的进度、质量、成本三大目标能否顺利实现。编制技术文件时，应结合工程实际，从技术、组织、管理、工艺、操作、成本等方面进行全面分析、综合考虑。

施工方法的因素主要包括以下 6 个方面：

1）施工组织设计的优化。施工组织设计是工程施工总的指导性文件，加大建筑节能在施工组织设计中的比例，注重节能工艺、节能技术、节能方案和质量保证体系等方面的综合考虑，达到事前控制的目的。

2）技术方案的编制。节能技术方案编制的科学性、合理性直接影响建筑外墙节能工程的具体施工情况，应结合工程技术环境、相关标准规范、工艺特征、技术方法等方面综合编制。

3）技术交底的可操作性。技术交底是技术管理人员对施工作业人员的技术指导，应具有一定的可操作性。

4）施工图会审的强化。施工图会审是设计与施工平稳接轨的关键环节，是施工管理人员有针对性地发现建筑外墙节能工程设计问题的重要时机，是与建筑设计人员共同解决施工图中建筑外墙节能问题的重要方式。在会审的过程中应加强对外墙细部节点设计的审查，从根本上保证建筑外墙节能工程的整体设计质量。

5）组织措施的合理部署。合理的组织措施部署能减少建筑外墙节能工程施工过程中出现的质量问题，同时实现加快进度、节约成本的目的，通过优化组织部署、合理利用资源，保证建筑外墙节能工程的整体质量。

6）检测手段的科学性。检测手段的科学性直接影响检测结果的准确性，而建筑外墙节能工程是由不同施工工序有机组合而成的，只有通过严格的自检、交接检环节才能保证每道工序的施工质量，其中检测手段的科学性是关键。

3.2.4 机械设备对建筑外墙节能工程质量的影响

机械设备是实现施工过程机械化的重要物质基础，对工程施工进度和质量均有直接影响，为此在施工阶段，必须综合考虑施工现场条件、机械设备功能、施工工艺和方法、施工组织与措施等因素，合理选择机械的类型和性能参数。建筑外墙节能工程涉及的机械设备主要有强制式砂浆搅拌机、垂直运输机械、常用抹灰工具及抹灰的专用检测工具、电动吊篮及脚手架、发泡喷涂机和专用喷枪等[56]。主要有以下 4 个方面影响建筑外墙节能工程质量。

1）机械设备的功能。主要体现在机械设备的性能、稳定程度，直接影响机械设备施工过程中的运行情况，这是机械设备的基本要求。

2）机械设备的维修与保养。平时的维修与保养是保障机械设备在运转过程中具有稳定性的前提条件，对易损坏的机械设备应定期进行维修和保养，切实保证其在使用过程中的顺利运转。

3）机械设备的管理。机械设备的管理责任应落实到人，减少机械设备的保养维护成本，增强机械设备运转时的稳定性。

4）机械设备的合理选择。结合不同的建筑外墙节能工程的施工工艺、方法，选择相匹配的机械设备是保障建筑外墙节能工程顺利进行的重要前提条件。

3.2.5　环境对建筑外墙节能工程质量的影响

环境因素具有复杂性、多变性的特点，对工程质量特性有着重要影响，包括工程技术环境、工程管理环境和工程技术环境等。

1）工程技术环境，主要是指工程地质、水文、气象、设计、施工等因素。一方面，强调作业环境，建筑外墙节能工程施工作业的条件要求（环境温度不应低于5℃，风力不应大于5级，遇到雨雪天气应禁止施工）[57]，不同的作业环境对施工方案的编制、材料和机械设备的保护管理等都会产生不同的影响；另一方面，强调与建筑节能工程有关的法律法规、标准规范，目前主要依据GB50411—2007《建筑节能工程施工质量验收规范》判断建筑外墙节能工程施工质量是否合格。可见工程技术环境是进行建筑外墙节能工程施工管理的基础环境。

2）工程管理环境，是影响建筑外墙节能工程质量保障体系建立的核心要素，主要包括质量保证体系、质量管理制度。一个具有明确任务、职责、权限，相互协调、相互促进的质量管理有机整体，可以有效保障建筑外墙节能工程施工的顺利进行。其中良好的安全作业环境，可以对材料、半成品、成品和机械设备形成良好的保护，有利于保证工程的文明施工。

3）工程作业环境，如施工环境作业面大小，防护设施，通风照明，劳动组合和劳动工具等。

3.3　全面质量管理基本理论概述

全面质量管理（Total Quality Management，TQM）体系是在ISO9000标准正

式颁布之前，欧美及亚洲的一些国家早已推选的一种全面有效的质量管理模式。TQM 思想诞生于美国，发展于日本。我国于 1978 年将其引入至今，结合我国的具体情况，TQM 得到了新的发展。

3.3.1 全面质量管理的内涵

关于全面质量管理的定义在不同的文献中略有不同，ISO9000《质量管理和质量保证系列标准》对全面质量管理的定义为：全面质量管理是一个组织以质量为中心，以全员参与为基础，目的在于通过让顾客满意和本组织所有成员及社会受益而达到长期成功的一种管理途径[58]。在阿曼德·费根堡姆（Armand V. Feigenbaum）《全面质量控制》一书中则把 TQM 定义为：为了能够在最经济的水平上并充分考虑到满足顾客要求的条件下进行市场研究、设计、制造和售后服务，把企业内各部门的研制质量、维持质量和提高质量的活动构成一体的一种有效的体系[59]。

如果综合上述两种定义并应用到建筑企业，则可以定义建筑企业的全面质量管理为：为了满足并达到建筑施工合同和建筑规范标准所规定的工程质量要求，把有关建筑企业的行政管理、成本管理、生产管理和技术管理等方法密切结合起来，建立一整套完善的质量管理体系，形成生产过程控制化和项目全员激励化，从而实现适用、经济、可靠、安全的工程质量。

与传统的质量管理相比，全面质量管理的特点是把过去以事后控制为主转变为以预防控制为主，即针对质量结果的管理转变为针对质量因素的管理；把过去的分散管理转变为以系统观点为指导进行的全面综合质量管理；把以产量、产值为中心的管理转变为以质量管理为中心，围绕质量开展质量管理活动；由单纯符合标准转化为满足顾客需要，进而转变为持续满足客户需求；强调不断改进过程中的质量来实现提高最终产品质量；要求与工程实施有关的人员都要具有强烈的质量管理意识，牢固树立"质量第一"的思想，并把质量管理与产品的可靠性、经济性紧密联系起来，实行全员、全方位和全过程的综合质量管理。总而言之，全面质量管理是以"预防为主"的思想和科学管理的态度所进行的管理。

3.3.2 全面质量管理的内容

全面质量管理是以保证、提高质量为中心，建立动态的质量概念，把质量目标作为整个系统的目标的一种管理方法。具体内容包括以下 3 个方面的管理及 6 个方面的基本观点。

1. 全面管理的内涵

1）对全体员工的质量管理。由于要对产品生产的全过程进行全面质量管理，必然涉及企业的每一个员工对产品质量的影响，所以企业每个员工工作的好坏都直接或间接影响最终产品的质量。因此，必须把企业所有人员的积极性和创造性充分调动起来，上至最高管理者，下至操作人员，个个关心产品质量，人人做好本职工作，才能生产出物美价廉的产品。要实现全员的质量管理，就要制定各个部门、各级人员的质量管理责任制，明确规定不同人员在质量管理中的任务和权限，各司其职，共同配合，以实现持续改进产品质量为目的。全员质量管理强调企业的全体员工用自己的工作质量来确保每一道工序质量，以达到最终实现产品质量的目的。

2）对全部过程的质量管理。全过程是指一个工程从项目立项、设计、施工、竣工验收到运行维护的全过程，即从施工准备、施工实施、竣工验收到回访保修的全过程。从检测检验的角度来看，全过程又可以分为检验批、分项工程、分部工程、单位工程和单项工程。全过程质量管理要求每一道工序都要有相应的质量标准，做到严把质量关，防止不合格产品流入下一道工序，最终形成一个高效的质量管理工作体系。

3）全面质量管理。全面质量管理，即对施工中的每一道工序、每一个环节都要有严格的控制管理。施工单位是否具有相应的资质，原材料质量是否符合检验标准，操作人员是否具有上岗证，是否严格遵守施工规范、操作规程，小到检验批、大到工程最后的竣工验收是否按照验收标准、验收程序进行核验，各项管理工作是否按管理标准实施，各个岗位人员是否按照岗位职责进行考核，等等，涉及多个方面多个环节多个工序的质量管理。

2. 基本观点

1）系统的观点。工程产品的形成和发展具有过程性，这个过程又包含了许多相互联系、相互制约的环节。工程质量不单是工程产品的一般性能，还涵盖管理质量、服务质量、控制成本质量、不同部门之间相互协作和配合的质量等。企业的工程质量管理水平涵盖设计质量、制造质量、试验质量、使用维护质量等各方面。工程质量管理本身是一个复杂系统，并从属于工程更大的复杂系统。

2）以预防为主的观点。强调工程产品质量是制造出来的，而不是检验出来的，管理重心要从管理工程产品质量的结果转变为管理工程产品质量的影响因素，做到"预防为主、防检结合"，以达到更好地消除工程质量形成过程中的质量隐患。

3）动态控制的观点。指利用 PDCA 循环方法在工程产品形成的过程中不断进行计划 – 实施 – 检查 – 处理与改进的递进控制过程，形成大循环中有小循环的动态控制体系。

4）上道工序为下道工序服务的观点。上道工序的工程质量是保证下道工序的前提，只有每道工序的工程质量符合相应的检测标准，达到规定的工程质量要求，才能更好地服务于下道工序的工程质量。

5）持续改进的观点。持续改进是组织提升工程产品质量的一个永恒目标，应定期分析、评价质量管理体系各个过程所存在的问题，识别潜在的改进领域，有计划地实施工程质量改进。要实现工程产品质量的持续改进，工作质量的不断改进是其前提，而全体员工的工程质量意识是其保证。全面质量管理是指全员、全过程、全企业的工程质量管理。全面质量管理的目标是不断追求工程产品质量的技术改进，从而提高工程产品在市场中的竞争力。

6）用事实和数据说话的观点。数据是科学质量管理的基础，用数据说话，就是通过数据来判断是否达到质量标准；用数据来寻找质量波动的根本原因，揭示质量波动的内在规律。全面质量管理的过程是坚持实事求是和科学分析的过程。利用数据的及时、准确和完整保证质量管理的定量化，对不能定量管理的部分，要做到及时、准确地记录全部信息，供相关人员分析、判断。

3.3.3 全面质量管理的方法

PDCA 循环最先是由美国质量管理大师戴明（W. E. Demin）博士提出的，它是全面质量管理的科学管理方法。PDCA 循环是由计划（Plan）、实施（Do）、检查（Check）和处理（Action）四个部分构成，并按着不断循环的递进方式运行，简称为 PDCA 循环，也称为"戴明环"。这种科学的管理方法要求做任何一项工作首先要做规划，制定所有工作的目标；其次，根据计划的结果在实际质量管理过程中实施控制，在过程中每一个环节或阶段，都要把实际结果与原来制订好的计划进行对比，通过检查计划的执行情况，总结经验教训，提出质量管理的改善措施，并修改完善质量控制计划，制订下一次控制的工作计划。如此循环下去，最终通过一次次的循环把质量管理活动推向一个新高度，实现产品质量的不断改进与提高。

1. PDCA 循环阶段

具体包括以下 4 个阶段。

1）计划阶段（Plan 阶段）。计划可以理解为质量的计划阶段，明确质量管理的目标并制订实现目标的具体方案。"计划"是指各相关主体根据其任务目标，确定各自的质量控制组织制度、业务流程、资源配置、技术方法和管理措施等具体内容，计划阶段还需对其实现预期目标的有效性、可行性、经济合理性进行分析论证，从而保证计划的科学合理。

2）实施阶段（Do 阶段）。实施阶段就是执行计划阶段所制定的要求和标准。对于一个工程来说，在实施阶段前应从思想上和方法上做好充分准备工作，在实施中应充分按照计划阶段的目标进行，完成计划阶段制定的内容，为了加强质量实施的效果，对相关人员应进行专门的培训。

3）检查阶段（Check 阶段）。检查实施中是否按照标准进行，其结果是否达到计划阶段的目标。主要包含两大方面的检查内容：一是检查是否严格按照计划的行动方案执行。若不执行原方案，查明实际条件是否发生了变化以及不执行原计划的原因。二是检查计划执行的结果，即确认和评价产品质量是否达到标准要求。

4）处理阶段（Act 阶段）。对于质量检查所发现的质量问题，及时进行原因分析，采取必要的措施，予以纠正，达到保证工程产品质量的目的。这项工作主要分纠偏和预防两个环节。前者是采取应急措施，解决当下的质量问题；后者是将信息反馈给管理部门，通过反思问题症结，调整、完善下一次计划的制订，为今后类似问题的质量预防提供参考。

2. PDCA 循环的两种情况[60]

1）上台阶。PDCA 循环每运行一次都会产生新的质量控制内容和质量管理目标，对此要强调不能在同一水平上循环，每循环一次，就要解决一部分质量管理存在的问题，并在总结经验教训的基础上取得一些成果。这样质量管理工作就能前进一步，产品质量也就能提高一节。到了下一次循环，PDCA 循环又有了新的目标和更高的要求，使产品质量处在不断提升的状态。

2）大环套小环。整个项目是一个大循环，各部门及个人在实施工作的同时进行着小循环。上一级的 PDCA 循环是下一级 PDCA 循环的依据，下一级 PDCA 循环是上一级 PDCA 循环目标的具体落实，并起到一定的反馈作用。大循环套小循环，从而把项目各项工作有机地结合起来，形成一个相互关联的整体，共同影响产品质量的提高。

3.4 建筑外墙节能工程全面质量管理实施原理

结合全面质量管理的内涵和内容，有针对性地探究建筑外墙节能工程全面质量管理的特点、原则和实施要求，为建筑外墙节能工程全面质量管理对策与措施研究提供理论基础。

3.4.1 建筑外墙节能工程全面质量管理特点

1. 建筑外墙节能工程质量管理是系统过程的管理

建筑外墙节能工程实施过程也就是它的质量形成过程。要使质量管理达到预期的成效，技术管理人员就要沿着工程实施过程不间断地进行全面质量管理。

在建筑外墙节能工程施工阶段，随着一道道工序的完成，各分项工作的落实，最终形成建筑外墙节能工程实体。这个时期，要把质量管理的事前控制与事中、事后控制紧密结合起来，在各项工作开始之前，明确目标、制定措施、确定流程、选择方法、落实手段，做好人、材、物的各项准备工作，为其质量实现创造和建立良好环境。并对已完成的工作质量进行检查验收，针对出现的各种质量问题集中处理，使建筑外墙节能工程达到节能设计质量目标的要求。这种序列性的控制将视为有机的整体控制过程。

2. 建筑外墙节能工程质量管理是全方位的管理

由于建筑外墙节能工程质量目标具有广泛性，所以为了实现建筑外墙节能工程总体质量目标，应当实施全面质量管理。控制的全面性主要表现在对建筑外墙节能工程的性能和工作质量的全面控制上。对建筑外墙节能工程所有质量特征都要实施控制，使之从性能、表面、状态、可靠性、稳定性和耐久性等方面都能达到质量的符合性要求和适用性要求。工程质量管理的全面性还表现在对影响建筑外墙节能工程质量的各种因素所采取的控制措施上，即对无论是来自人的影响因素，来自材料和设备方面的影响因素，来自施工机械、工具方面的影响因素，来自方法工艺的影响因素，还是来自环境方面的影响因素，都应该实施有效的控制。

对建筑外墙节能工程质量实施全方位的管理，要把管理的重点放在调查研究工程质量影响因素对工程质量形成可能产生的结果上，提前预测各种可能出现的质量偏差，并及时采取有效的预防措施，使主动控制和被动控制有机结合起来，形成有效的建筑外墙节能工程质量管理体系。

3. 建筑外墙节能工程质量管理是影响因素的管理

在建筑外墙节能工程实施过程中，无论是施工准备、施工阶段和竣工验收，影响建筑外墙节能工程质量的因素主要是"人、材、机、施工方法和环境" 5 个方面，事前对这些因素进行管理，是保证建筑外墙节能工程质量的关键。人的因素包含思想素质、业务素质、心理素质和身体素质等。材料的因素包含材料检验的严格性、材料的保护管理、材料选择的合理性等。施工方法的因素包含所采取的施工组织设计、技术方案、节能检测手段以及方法和工艺选择的合理性等。施工方案的选择是否科学、合理是直接影响建筑外墙节能工程质量管理目标能否顺利实现的关键。施工机械因素主要包含机械本身的功能、维护和保养、合理选择等。影响建筑外墙节能工程质量的环境因素较多，不仅有气候等工程技术环境的影响，还有质量保证体系、质量管理制度等工程管理环境以及工程技术环境的影响。总之，建筑外墙节能工程质量管理就是对这些影响因素进行全面、系统的管理，使之实现预期的节能设计目标。

3.4.2　建筑外墙节能工程全面质量管理原则

质量管理是指"指导和控制组织彼此协调的活动"，主要包括质量方针和质量目标的建立、质量策划、质量控制、质量保证和质量持续改进。对建筑外墙节能工程来说，质量管理主要是围绕节能设计和相关标准规范开展质量目标的确定和质量控制及质量改进。在进行建筑外墙节能工程质量管理过程中，应遵循以下几项原则：

1）坚持"质量第一"的原则。建筑外墙节能工程质量的好坏直接影响建筑工程运行维护期间的保温隔热效果，对人民居住、工作环境舒适度产生一定的影响，加之建筑外墙节能系统与主体结构连接容易出现质量问题以及节能材料防火级别不高都会给人民生命财产造成损失。所以，建筑外墙节能工程在施工过程中应自始至终地把"质量第一"作为质量管理的基本原则[61]。

2）坚持"以人为本"的原则。人是质量目标的建立者，也是形成过程的操作者和控制者，更是质量最终形成的审核者，在整个质量形成的过程中都应该树立"以人为本"的思想，把人作为控制的动力，提高人的素质，调动人的积极性、创造性，增强人的责任感，避免人的失误，以人的工作质量确保每道工序的质量。

3）坚持"预防为主"的原则。由于建筑外墙节能工程存在质量影响因素多、质量隐蔽性等特点，施工过程的质量管理必须坚持以预防为主的原则，从对质量的事后检查把关，转向对质量的事前控制和事中控制，注重对工作、工序以及中间产品的质量检查，这是确保建筑外墙节能工程质量的有效举措。

4）坚持"方案先行"的原则。在建筑外墙节能工程施工前必须编制施工方案，并应结合人、材、机的合理部署，组织措施的科学安排，关键工序的控制难点，尽量做到事前统筹规划、有效防范，还应根据施工方案有针对性地进行技术交底，从而保证过程的顺利实施。

5）坚持"数据为准"的原则。数据是质量管理的基础和依据，通过数据信息与质量标准的对比反馈，判定建筑外墙节能工程质量是否符合节能设计标准，以及在质量检查过程中也应该严格遵守"数据为准"的原则。

6）贯彻科学、公正、守法的职业规范原则。工程质量管理人员在控制和处理质量问题过程中，应该尊重客观事实，尊重科学知识，客观、公正、不持偏见；遵纪守法，坚持原则，杜绝不正之风；既要坚持原则、秉公监督，又要谦虚谨慎、实事求是、以理服人。

3.4.3 建筑外墙节能工程全面质量管理实施要求

1. 全员参与是建筑外墙节能工程全面质量管理的内在动力

根据全面质量管理的内涵，企业的每一个员工都会对产品质量形成影响，所以提高建筑外墙节能工程质量全面管理的效果，必须把参与建筑外墙节能工程施工全过程的所有人员的积极性、创造性和责任感充分调动起来，包括材料和设备的供应者、施工计划的编制者和审核者、施工管理的技术管理人员、具体实施操作的施工作业人员、质量检验的质检人员、安全检验的安全人员以及编制施工资料的资料人员等，甚至应该把整个项目部的全体人员都调动起来，使全体人员各自做好自己的本职工作，确保各自完成的工作质量，只有在保证每个员工在建筑外墙节能工程质量形成过程中都产生积极作用，才能最终实现建筑外墙节能工程整体质量目标。

2. 全过程管理是建筑外墙节能工程全面质量管理的内在要求

建筑外墙节能工程的施工过程是质量的形成过程，推行全过程质量管理是建筑外墙节能工程全面质量管理的内在要求。要使全面质量管理达到预期成效，技术管理人员就要根据建筑外墙节能工程施工过程的需要不间断地进行全面质量管理。

建筑外墙节能工程施工全过程质量的形成涉及施工准确、施工阶段和竣工验收 3 个阶段,施工准确阶段是建筑外墙节能工程质量形成的投入环节;施工阶段是建筑外墙节能工程质量形成的转化环节;竣工验收阶段是对已完的工作质量检验是否合格的把关环节。针对每个阶段的不同工作内容进行质量管理[61],形成具有时效性的质量管理体系,每项工作的质量管理应做到事前控制与事中、事后控制紧密结合,在各项工作开始之前,明确目标、制定措施、确定流程、选择方法、落实手段,做好人、材、物的各项准备工作,为其质量实现创造良好环境。

3. 全方位管理是建筑外墙节能工程全面质量管理的重要方式

全方位质量管理是全面质量管理的重要方式之一,其内涵是对工程产品质量形成过程所涉及的所有工作进行质量管理,从而保证工程产品总体质量的实现。

由于建筑外墙节能工程质量目标具有广泛性,全方位质量管理主要表现在对建筑外墙节能工程的性能和工作质量的全面控制上;性能上的质量管理主要体现在建筑外墙节能工程的可靠性、稳定性和耐久性等性能指标是否达到质量标准和节能设计要求;工作质量上的管理主要体现在对材料和设备的进场检验、施工计划的编制、施工图的会审、施工作业人员的培训、材料和设备的保养管理、施工工艺的跟踪反馈、隐蔽验收工程的质量检验等内容的全方位管理,甚至具体到对影响建筑外墙节能工程质量的"人、材、机、方法和环境"因素的全面管理,有针对性地采取有效措施,全面保障建筑外墙节能工程质量的实现。

3.5　建筑外墙节能工程质量管理的科学计划

3.5.1　提高建筑外墙节能工程质量计划编制水平

1. 建筑外墙节能工程质量计划内涵

质量计划是保证建筑外墙节能工程质量实现的重要技术文件,包括对人员需要量的合理考虑、材料和机械的合理选用、工艺实施的具体策划、组织措施的合理安排以及进度、安全和环保等方面的统筹考虑[62],形成既具有很强的针对性,又具有一定灵活可行性的质量计划。提高质量计划编制的科学性,一方面,体现在对多种人、材、机、方法和环境因素的统筹考虑;另一方面,要在形成过程中逐步细化完善质量计划,形成质量计划的动态编制过程,从而保证质量计划的科学性以及可行性，主要体现在工程开工前对整个施工工程进行粗略的规划所形成的施工组织设计，每个具体分部工程开工之前编制的施工方案，以及在施工方案转化为工程质量的过程中不断优化改进施工方案的编制内容等方面。

2. 科学编制建筑外墙节能工程质量计划的措施

保证质量计划编制的科学性，主要有以下 5 个方面的措施：

1）完善施工组织设计的编制内容。加大施工组织设计中对建筑外墙节能工程计划内容的编制比例，使之从整个建设项目人、材、机、组织措施等方面的统筹布局考虑建筑外墙节能工程各项内容的投入比例以及措施安排，实现建筑外墙节能工程计划规划的合理性。

2）增强编制人员专业素质。尤其是施工方案的编制人员，既要对相关节能标准、规范，特别是对各种外墙保温工艺的质量标准相当熟悉，又要对不同材料不同工艺施工方法的差别性有所了解，从根本上提高建筑外墙节能工程计划编制的质量。

3）审核程序的规范化。审核过程的程序化是保证计划编制质量的有效方式[63]，应规范监理内部审核程序，形成逐级审核、逐步完善的机制，通过层层审核更好地保障计划编制的科学性。

4）编制内容的标准化。由于不同编制人员形成的计划方案在内容上存在差异性，容易出现缺项漏项等问题，会对实际施工产生很大的负面影响，为了避免类似问题的发生，应明确建筑外墙节能工程计划方案的编制内容，形成计划编制的标准化。

5）动态编制计划，是指利用质量控制的循环成果，以及结合工程实际情况不断优化计划方案的编制内容。对建筑外墙节能工程计划方案在实施过程中不断进行跟踪与总结并利用，形成有价值的对策或方案，总结反馈于计划内容的编制环节，形成动态编制过程，通过不断优化计划编制内容，增强计划编制的科学性。

3.5.2 全过程实施建筑外墙节能工程质量责任制度

落实责任是企业发展、产品质量实现的最基本要求，行之有效的方式就是建立相关责任制度，明确各参与方应承担的责任，约束所有参与人员的质量行为[64]。

建立全过程建筑外墙节能工程质量计划编制质量责任制度是保障建筑外墙

节能工程质量计划科学性的有效方式，通过明确各个阶段参与人员的相关责任，约束参与人员的质量行为，增强参与人员的责任意识，提高参与人员的工作质量。

1）质量计划的编制责任。质量计划的编制人员是质量计划形成质量的核心因素，编制人员的综合素质和质量行为都会直接影响质量计划的编制效果，应建立质量责任制度，明确编制人员的岗位职责，促进编制人员不断提高自身素质。

2）质量计划的审核责任。审核是对质量计划的编制结果进行评定的重要环节，其中审核人员的综合素质和质量行为将影响质量计划的评定结果，应建立质量责任制度，明确审核人员的岗位责任，提高建筑外墙节能工程质量计划的审核水平。

3）质量计划的实施责任。保证建筑外墙节能工程在实施过程中按质量计划进行，应建立建筑外墙节能工程质量责任制度，明确质量计划在实施过程中参与人员的质量责任，使质量计划落到实处。

4）质量计划的修改责任。对建筑外墙节能工程质量计划在实施过程中所出现的问题应及时总结与反馈，完善质量计划的编制内容。通过建立相关质量责任制度，明确修改人员的质量责任，约束修改人员的质量行为，使质量计划不断完善、优化，实现其科学性。可见建立全过程建筑外墙节能工程质量责任制度对规范相关人员的质量行为，提高参与人员的责任意识都具有极其重要的作用。

3.6　建筑外墙节能工程质量的有效控制

3.6.1　强化投入质量控制

投入是质量转化、形成的基础，主要涉及人员专业素质和需要量是否满足要求、材料的质量检验是否合格、机械的选择是否合理、方法的构成内容是否全面、编制是否科学、审核是否规范以及环境信息获取是否及时、准确等 5 个方面的内容。针对建筑外墙节能工程质量形成过程的投入环节，也应该从这 5 个方面进行控制，加强对投入品质量的控制是建筑外墙节能工程施工过程质量控制的基础。

1. 人员方面

1）人员投入的数量，应与施工方案要求的人员数量相吻合。

2）施工作业人员的执业资格审查。由于建筑外墙节能工程属于新型工艺，对施工作业人员的专业水平要求较高，需要在施工前对施工作业人员的执业资格进行核查，看是否具有上岗证，或者在施工前通过对施工作业人员进行专业培训，对关键技术、工序和重点部位施工方法进行技术交底，使其达到规定要求的专业水平，从而保证人员的投入数量和投入质量。

2. 材料方面

1）核查材料投入的品种、规格、数量是否与施工方案相一致。

2）确保材料检验质量，应对材料检验的及时性、全面性及严格性全方位进行控制，切实保证材料检验的有效性。

3. 机械设备方面

1）审查机械设备的数量、功能是否符合施工方案及施工现场的要求，通过建立机械管理责任制，为机械管理营造良好的管理环境。

2）机械的合理选择，应结合施工工艺选择不同型号、功能、种类的机械设备，保障机械设备的匹配性。

4. 方法方面

主要体现在构成内容的全面性，涉及施工组织设计、施工方案和技术交底等不同内容，逐步形成细化的质量计划，强化每个内容的编制科学性以及审核的规范性，这是保证方法科学有效的重要措施。

5. 环境方面

结合现场实际情况，重新对其进行评估，保证工程技术环境、工程作业环境等方面所获得信息的及时性、准确性；对质量保证体系、质量管理制度及时制定实施，形成良好的工程质量管理环境。

3.6.2 加强过程控制

建筑外墙节能工程施工过程应结合全面质量管理理论的 PDCA 循环控制方法，建立不断循环的动态控制系统，实现对建筑外墙节能工程质量形成过程的有效控制。其实质是通过不断进行"计划—实施—检查—处理与反馈"这一过程实现质量控制的递进。基于整个过程控制目标确定的前提，通过把大目标分解成多个环节目标、工序目标，针对不同级别的目标分别进行 PDCA 循环控制，做到小循环围绕大循环展开，大循环约束小循环的进行。同时，由于小循环周期短、见效快，在控制管理的过程中容易暴露出质量控制问题，对此应及时反馈完善计划编制，为下一个循环过程提供更为科学、合理的控制依据。

1. 保证计划的科学合理

应结合实际的工程技术环境和工程作业环境动态制订施工计划，从技术、组织、管理、工艺、操作、经济等方面进行全面分析、综合考虑，力求施工计划技术可行、措施得力、操作方便、工艺先进、经济合理。

2. 严格控制工序质量

建筑外墙节能工程是由一组有序工序组合而成的，控制好工序质量是实现建筑外墙节能工程整体质量的基础。一方面，每道工序质量要严格按照相关质量标准和施工验收规范进行控制，从工序的做法、形成的结果上严格控制，并使工序质量控制在容许的偏差范围内；另一方面，对关键工序进行重点控制，就是对容易影响建筑外墙节能工程质量的重要部位、薄弱环节进行有重点的控制，从人员、机械、控制方法、检测手段等方面增加投入，达到实现关键工序质量的目的，使整个工艺流程处于受控状态。

3. 加强工序质量检验

应加强对每道工序的质量检验，针对建筑外墙节能工程加强质量检验必须做到以下几个方面：

1）检验手段的差异化。对安全检验、保温效果的检验等不同内容的检验应采取不同的检验方法，做到有针对性地进行质量控制，保证工序质量检验的可靠性。

2）检验内容的特殊化。因为建筑外墙节能工程除了面层，其余各层均属于隐蔽工程，具有完工后难以检验的特点，应加大对其检验的力度，保证隐蔽检验的质量，注重保存相关记录和图像资料。

4. 建立动态控制系统

动态控制系统是保证建筑外墙节能工程质量形成过程的有效控制方式。每一道工序质量的形成涉及施工前计划的编制、在施工过程中按照标准严格控制质量，以及对最终形成的质量检验验收等 3 个环节。针对控制过程中所发生的质量问题，或是质量控制不到位的问题进行系统分析，从改善计划编制、控制方法、环境条件、保证材料和机械质量等方面探寻有效的控制对策，反馈于下道工序的质量控制体系中，改善下道工序控制过程，递进循环逐步形成有效的动态质量控制系统。而工序质量控制的逐步结束相当于完成整个工艺流程的质量控制过程，对采用相同材料、施工做法和工艺的墙面，每 500～1000m² 划分为一个检验批，需要对检验批质量进行检验。针对检验结果所出现的质量问题进行系统分析，不仅要局部上对每道工序从计划、方法、环境、人员、材料和机械方面分析改进质量问题的对策，而且更重要的是要从整体上分析影响系统质量控制的机理，着重于工序与工序之间，环境对工序的影响方面，形成有价值的经验总结或应对措施，反馈于下一次工艺流程的控制系统，通过工序、工艺的动态质量控制体系，实现大循环中有小循环的动态控制系统，从而达到不断提高整个工艺施工质量的目的。

5. 注重原材料、半成品和成品保护

在建筑外墙节能工程质量控制过程中，应确保每道工序投入品的质量，既要从现场堆放、搬运等方面对原材料进行保护管理，又要对在每道工序完成后形成的半成品、成品加强保护管理，防止后道工序对前道工序质量所造成的破坏。

6. 保证机械的正常运转

机械是施工机械化的重要工具，不同建筑外墙节能工艺所涉及的机械设备各不相同。在施工前应对各种机械设备从性能、效率上进行检查，注重日常的维修管理，并建立相应的管理责任制，并使管理责任落实到人，从根本上保证施工过程中所投入的机械设备性能稳定。

7. 强化资料管理

施工资料是对施工进展情况的真实记录，也是对质量循环控制过程中施工计划、控制过程，以及质量问题解决方案的真实记录，应注重施工资料编制的及时性与准确性，并加强编制的规范性，使其能真实、准确地反映质量动态控制的具体内容，成为质量动态控制管理的重要凭据。

3.6.3 实施效果评价

建筑外墙节能工程施工过程结束后，承包商应对建筑外墙节能工程质量管理有效性进行综合评价[65]，其目的在于实现承包商对建筑外墙节能工程质量管理的内部评价功能，提高承包商对建筑外墙节能工程质量管理的水平和能力。质量管理有效性评价应以承包商对建筑外墙节能工程质量的过程管理和体系管理为主，从投入品质量、过程控制情况，以及施工最终质量与质量标准复核程度等方面进行综合评价，主要反映承包商对建筑外墙节能工程质量管理水平的总体把握能力，科学选择评价的因素、评价方法，规范评价的过程和内容，使评价结果能客观准确地反映承包商对建筑外墙节能工程质量管理水平，全面反

映建筑外墙节能工程质量形成的全过程，将承包商的质量行为，质量转化过程和质量活动结果统统纳入建筑外墙节能工程质量管理的有效性评价中，形成客观全面的质量管理有效性评价体系。质量管理有效性评价最终促进承包商规范其质量行为，健全其质量保证体系，增强其质量意识，提高其质量管理水平，有助于减少建筑外墙节能工程施工过程中质量问题的发生，有效提高建筑外墙节能工程质量能力和标准。

第4章 建筑外墙节能工程质量管理综合评价体系架构与实证

4.1 实施建筑外墙节能工程质量管理评价的意义

由于建筑外墙节能工程质量管理具有多因素影响的特点，评价承包商建筑外墙节能工程质量管理的水平，需要建立一个全过程、全方位的综合评价体系，实现承包商对建筑外墙节能工程质量管理的内部评价功能。

建筑外墙节能工程质量管理的有效性评价是建立在对建筑外墙节能工程质量形成过程的质量行为以及活动结果科学评价的基础上，是一个多影响因素、综合性的质量评价体系。其意义在于以下3个方面：

1）有利于促进建筑外墙节能工程整体质量水平的提高。对建筑外墙节能工程质量管理有效性实施综合评价，是全面考核参与主体相关质量行为和活动结果，形成全过程、全方位的综合评价体系，是对建筑外墙节能工程质量能否满足节能设计要求的客观公正判断。

2）有利于提高承包商对建筑外墙节能工程质量管理的有效性。实施建筑外墙节能工程质量管理有效性评价是将参与人员的质量行为、质量转化过程和质量活动结果统统纳入建筑外墙节能工程质量管理有效性综合评价体系中，实现质量体系运作、质量行为和实体质量结果相结合的评价模式，起到促进参与人员规范其自身质量行为和建设活动、强化施工全过程建筑外墙节能工程质量全面管理、健全相关质量保证体系、提高质量保证能力的作用。

3）有利于确保建筑外墙节能工程相关性能的实现。通过提高建筑外墙节能工程整体质量，确保实现建筑外墙节能工程保温隔热性能、稳定性、防火性能、耐久性等相关性能。

4.2　建筑外墙节能工程质量管理评价内容和指标体系

4.2.1　评价内容

建筑外墙节能工程质量管理有效性评价主要是从承包商的角度，对施工准备、施工阶段和竣工验收阶段进行全方位的综合评价，结合客观与主观分析，围绕投入管理、过程控制和效果评价等 3 个方面进行评价内容的概括。

1. 投入管理

投入管理从人员的素质和培训、材料设备检验质量和合理选择、方法构成内容的全面性、编制的科学性、审核的规范性和环境等方面对建筑外墙节能工程的投入管理进行探析，其中人员的投入管理是核心，材料设备的投入管理是重点，方法的投入管理是关键，环境的投入管理是基础。人员主要强调技术管理人员的综合素质，包括政治素质、思想素质、专业素质、身体素质和心理素质等方面。技术管理人员的综合素质对施工方案的编制、技术方案的交底、材料设备的质量检验都有重要影响，所以对人员的投入管理是核心。材料设备的投入管理，主要是通过进场检验和抽样复验，通过严格规范的检验过程保证材料设备质量，以及合理选择材料设备，保证材料设备与施工工艺的匹配度。方法投入管理，主要体现在构成内容的全面性，涉及施工图会审、施工组织设计、施工方案及技术交底等不同内容，形成逐步细化的质量计划，强化每个内容编制的科学性以及审核的规范性，是保证方法科学有效的重要措施。环境投入管理主要是对工程技术环境和工程管理环境的投入管理，工程技术环境一方面，是指工程自然环境，如气象、地质、水文等；另一方面，是指施工技术环境，是建筑外墙节能工程施工过程涉及的质量标准和施工验收规范等强制性标准。

2. 过程控制

过程控制主要涉及材料设备过程控制、方法方面的过程控制和环境因素的监控。其中，材料设备过程控制包括对原材料、半成品、成品的保护，机械设备的维护管理，以及材料设备的合理选择。原材料、半成品、成品的保护是对过程中投入品和质量成果的管理，由于建筑外墙节能工程并不是整个工程施工的最后内容，需要在过程中保护质量成果，加强质量管理。机械设备的维护管理可以有效保证机械设备的运行效率，加快工程进度和保证质量实现。材料设备的合理选择直接影响材料之间的兼容性和整个系统的整体质量性能,而机械的选择应符合工艺流程的需要。方法方面的过程控制强调施工方案的跟踪与优化、工艺流程的有效控制、组织措施的合理实施和检测手段的科学有效。环境因素的监控,强调对工程技术环境、工程管理环境和劳动环境的监控与评估。要防止由于环境因素的控制不到位而造成质量管理缺失的情况,尤其是施工方案的编制应动态结合环境因素的变化进行调整,所以环境因素的监控是投入管理的基础。

3. 效果评价

效果评价的目的在于对已完的建筑外墙节能工程质量效果进行评价,是全面质量管理结果的综合评价,包括对已完工程的实际工程质量情况与质量标准符合程度,业主的满意程度以及对工程资料完整、准确程度等 3 个方面进行评价,从而全面、综合地判断建筑外墙节能工程质量管理的效果,为承包商改进质量管理提供科学的评判依据。

4.2.2 评价指标体系构建

通过对建筑外墙节能工程质量管理评价内容的分析,得出承包商建筑外墙节能工程质量管理有效性的评价指标体系如图 4-1 所示。

4.3 建筑外墙节能工程质量管理评价方法

通过对建筑外墙节能工程质量管理评价指标体系的分析,以及对多种评价方法的比较,最终选定模糊综合评价法作为该评价方法,以便科学、合理地评价承包商建筑外墙节能工程质量管理的有效性。

4.3.1 模糊综合评价法

1. 建立因素集并确定相应层次

一级因素指标级:$U = \{U_1, U_2, U_3\}$。

二级因素指标级:$U_1 = (U_{11}, U_{12}, U_{13}, U_{14})$;$U_2 = (U_{21}, U_{22}, U_{23})$;$U_3 = (U_{31}, U_{32}, U_{33})$。

三级因素指标级:$U_{11} = (U_{111}, U_{112}, U_{113})$;$U_{12} = (U_{121}, U_{122})$;$U_{13} = (U_{131}, U_{132}, U_{133})$;$U_{14} = (U_{141}, U_{142})$;$U_{21} = (U_{211}, U_{212}, U_{213})$;$U_{22} = (U_{221}, U_{222}, U_{223}, U_{224})$;$U_{23} = (U_{231}, U_{232}, U_{233})$。

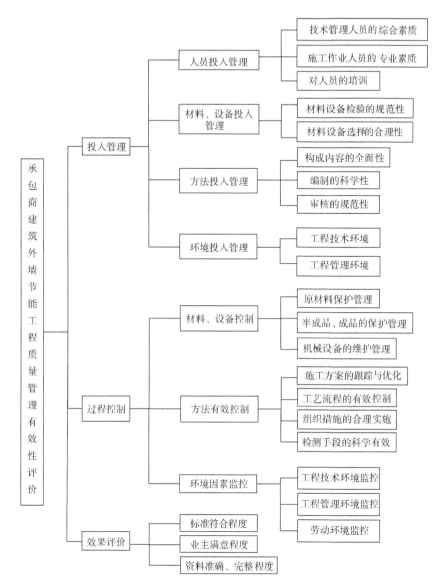

图4-1　承包商建筑外墙节能工程质量管理有效性评价指标体系

2. 建立权重集

因素集中的各个因素对承包商建筑外墙节能工程质量管理有效性的影响大小是不同的，为了反映各个因素的重要性，对每个因素分配一定的权重。在分配权重时，分一级、二级、三级指标进行。为使权重分配合理，评价因素权重的确定采用层次分析法（AHP），用 AHP 确定指标权重的具体步骤如下：

（1）建立比较判断矩阵。

建立了多层次评价模型之后，上下层次之间元素的隶属关系就被确定了。多层次评价模型中各层次上的元素可以依次相对于与之相关的上一层元素进行两两比较，从而建立一系列如表4-1所示的判断矩阵。

表4-1　判断矩阵形式

$A\text{-}B_i$	B_1	B_2	$\cdots$	B_n
B_1	b_{11}	b_{12}	$\cdots$	b_{1n}
B_2	b_{21}	b_{22}	$\cdots$	b_{2n}
$\vdots$	$\vdots$	$\vdots$	$\vdots$	$\vdots$
B_n	b_{n1}	b_{n2}	$\cdots$	b_{nn}

判断矩阵 $A\text{-}B_i = (b_{ij})_{n\times n}$ 具有以下性质：①$b_{ij}>0$；②$b_{ij}=1/b_{ji}$；③$b_{ii}=1$。其中，b_{ij} 代表相对于与其相关的上一层指标 A，元素 b_i 较元素 b_j 的重要性比例标度。在进行元素的两两比较时，通常采用 $1\sim9$ 标度法，标度 b_{ij} 取值具体见表4-2。

表4-2　标度 b_{ij} 取值表

标度 b_{ij}	含义
1	元素 i, j 相比同样重要
3	元素 i 比元素 j 略重要
5	元素 i 比元素 j 比较重要
7	元素 i 比元素 j 非常重要
9	元素 i 比元素 j 绝对重要
2, 4, 6, 8	以上取值的中间状态
倒数	若元素 j 与元素 i 比较，得判断值为 $b_{ji}=1/b_{ij}$, $b_{ii}=1$

（2）计算单一准则下元素的相对权重及其一致性检验。

计算排序权重向量的方法较多，常用的方法为特征根法。设判断矩阵 $A\text{-}B_i$ 的最大特征根为 $\lambda_{\max}$，相应的特征向量为 W，则 W 与 $\lambda_{\max}$ 的计算方法如下：

1）$A\text{-}B$ 的元素按行相乘。

2）所得到的乘积分别开 n 次方。

3）方根向量归一化得排序权重向量 W。

4）$\lambda_{\max}$：$CI = \sum_{i=1}^{n} \dfrac{(A\text{-}B_i \cdot W)_i}{n\cdot W_i}$。

AHP并不要求在构造判断矩阵时，判断具有一致性，即不要求 $b_{ij}\cdot b_{jk}=b_{ik}$，但有时会出现：甲比乙极端重要，乙比丙极端重要，而丙比甲极端重要这一违反常规的情况，因此为了提高决策的科学性，需要进行一致性检验。检验过程如下：

1）计算一致性指标 CI：$CI = \dfrac{\lambda_{\max} - n}{n - 1}$。

2）计算一致性比例 CR：$CR = CI/RI$。

当 $CR < 0.1$ 时，认为判断矩阵具有良好的一致性，否则应调整判断矩阵元素的取值。随机一致性指标 RI 的取值见表 4-3。

表 4-3 判断矩阵的随机一致性指标

n	1	2	3	4	5	6	7	8	9
RI	0.00	0.00	0.52	0.89	1.12	1.25	1.35	1.42	1.49

最终得到评价指标集的权重集：

一级指标对应的权重集为：$A = (a_1, a_2, a_3)$，分别代表投入管理、过程控制和效果评价。

二级指标对应的权重集为：$A_1 = (a_{11}, a_{12}, a_{13}, a_{14})$，表示人员投入管理、材料和设备投入质量、方法投入管理和环境投入管理；$A_2 = (a_{21}, a_{22}, a_{23})$，表示材料和设备控制、方法有效控制和环境因素监控；$A_3 = (a_{31}, a_{32}, a_{33})$，表示标准符合程度、业主满意程度和资料准确、完整程度。

三级指标对应的权重集为：$A_{11} = (a_{111}, a_{112}, a_{113})$，表示技术管理人员的综合素质、施工作业人员的专业素质和对人员的培训；$A_{12} = (a_{121}, a_{122})$，表示材料设备检验的规范性和材料设备选择的合理性；$A_{13} = (a_{131}, a_{132}, a_{133})$，表示构成内容的完整性、编制的科学性和审核的规范性；$A_{14} = (a_{141}, a_{142})$，表示工程技术环境和工程管理环境；$A_{21} = (a_{211}, a_{212}, a_{213})$，表示原材料的保护管理、半成品和成品的保护管理和机械设备的维护管理；$A_{22} = (a_{221}, a_{222}, a_{223}, a_{224})$，表示施工方案的实施与优化、工艺流程的有效控制、组织措施的合理实施和检测手段的科学有效；$A_{23} = (a_{231}, a_{232}, a_{233})$，表示工程技术环境监控、工程管理环境监控和劳动环境。

3. 确定评判集

评判集是评判对象可能做出的各种评价结果组成的集合。在承包商建筑外墙节能工程质量管理有效性等级综合评价中，评判集 $V = \{V_1, V_2, V_3, V_4\}$，$V_1 \sim V_4$ 表示质量管理有效性由大到小的各个等级，评价等级及其对应的分值见表 4-4。

表 4-4　评价等级表

评价等级	优	良	中	差
分值	91～100	81～90	71～80	0～70

4. 建立因素集到评判集的模糊关系

通常用模糊评价矩阵 R 来描述。对于一级模糊单因素综合评判：$R_i = (r_{ijk})_{j\times k}$ ($i = 1$，2，3；$j = 1$，2，3，4；$k = 2$，3，4)，其中，r_{ijk} 为对因素集 U_i 中第 j 个评价指标做出第 p 级评判集 V_p 的隶属度。R 的确定可采用专家评分法、回归分析法、线性规划法或者多级评判法。本书仅介绍专家评分法，其具体过程是：建立由 m 位（m 以 20～50 为宜）专家组成的专家团，对 U 中每个因素 u_{ij} ($i = 1$，2，3；$j = 1$，2，3，4) 评定 $V_1 \sim V_4$ 中的一个且仅一个等级。若 m 位专家中评定 u_{ij} 为等级 V_p 的人数为 m_{ijp}，则 $r_{ijk} = m_{ijk}/r_n$。

5. 一级模糊综合评判

模糊算子"。"的确定方法有很多种，一般可选用以下几种模型：

模型 I：记作 $M(\wedge，\vee)$；模型 II：记作 $M(\cdot，\vee)$；模型 III：记作 $M(\wedge，\oplus)$；模型 IV：记作 $M(\cdot，\oplus)$。前 3 种模糊算子用于突出主要因素，不考虑或略微考虑次要因素的综合评价，后一种对所有影响因素依权重大小均衡兼顾，适用于要求整体指标的情形。具体应用时可根据实际情况分析使用。本书为突出该模型的主要因素，故模糊算子 。 采用扎德算子：$M(\wedge，\vee)$，以下各级模糊变换都采用相同的模糊算子。把因素集 U_{1j}，U_{2j}，U_{3j} 看成是单个因素，进行第一次模糊变换得到因素 U_{1j}，U_{2j}，U_{3j} 对评判集 V_i 的隶属度，模糊变换算式如下

$$B_{1j} = A_{1j} \circ \boldsymbol{R}_{1j} = (a_{1j1}，a_{1j2}，\cdots，a_{1jk}) \circ \begin{bmatrix} r_{1j1}^1 \cdots r_{1j1}^4 \\ \vdots \quad \vdots \\ r_{1jk}^1 \cdots r_{1jk}^4 \end{bmatrix}$$

$$= (B_{1j}^1，B_{1j}^2，B_{1j}^3)$$

$j = 1$，3 时，$k = 3$；$j = 2$，4 时，$k = 2$

$$B_{2j} = A_{2j} \circ \boldsymbol{R}_{2j} = (a_{2j1}，a_{2j2}，\cdots，a_{2jk}) \circ \begin{bmatrix} r_{2j1}^1 \cdots r_{2j1}^4 \\ \vdots \quad \vdots \\ r_{2jk}^1 \cdots r_{2jk}^4 \end{bmatrix}$$

$$= (B_{2j}^1，B_{2j}^2，B_{2j}^3，B_{2j}^4)$$

$j = 1$，3 时，$k = 3$；$j = 2$ 时，$k = 4$

$$B_{3j} = \boldsymbol{R}_{3j} = [r_{3j}^1,\ r_{3j}^2,\ \cdots,\ r_{3j}^4] = (B_{3j}^1,\ B_{3j}^2,\ B_{3j}^3)$$

$j = 1$，2，3

B_{1j}^i，B_{2j}^i，B_{3j}^i 分别表示因素 U_{1j}，U_{2j}，U_{3j} 对评判集 V_i 的隶属度。

6. 二级模糊综合评判

第一次变换结果得到因素集 U_1，U_2，U_3 到评判集 V 的评判矩阵分别为

$$\boldsymbol{R}_1 = \begin{bmatrix} B_{11} \\ B_{12} \\ B_{13} \\ B_{14} \end{bmatrix},\ \boldsymbol{R}_2 = \begin{bmatrix} B_{21} \\ B_{22} \\ B_{23} \end{bmatrix},\ \boldsymbol{R}_3 = \begin{bmatrix} B_{31} \\ B_{32} \\ B_{33} \end{bmatrix}$$

把因素集 U_1，U_2，U_3 看成单个因素，进行第二次模糊变换得到因素 U_1，U_2，U_3 对评判集 V_i 的隶属度为

$$B_1 = A_1 \circ \boldsymbol{R}_1 = (a_{11},\ a_{12},\ a_{13},\ a_{14}) \circ \begin{bmatrix} B_{11} \\ B_{12} \\ B_{13} \\ B_{14} \end{bmatrix} = (B_1^1,\ B_1^2,\ B_1^3,\ B_1^4)$$

$$B_2 = A_2 \circ \boldsymbol{R}_2 = (a_{21},\ a_{22},\ a_{23}) \circ \begin{bmatrix} B_{21} \\ B_{22} \\ B_{23} \end{bmatrix} = (B_2^1,\ B_2^2,\ B_2^3)$$

$$B_3 = A_3 \circ \boldsymbol{R}_3 = (a_{31},\ a_{32},\ a_{33}) \circ \begin{bmatrix} B_{31} \\ B_{32} \\ B_{33} \end{bmatrix} = (B_3^1,\ B_3^2,\ B_3^3)$$

式中，B_1^i，B_2^i，B_3^i 分别表示因素 U_1，U_2，U_3 对评判集 V_i 的隶属度。

7. 三级模糊综合评判

由第二次变换结果得到因素集 U 到评判集 V 的评判矩阵为：$\boldsymbol{R} = \begin{bmatrix} B_1 \\ B_2 \\ B_3 \end{bmatrix}$。把

因素集 U 看成单个因素，进行第三次模糊变换得到因素集 U 对评判集 V_i 的隶属度为

$$B = A \circ R = (a_1, a_2, a_3) \circ \begin{bmatrix} B_1 \\ B_2 \\ B_3 \end{bmatrix} = (B_1^1, B_1^2, B_1^3)$$

其中，模糊评判集 B 中各分量 B^1，B^2，B^3 分别表示承包商建筑外墙节能工程质量管理有效性评价等级对于模式 V_1（等级为优），V_2（等级为良），V_3（等级为中），V_4（等级为差）的隶属度。若 $\sum\limits_{i=1}^{4} B^i \neq 1$，应将它归一化。

4.3.2　评价结果处理

经过三级模糊综合评价，最终得到承包商建筑外墙节能工程质量管理有效性隶属于优、良、中、差 4 个等级的隶属度 b_1，b_2，b_3，b_4。

若规定 $b_p = \sum\limits_{k=1}^{p} b_k \geqslant 70\%$ 为评价结果等级（k，$p = 1$，2，3，4），则 $b_p \geqslant 70\%$（$p = 1$，2，3，4）时，该建筑外墙节能工程质量管理有效性属于第 p 级。

4.4　石家庄裕华万达广场住宅楼建筑外墙节能工程质量管理实践

4.4.1　工程概况

石家庄裕华万达广场销售区 B1-1# ~ 4# 住宅楼，建筑面积约 15.4 万 m²，建筑功能地上部分为住宅和商业网点，地下为停车库。4 栋住宅楼为框架剪力墙结构，建筑层数：地上部分为 33、34 层，地下 2 层；建筑高度：层高为 2.9m，建筑总高度为 98.9m，99.05m。

本工程外墙保温采用聚苯板薄抹灰外保温系统。剪力墙和二次砌筑墙体外侧采用后黏聚苯板；外门窗洞口周边侧墙，外墙圈梁，构造柱以及挑出的构件、附墙部位，如女儿墙、挑檐、雨罩、空调室外机隔板、扶壁柱、装饰线等采用抹 30 厚胶粉聚苯颗粒浆料。

本工程施工单位为中国建筑第八工程局有限公司；施工工期目标为 512d；施工质量目标为河北省"安济杯"；安全文明施工目标为"河北省安全文明工地"。2010 年 3 月 18 日工程开工前期，就严格执行中建总公司《项目管理手册》，并编制了详细的《石家庄裕华万达广场项目策划文件》。针对外墙保温工程，在施工前期就明确外墙保温分项工程质量目标，并编制了相应施工方案和工程质量管理计划。在施工过程中，利用 PDCA 循环进行质量动态控制，确保聚苯板外墙外保温施工质量合格。

4.4.2　建筑外墙节能工程质量管理实践

在建筑外墙节能工程全面质量管理过程中，专门成立了建筑外墙节能工程质量管理 QC 攻关小组，使建筑外墙节能工程质量达到设计和相关标准的要求。

1. 外墙节能工程质量缺陷调查统计

为确保本工程施工方案编制的科学合理，需要对一般工程采用聚苯板薄抹灰外保温系统的质量缺陷进行调查，并对数据进行整理分析见表4-5。

表4-5　聚苯板外墙保温质量缺陷统计表

序号	检查内容	频数/点	频率（%）	累计频率（%）
1	局部施工工序不当	86	45	45
2	基层墙面处理不净	20	23	67
3	黏结层不牢固	12	9	76
4	聚苯板接缝缝口未整净	8	5.5	81.5
5	预留孔洞不当或遗漏	7	5	86.5
6	聚合物抹面砂浆	5	4	91.5
7	低温、雨天铺设网格布	5	2	93.5
8	网格布搭接尺寸不足	8	4	97.5
9	涂料或面砖黏结的观感质量差	4	2.5	100
	合　　计	155	100	

根据表4-5统计数据绘成柱状图，找出影响聚苯板外墙保温系统施工质量的主要问题是施工工序不当，如图4-2所示。

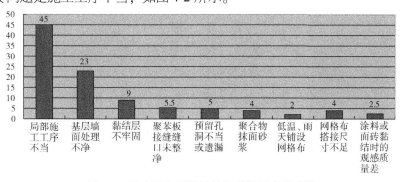

图4-2　影响聚苯板外墙保温质量因素排列图

2. 外墙节能工程质量缺陷的原因分析

从柱状图中可以看到，影响聚苯板外墙保温系统施工质量的主要因素为局部施工工序不当。这是 QC 小组实现目标需要控制的关键内容。根据调查分析的结果，QC 小组成员以及项目施工班组主要技术人员展开讨论，集思广益，对影响外墙保温施工质量关键内容的因素按照人员、机具、材料、方法和环境 5 个方面进行分析汇总，形成聚苯板外墙保温系统质量缺陷的因果分析图，如图 4-3 所示。

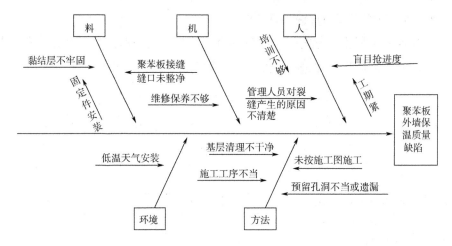

图 4-3　聚苯板外墙保温系统质量缺陷的因果分析图

根据 L 型矩阵表（见表 4-6）对聚苯板外墙保温施工质量缺陷产生的要因进行分析，得出五条主要影响因素：培训不够；基层清理不干净；施工工序不当；黏结层不牢固；聚苯板接缝缝口未整净。

表 4-6　L 型矩阵表

序号	末端因素	确认内容	人员 A	人员 A	人员 A	人员 A	人员 A	人员 A	汇总	要因 ★
1	培训不够	无作业指导书，操作凭经验	√	√	√	√	√	√	6	★
2	员工责任心不强	有工序交接班检查记录	—	√	—	—	√	—	2	
3	未按图施工	符合要求	√	—	—	√	—	—	2	
4	基层清理不干净	有油污锈斑	√	—	√	√	√	√	5	★
5	施工工序不当	未施加强网，网格布翻包不当	√	√	—	√	√	√	5	★
6	低温、雨天安装	符合要求	√	—	—	—	—	—	1	

（续）

序号	末端因素	确认内容	人员A	人员A	人员A	人员A	人员A	人员A	汇总	要因★
7	预留孔洞不当或遗漏	符合设计及施工规范要求	—	—	√	—	—	—	1	
8	黏结层不牢固	未立即粘贴板	√	√	√	√	√	√	6	★
9	聚苯板接缝缝口未整净	未做到错缝、整净	√	√	√	√	√	√	6	★
10	固定件安装	符合要求	√	√	—	—	—	√	3	

3. 实施对策

1）优化施工方案的编制。基于聚苯板外墙保温质量缺陷调查和原因分析，建筑外墙节能工程施工方案应针对调查的结果进行重点编制，形成科学、合理的施工方案。

2）明确施工控制流程。外保温工程施工前，外门窗洞口应通过验收，洞口尺寸、位置应符合设计和施工质量验收规范的要求，门窗框应安装完毕，落水管的连接件应安装完毕。施工前应按照施工控制流程（见图4-4）进行。

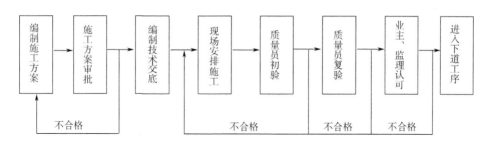

图4-4 施工控制流程图

3）针对主要的质量影响因素制定相应对策。利用"5W1H工作法"分析影响聚苯板外墙保温施工质量的主要因素，并制定相应对策，如表4-7所示。

表4-7 5W1H工作法分析表

序号	要因	目标	对策	措施	地点	时间	负责人
1	培训不够	加强质量意识，了解裂缝产生的原因及防治措施	加强培训教育，制定奖罚细则	班前和书面交底，会议学习等多种形式。将控制措施编入施工方案加以交底落实	项目部	外墙保温施工时	

（续）

序号	要因	目标	对策	措施	地点	时间	负责人
2	基层清理不干净	加强三检制度，增强员工责任心	加强过程控制	10%火碱清洗，不同界面清理	施工现场	外墙保温施工时	
3	局部施工工序不当	按工序施工	熟悉掌握施工工艺，合理安排工序	书面交底，并做样板墙	施工现场	外墙保温施工时	
4	黏结层不牢固	符合设计和施工验收规范的要求	加强过程控制	抹完粘贴剂后立即粘贴并轻揉，均匀挤压	施工现场	外墙保温施工时	
5	聚苯板接缝未整净	上下错缝，接缝打磨并清理干净	熟悉掌握施工工艺，并加强培训	书面技术交底，并专人监督	施工现场	外墙保温施工时	

4. 效果检查

外墙保温系统的质量检验一般项目的合格率为89%，主控项目的合格率为95%，通过不断进行质量问题的分析，完善施工方案，以及过程中有针对性地控制，使建筑外墙节能工程在隐蔽验收时检验通过率明显提高，一般项目的合格率达到了92%，主控项目质量检验全部通过。

4.5 石家庄裕华万达广场建筑外墙节能工程质量管理综合评价研究

基于4.2.2和4.3已确定的建筑外墙节能工程质量管理评价指标体系以及评价方法，有针对性地对中建八局石家庄裕华万达广场销售区的住宅楼外墙外保温工程质量管理水平进行综合评价研究，通过评价结果探究影响建筑外墙节能工程质量管理的根本原因和内在机理，为承包商建筑外墙节能工程质量管理提供科学、合理的理论依据。

通过专家评价法确定两两判断矩阵，并按照图4-1指标数据求解影响承包商建筑外墙节能工程质量管理子系统权重。运用AHP方法计算得到影响承包商建筑外墙节能工程质量管理子系统的各层权重值，见表4-8。

表 4-8　各级评价指标、因素、权重表

指标项				因素、分因素项		因素权重	分因素权重
分类	编码	指标	权重	编码	因素分因素	单权重	单权重
	U_1	投入管理	0.557 4	U_{11}	人员投入管理	0.396 9	
					U_{111}技术管理人员的综合素质		0.648 3
					U_{112}施工作业人员的专业素质		0.229 6
					U_{113}对人员的培训		0.122 1
				U_{12}	材料、设备投入质量	0.213 3	
					U_{121}材料设备检验的规范性		0.640 5
					U_{122}材料设备选择的合理性		0.359 5
				U_{13}	方法投入管理	0.253 6	
					U_{131}构成内容的全面性		0.142 9
					U_{132}编制的科学性		0.571 4
					U_{133}审核的规范性		0.285 7
				U_{14}	环境投入管理	0.136 2	
					U_{141}工程技术环境		0.359 5
					U_{142}工程管理环境		0.640 5
	U_2	过程控制	0.221 3	U_{21}	材料、设备控制	0.400 0	
					U_{211}原材料保护管理		0.799 2
					U_{212}半成品、成品的保护管理		0.071 3
					U_{213}机械设备的维护管理		0.129 5
U				U_{22}	方法有效控制	0.400 0	
					U_{221}施工方案的实施与优化		0.116 8
					U_{222}工艺流程的有效控制		0.294 4
					U_{223}组织措施的合理实施		0.294 4
					U_{224}检测手段的科学有效		0.294 4
				U_{23}	环境因素监控	0.200 0	
					U_{231}工程技术环境监控		0.539 6
					U_{232}工程管理环境监控		0.163 4
					U_{233}劳动环境监控		0.297 0
	U_3	效果评价	0.221 3	U_{31}	标准符合程度	0.539 6	
				U_{32}	业主满意程度	0.297 0	
				U_{33}	资料准确、完整程度	0.163 4	

权重确定后，得到 $A=$（0.557 4, 0.221 3, 0.221 3），$A_1=$（0.396 9, 0.213 3, 0.253 6, 0.136 2），$A_2=$（0.400 0, 0.400 0, 0.200 0），$A_3=$（0.539 6, 0.297 0, 0.163 4）；$A_{11}=$（0.648 3, 0.229 6, 0.122 1），$A_{12}=$（0.640 5, 0.359 5），$A_{13}=$（0.142 9, 0.571 4, 0.285 7），$A_{14}=$（0.359 5, 0.640 5），$A_{21}=$（0.799 2, 0.071 3, 0.129 5），$A_{22}=$（0.116 8, 0.294 4, 0.294 4, 0.294 4），$A_{23}=$（0.539 6, 0.163 4, 0.297 0）。

r_{ijm} 专家对评判指标 U_{ijm} 隶属于评判集的评价结果为：$r_{111}=$（0.2, 0.4, 0.4, 0），$r_{112}=$（0.3, 0.5, 0.1, 0.1），$r_{113}=$（0.2, 0.2, 0.4, 0.2）；$r_{121}=$（0.3, 0.4, 0.2, 0.1），$r_{122}=$（0.1, 0.5, 0.3, 0.1）；$r_{131}=$（0.1, 0.3, 0.5, 0.1），$r_{132}=$（0.1, 0.4, 0.4, 0.1），$r_{133}=$（0.3, 0.4, 0.2, 0.1）；$r_{141}=$（0.1, 0.3, 0.4, 0.2），$r_{142}=$（0.2, 0.4, 0.3, 0.1）；$r_{211}=$（0.1, 0.3, 0.4, 0.2），$r_{212}=$（0.2, 0.4, 0.3, 0.1），$r_{213}=$（0.1, 0.4, 0.4, 0.1）；$r_{221}=$（0.2, 0.4, 0.3, 0.1），$r_{222}=$（0.4, 0.4, 0.1, 0.1），$r_{223}=$（0.3, 0.4, 0.2, 0.1），$r_{224}=$（0.3, 0.5, 0.1, 0.1）；$r_{231}=$（0.2, 0.4, 0.3, 0.1），$r_{232}=$（0.3, 0.3, 0.2, 0.2），$r_{233}=$（0.4, 0.4, 0.2, 0）；$r_{31}=$（0.2, 0.3, 0.4, 0.1），$r_{32}=$（0.2, 0.3, 0.4, 0.1），$r_{33}=$（0.3, 0.3, 0.3, 0.1）。

则一级模糊综合评价的单因素评价矩阵分别为

$$R_{11}=\begin{bmatrix} r_{111} \\ r_{112} \\ r_{113} \end{bmatrix}=\begin{bmatrix} 0.2 & 0.4 & 0.4 & 0 \\ 0.3 & 0.5 & 0.1 & 0.1 \\ 0.2 & 0.2 & 0.4 & 0.2 \end{bmatrix} \qquad R_{12}=\begin{bmatrix} r_{121} \\ r_{122} \end{bmatrix}=\begin{bmatrix} 0.3 & 0.4 \\ 0.1 & 0.5 \end{bmatrix}$$

$$R_{13}=\begin{bmatrix} r_{131} \\ r_{132} \\ r_{133} \end{bmatrix}=\begin{bmatrix} 0.1 & 0.3 & 0.5 & 0.1 \\ 0.1 & 0.4 & 0.4 & 0.1 \\ 0.3 & 0.4 & 0.2 & 0.1 \end{bmatrix} \qquad R_{14}=\begin{bmatrix} r_{141} \\ r_{142} \end{bmatrix}=\begin{bmatrix} 0.1 & 0.3 \\ 0.2 & 0.4 \end{bmatrix}$$

$$R_{21}=\begin{bmatrix} r_{211} \\ r_{212} \\ r_{213} \end{bmatrix}=\begin{bmatrix} 0.1 & 0.3 & 0.4 & 0.2 \\ 0.2 & 0.4 & 0.3 & 0.1 \\ 0.1 & 0.4 & 0.4 & 0.1 \end{bmatrix} \qquad R_{22}=\begin{bmatrix} r_{221} \\ r_{222} \\ r_{224} \\ r_{224} \end{bmatrix}=\begin{bmatrix} 0.2 & 0.4 \\ 0.4 & 0.4 \\ 0.3 & 0.4 \\ 0.3 & 0.5 \end{bmatrix}$$

$$R_{23}=\begin{bmatrix} r_{231} \\ r_{232} \\ r_{233} \end{bmatrix}=\begin{bmatrix} 0.2 & 0.4 & 0.3 & 0.1 \\ 0.3 & 0.3 & 0.2 & 0.2 \\ 0.4 & 0.4 & 0.2 & 0 \end{bmatrix} \qquad R_3=\begin{bmatrix} r_{31} \\ r_{32} \\ r_{33} \end{bmatrix}=\begin{bmatrix} 0.2 & 0.3 \\ 0.2 & 0.3 \\ 0.3 & 0.3 \end{bmatrix}$$

经模糊合成计算，一级模糊综合评价结果分别为

$$B_{11} = A_{11} \circ \boldsymbol{R}_{11} = (0.648\,3 \quad 0.229\,6 \quad 0.122\,1) \begin{bmatrix} 0.2 & 0.4 & 0.4 & 0 \\ 0.3 & 0.5 & 0.1 & 0.1 \\ 0.2 & 0.2 & 0.4 & 0.2 \end{bmatrix}$$

$$= (0.223\,0,\ 0.398\,5,\ 0.331\,1,\ 0.047\,4)$$

$$B_{12} = A_{12} \circ \boldsymbol{R}_{12} = (0.640\,5 \quad 0.359\,5) \begin{bmatrix} 0.3 & 0.4 & 0.2 & 0.1 \\ 0.1 & 0.5 & 0.3 & 0.1 \end{bmatrix}$$

$$= (0.228\,1,\ 0.436\,0,\ 0.236\,0,\ 0.136\,0)$$

$$B_{13} = A_{13} \circ \boldsymbol{R}_{13} = (0.142\,9 \quad 0.571\,4 \quad 0.285\,7) \begin{bmatrix} 0.1 & 0.3 & 0.5 & 0.1 \\ 0.1 & 0.4 & 0.4 & 0.1 \\ 0.3 & 0.4 & 0.2 & 0.1 \end{bmatrix}$$

$$= (0.157\,1,\ 0.385\,7,\ 0.357\,2,\ 0.1)$$

$$B_{14} = A_{14} \circ \boldsymbol{R}_{14} = (0.359\,5 \quad 0.640\,5) \begin{bmatrix} 0.1 & 0.3 & 0.4 & 0.2 \\ 0.2 & 0.4 & 0.3 & 0.1 \end{bmatrix}$$

$$= (0.164\,1,\ 0.364\,1,\ 0.336\,0,\ 0.136\,0)$$

$$B_{21} = A_{21} \circ \boldsymbol{R}_{21} = (0.799\,2 \quad 0.071\,3 \quad 0.129\,5) \begin{bmatrix} 0.1 & 0.3 & 0.4 & 0.2 \\ 0.2 & 0.4 & 0.3 & 0.1 \\ 0.1 & 0.4 & 0.4 & 0.1 \end{bmatrix}$$

$$= (0.107\,1,\ 0.320\,1,\ 0.392\,9,\ 0.179\,9)$$

$$B_{22} = A_{22} \circ \boldsymbol{R}_{22} = (0.116\,8 \quad 0.294\,4 \quad 0.294\,4 \quad 0.294\,4) \begin{bmatrix} 0.2 & 0.4 & 0.3 & 0.1 \\ 0.4 & 0.4 & 0.1 & 0.1 \\ 0.3 & 0.4 & 0.2 & 0.1 \\ 0.3 & 0.5 & 0.1 & 0.1 \end{bmatrix}$$

$$= (0.317\,8,\ 0.429\,4,\ 0.152\,8,\ 0.1)$$

$$B_{23} = A_{23} \circ \boldsymbol{R}_{23} = (0.539\,6 \quad 0.163\,4 \quad 0.297\,0) \begin{bmatrix} 0.2 & 0.4 & 0.3 & 0.1 \\ 0.3 & 0.3 & 0.2 & 0.2 \\ 0.4 & 0.4 & 0.2 & 0 \end{bmatrix}$$

$$= (0.275\,7,\ 0.383\,7,\ 0.254\,0,\ 0.086\,6)$$

$$B_3 = A_3 \circ \boldsymbol{R}_3 = (0.539\,6 \quad 0.297\,0 \quad 0.163\,4) \begin{bmatrix} 0.2 & 0.3 & 0.4 & 0.1 \\ 0.2 & 0.3 & 0.4 & 0.1 \\ 0.3 & 0.3 & 0.3 & 0.1 \end{bmatrix}$$

$$= (0.216\,3,\ 0.3,\ 0.383\,7,\ 0.097\,0)$$

则二级模糊综合评价的单因素评判矩阵为

$$R_1 = \begin{bmatrix} B_{11} \\ B_{12} \\ B_{13} \\ B_{14} \end{bmatrix} = \begin{bmatrix} 0.223\ 0 & 0.398\ 5 & 0.331\ 1 & 0.047\ 4 \\ 0.228\ 1 & 0.436\ 0 & 0.236\ 0 & 0.136\ 0 \\ 0.157\ 1 & 0.385\ 7 & 0.357\ 2 & 0.100\ 0 \\ 0.164\ 1 & 0.364\ 4 & 0.336\ 0 & 0.136\ 0 \end{bmatrix}$$

$$R_2 = \begin{bmatrix} B_{21} \\ B_{22} \\ B_{23} \end{bmatrix} = \begin{bmatrix} 0.107\ 1 & 0.320\ 1 & 0.392\ 9 & 0.179\ 9 \\ 0.317\ 8 & 0.429\ 4 & 0.152\ 8 & 0.100\ 0 \\ 0.275\ 7 & 0.383\ 7 & 0.254\ 0 & 0.086\ 6 \end{bmatrix}$$

经模糊合成计算，二级模糊综合评价结果为

$B_1 = A_1 \circ R_1$

$= (0.396\ 9 \quad 0.213\ 3 \quad 0.253\ 6 \quad 0.136\ 2)$

$$\begin{bmatrix} 0.223\ 0 & 0.398\ 5 & 0.331\ 1 & 0.047\ 4 \\ 0.228\ 1 & 0.436\ 0 & 0.236\ 0 & 0.136\ 0 \\ 0.157\ 1 & 0.385\ 7 & 0.357\ 2 & 0.100\ 0 \\ 0.164\ 1 & 0.364\ 1 & 0.336\ 0 & 0.136\ 0 \end{bmatrix}$$

$= (0.199\ 4,\ 0.398\ 6,\ 0.318\ 1,\ 0.091\ 7)$

$B_2 = A_2 \circ R_2 = (0.400\ 0 \quad 0.400\ 0 \quad 0.200\ 0) \begin{bmatrix} 0.107\ 1 & 0.320\ 1 & 0.392\ 9 & 0.179\ 9 \\ 0.317\ 8 & 0.429\ 4 & 0.152\ 8 & 0.100\ 0 \\ 0.275\ 7 & 0.383\ 7 & 0.254\ 0 & 0.086\ 6 \end{bmatrix}$

$= (0.225\ 1,\ 0.376\ 5,\ 0.269\ 1,\ 0.129\ 3)$

则三级模糊综合评价的单因素评判矩阵为

$$R = \begin{bmatrix} B_1 \\ B_2 \\ B_3 \end{bmatrix} = \begin{bmatrix} 0.199\ 4 & 0.398\ 6 & 0.318\ 1 & 0.091\ 7 \\ 0.225\ 1 & 0.376\ 5 & 0.269\ 1 & 0.129\ 3 \\ 0.216\ 3 & 0.300\ 0 & 0.383\ 7 & 0.097\ 0 \end{bmatrix}$$

经模糊合成计算，三级模糊综合评价结果为

$B = A \circ R = (0.557\ 4 \quad 0.221\ 3 \quad 0.221\ 3) \begin{bmatrix} 0.199\ 4 & 0.398\ 6 & 0.318\ 1 & 0.091\ 7 \\ 0.225\ 1 & 0.376\ 5 & 0.269\ 1 & 0.129\ 3 \\ 0.216\ 3 & 0.300\ 0 & 0.383\ 7 & 0.097\ 0 \end{bmatrix}$

$= (0.208\ 8,\ 0.371\ 9,\ 0.321\ 8,\ 0.101\ 2)$

由于 $b_2 = \sum\limits_{k=1}^{2} b_k = 0.580\ 7 \leqslant 70\%$，$b_3 = \sum\limits_{k=1}^{3} b_k = 0.902\ 5 \geqslant 70\%$，因此承包

商建筑外墙节能工程质量管理有效性等级为中。承包商应加强对建筑外墙节能工程的质量管理，以保证建筑外墙节能工程质量达到预期目标。

4.6　结果分析与改进对策

4.6.1　评价结果分析

通过对石家庄裕华万达广场住宅楼进行建筑外墙节能工程质量管理的综合评价研究，从评价结果可以看出承包商的建筑外墙节能工程质量管理整体水平不高，主要是对投入管理重视不够，对人员培训不到位，导致技术管理人员的综合素质和施工作业人员的专业素质停留在原有水平。在方法投入管理中对有关建筑外墙节能工程的施工图会审重视程度不够，缺乏施工前的节能设计审查，特别是一些细部节点的构造做法的审查。并且施工方案编制的科学合理性欠佳，主要由于编制过程形式化，编制人员的专业水平不高，不能发挥其应有的指导施工的作用。在过程控制中，对原材料、半成品、成品的保护不到位是严重影响建筑外墙节能工程质量的重要原因之一。建筑外墙节能工程不是最后一项施工内容，应加强在施工过程中以及施工完成后的保护管理工作。在过程中缺乏对施工方案的改进与完善，或是不能及时形成反馈，都将严重影响过程中的质量控制。还有缺乏对工程技术环境的监控，不能做到随着环境的变化进行动态控制。由于施工方案没有做到及时调整，效果评价中资料的完整、准确性欠佳，因此需要在日后的工作中加强资料管理。

4.6.2　改进对策

1. 充分发挥人的主导作用

人是建筑外墙节能工程最主要的质量影响因素，加强人的主导作用主要体现在以下两个方面：

1）全面提高人的专业素质，其中包括技术管理人员、施工作业人员。任何一个人员的专业素质都将直接影响建筑外墙节能工程质量。技术管理人员是节能设计转化为实体的管理者，施工作业人员是施工过程的操作者，只有确实提高每个环节人的专业素质才能保证建筑外墙节能工程质量的有效实现。

2）对不同人员进行绩效考核。针对不同人员的工作成绩和效率，按照各自的岗位职责，寻求科学、合理的考核标准和实施方案，进行综合测评，所得到的考核结果作为对多方主体阶段评定的依据，并与奖罚挂钩，从根本上改变人员的工作态度和工作效率，最终保障建筑外墙节能工程质量的实现。

2. 优化施工组织设计

施工组织设计是组织工程施工总的指导性文件，是保障施工顺利进行的前提。应改变在施工组织设计中只重视建筑、结构两方面内容的观念，加大建筑节能在施工组织设计中的分量。从节能工艺、节能技术、节能方案和质量保证体系等方面优化施工组织设计，加强施工组织设计的可操作性，使之确实对建筑外墙节能工程施工起到指导作用。

3. 以 PDCA 循环强化过程动态控制

动态控制是一种可以解决过程控制不足的有效方式，其中以 PDCA 循环控制方式最为成熟。建议在建筑外墙节能工程质量控制过程中应用 PDCA 循环理论，建立多阶段、多环节、多工作 PDCA 循环模式，通过对每个循环过程不断进行计划—实施—检查—处理与改进建筑外墙节能工程质量的递进过程，不断提高建筑外墙节能工程质量控制的效果。在建筑外墙节能工程施工前、施工中和竣工后不同阶段分别进行不同环节的 PDCA 循环，同样，每个环节又都包含不同的工作，而每个工作的 PDCA 循环的结果又影响着相应环节的质量控制过程，使得大循环的实现通过小循环，小循环又在大循环的控制下进行，这种不断循环的质量控制方式可以有效减少施工全过程中建筑外墙节能工程质量问题的发生或是减轻质量问题的严重性，形成动态、良性的过程控制，最终保证建筑外墙节能工程中间转化质量的实现。

4. 建立健全相关管理制度

管理制度是影响建筑外墙节能工程质量的重要外部因素，所以完善的管理制度是保障。针对人员的专业素质不够，管理水平有限，建议建立各种用人制度，制定用人标准，确实提高多方主体的专业素质；针对节能材料质量缺陷难以发现，节能性能指标不明确，建议建立专门的材料检验制度和建筑能效标识制度，严把材料检验关和标识节能材料的热工性能、能效等相关指标，确保材料投入品的质量符合设计要求；针对隐蔽验收程序不严、方法滞后，建议建立隐蔽验收检验制度，从而强化检验程序，完善验收内容；针对保修合同对建筑节能方面内容的规定缺失，建立建筑节能保修制度，明确施工单位对建筑外墙节能工程出现质量问题的保修期限以及保修责任，使建筑外墙节能工程质量在使用维护期间的管理更加有效。

中　　篇

ESCO 既有建筑节能改造工程
质量风险管理

第5章 既有建筑节能改造工程质量风险管理理论与实践分析

5.1 国内外工程质量风险管理研究综述

既有建筑节能改造是低碳经济、可持续发展的必然要求。本章从工程质量保险、第三方质量监督、需求导向的质量目标控制和质量成本管理等四方面阐述国外工程质量管理实践特征；从目标优化理论、质量成本管理理论和质量保证机制三方面概述国外工程质量管理理论研究动态；从工程质量政府监管、社会监督、主体保证与控制三方面梳理我国工程质量管理体制与实践历程；基于过程控制方法、知识库、管理理念、信息技术和质量评价等视角，概括我国工程质量管理理论研究现状。分析既有建筑节能改造质量形成的内在特征，探索基于过程的既有建筑节能改造质量风险管理研究方向。

5.1.1 国外工程质量管理实践总结

20 世纪初至今，国外工程质量管理主要经历了质量检验（1900—1940 年）、统计质量控制（1940—1960 年）和全面质量管理（1960 年至今）三个阶段，在工程质量管理方面积累了较为成熟的实践经验，主要是：以工程质量保险制度促进质量管理，以第三方监督规范工程质量管理，以需求为导向实施工程质量目标控制，以工程质量成本管理优化工程质量监管效能。

1. 以工程质量保险制度促进质量管理

发达国家非常重视建立健全工程质量保险制度，以质量保险促进质量行为规范。工程质量保险是利用经济手段保证工程质量的有效措施。基于浮动费率和强制缺陷保险的工程质量保险制度是法国政府推行工程质量社会监管的主要依托之一。浮动费率是根据建筑企业诚信度及工程质量设定保险费率，诚信度高、工程质量好的企业将获得更低的保险费率标准，有利于企业进一步提高利润，形成良性循环；缺陷保险的特点是将建造者的缺陷责任风险同第一方物质损害风险分离[65]。房屋质量缺陷事件出现后，首先，触发的是业主保单；其次，为建造者责任保险。这种作用机理在有效保护消费者利益的同时，使得质量风险在工程设计和建设阶段得到较好控制。而强制第三方技术监督能减少建造者的错误或疏忽，提高工程质量；另外，强制责任险也使参建各方在一定程度上避免或减少由于自己参与建造工程质量缺陷引发巨额赔偿而面临的财务困境。西班牙、意大利、芬兰和日本等国在具体制度上与法国存在差别，如西班牙的建筑工程质量保险为伤害保险，即只要建筑工程伤害存在，保险公司就给予赔偿，之后再代为追究建筑方责任。美国在建筑工程保险制度中规定，建筑工程的所有参建方包括业主、设计单位、建筑商、材料生产和供应商等都必须向担保和保险公司进行强制性投保，分别由责任方负责承担工程的担保和保险责任。担保和保险公司因"经济责任"介入工程建设领域后，改变了工程质量监督主要由政府承担的局面，形成了"齐抓共管"行之有效的工程质量监督管理机制。

2. 以第三方监督规范工程质量管理

国外政府对工程质量实施监督由专业人士或机构进行，这些专业机构包括工程咨询公司、顾问工程师团体等。法、德等国第三方检查机构对工程质量的监管通常包括初步检验、常规检验和必要时进行的专门检验三项。经检验合格的工程允许使用统一的质量监督标准，无标记的工程实体和材料不可投入使用[66]。美国建筑法规规定，建筑工程在每个施工阶段作业完成后，受业主委托的工程咨询公司都会进行阶段性检查验收，符合质量标准的工程可继续施工，否则承包商就可能拿不到工程款项。新加坡建筑市场受英国影响，发育较成熟且拥有完善的顾问工程师体系，顾问工程师在工程建设中起着重要的作用。新加坡政府对顾问工程师的管理主要通过两个渠道进行：一是通过严格的注册制度来实行管理；二是通过工程师协会对顾问工程师进行管理[66-67]。顾问工程师在工程建设中主要发挥三个方面的作用：保证建筑法规的实施；作为政府管理工作许可、检查、批准的依据；提高工程建设的效率，促进工程质量不断提高。

3. 以需求为导向实施工程质量目标控制

欧美等发达国家在建筑工程施工过程中实施以需求为导向的质量过程控制与监督[68-70]，包括承包商工程质量自检与质量保证、业主工程质量监督检查和政府工程质量监督三方面。业主对建筑工程质量控制和监督的首要责任是明确质量目标。在明确的质量目标下，承包商的工程质量保证与自检工作才能顺利开展。美国联邦建筑法案规定，业主必须对建筑工程施工过程进行严格的监督控制，并把工程质量与后续工程款项的支付联系起来，形成严格的支付机制以确保工程质量。在德国，业主对建筑工程质量承担的基本责任是政府对建设单位（业主）的要求，同时施工许可证和使用许可证均要由业主主动申报，出现工程质量问题，首先追究业主责任。建设施工过程中，承包商的工作主要体现在按照建设单位（业主）质量目标顺利完成工程，因为业主是建筑产品的购买者，购买的是建筑产品的使用价值，对建筑产品必须给出明确定义。业主需求定义错误而产生的质量问题、造成的损失通常由其自行承担。

4. 以工程质量成本管理优化工程质量监管效能

国外对工程质量成本管理信息化较为重视，应用计算机强大的处理能力协助工程质量成本控制。质量实施追踪系统 QPTS（Quality Performance Tracking System）和质量实施管理系统 QPMS（Quality Performance Management System）等是国外工程质量成本管理系统的主要实践成果[69-70]。两者将质量重新定义为"满足规定的需求"，这是一个面向用户、面向市场的定义。由此可见，质量成本管理仅仅是一种手段，并不是目的，进行质量成本管理的最终目标是追求质量和成本的统一，即在满足规定、需求的情况下，提高质量、降低成本，追求利润最大化，质量成本则是实施这一过程的控制参数。

制造业中质量成本管理方法不能直接套用于工程建设中，以上两系统对建筑工程行业质量成本特点有独特定义，它在质量预防、质量检验以及质量损失方面与制造业都有很大差异[71]。针对工程项目开发的 QPTS 与 QPMS 系统，将质量成本管理与工程项目结合起来，考虑了工程建设行业的特点，对质量成本进行全过程监控与管理，比较符合工程项目管理的基本原理。

5.1.2 国外工程质量管理理论研究动态

工程质量管理实践发展的客观需要，国外学者针对工程项目目标优化、工程质量成本管理和工程质量保证保险机制三个方面开展了工程质量管理相关理论探索。

1. 基于工程项目目标优化的质量管理方法研究

工程项目目标优化理论是一种基于项目整体的优化方法，其本质是对工程质量管理与其影响因素进行综合考虑，实现系统整体优化。Mckim 在项目优化中指出，工期 – 成本 – 质量三者之间是高度相关的，需要得到平衡；Abd El

Razek 提出以多目标遗传算法为基础，结合平衡线和关键路径法的概念开发了工期 – 成本 – 质量权衡系统；Babu A. J. G. 认为建筑工程项目施工速度过快，会影响工程完成的质量，并在实际工程中建立了线性模型，研究质量三角的平衡关系，并且对这种模型的实用性做出评价；Haung 指出，在建筑工程中基于改进蚁群算法的工期-成本-质量权衡优化，并基于互相关联的线性规划函数，建立多属性效用函数模型，以权衡工期 – 成本 – 质量[71-72]；Khang 提出应用三大目标关联的线性规划模型，研究质量、成本、进度的相互关系；Atkinson 针对施工项目采取质量、成本、进度的 "铁三角" 管理方式存在的弊端，提出了一种新的 "标准框架 – 方形线路法"；Gardiner 等针对施工项目采取质量、成本、进度管理方式存在的不足，提出将净现值法作为施工项目健康运行的持续监控方法。

2. 基于工程质量成本的质量管理效益研究

质量成本概念最早由美国质量管理专家 A. V. Feigenbuam 在 20 世纪 50 年代提出，很快在美国业界得到广泛认同并应用到工程质量管理中。Chen Ye-Sho 提出一种模拟工程质量成本的图示方法，将质量成本与其影响因素之间的关系、各组成部分与总质量成本之间的关系用图形表示，使工程质量成本控制更为简单易行；Christian John 从工程变更、设计缺陷、返工等因素考虑，对这些信息进行仔细分类筛选，根据满足设计要求的偏差程度来量化工程质量成本，确定最佳值；Hall M. 主张重视预防成本和鉴定成本对总质量成本的贡献，他认为对工程质量成本造成的影响不应局限于承包商，并提出 "全过程" 质量成本管理方法，认为只有对工程项目过程进行全面、整体的监控，才能对降低工程质量成本有所帮助；Peter E. D. Love 结合工程质量成本与管理信息系统，开发项目质量成本管理体系，通过对工程质量成本的识别、信息结构设计及检测，达到确定所需信息类型、分析工程质量缺陷、控制工程项目质量成本的目的；Aynur Kazaz 以发展中国家建筑工程为研究对象，站在业主的角度，采用 PAF 方法建立工程项目质量成本模型并计算最佳值，证明加工制造业中被广泛采用的传统模型可应用于工程项目；而 Aoieong Raymond T. 认为 PAF 方法的传统模型不适合工程项目，他提出过程成本模型（PCM），在充分认识工程项目质量成本组成的基础上，明确造成质量成本增加的因素来源，能更简单灵活地确定工程项目质量成本；Biga Nuno 提出可操作的质量管理监控体系，强调评价质量管理收益的重要性，在对工程返工、延期及成本增加进行监控的同时，控制工程项目质量成本，确保工程质量水平。

3. 基于工程质量保证保险机制的质量管理研究

二战后西方各国采取法律手段解决工程质量纠纷的做法普遍存在效率低下和诉讼费用昂贵的问题，消费者权益无法得到保障，同时也使得政府和建（构）筑物权益人寻求一条法律以外且成本低廉的解决途径[73-74]。20世纪80年代末90年代初的工程质量保险研究兴起，开展了工程质量潜在缺陷产生机理、工程质量潜在缺陷保险承保风险与责任分担、工程质量保险运行模式等3个方面的相关研究。

1）工程质量潜在缺陷产生机理及对策研究。工程质量潜在缺陷存在是实施工程质量保险的内在要求，基于工程质量潜在缺陷产生机理分析是工程保险研究主要途径。Melchers R. E.，Aiklnson A. R.，Sunyoto A. 等从工程建造者和设计者自身失误的角度出发，分析了出现工程质量缺陷的原因及产生机理；Knocke Jens 和 Keeling R. 研究了工程竣工后的潜在缺陷保险运作模式，在保险制度方面提出了未来发展方向；Hammarlund Y. 和 Lavers A. 等从典型案例的角度分析了开展工程潜在缺陷保险的必要性，并从保险运作机制方面对工程竣工后的潜在缺陷保险展开了系列研究。

2）工程质量保险承保风险与责任分担机制研究。工程质量潜在缺陷保险承保风险与责任分担问题是工程质量保险研究的又一重要内容。Stephen R. Mysliwice 从风险管理和保险咨询的角度对工程质量潜在缺陷保险责任范围进行界定，建议工程建设各参与主体针对自身风险特点购买合适的工程质量潜在缺陷保险；Shapiro Clifford J. 等在进一步分析承保责任范围后，认为工程质量潜在缺陷保险是偶然发生的非故意行为，在保单设计上应该属于一般责任范畴；Maniloff 和 Randy J. 通过分析工程质量缺陷引发的诉讼问题，建议利用保险制度来完善工程质量保证体系；Tylis，Shusterman，Frankel 等通过研究，建议如果发生工程质量缺陷索赔，住宅和商业建筑建造者可以通过保险来转移部分责任，以确保自身利益最大化；Robinson R. 和 De Padua 等针对不断增多的工程质量缺陷诉讼案件，从保险市场运作体系、保险风险控制等方面提出了一系列对策，并通过计算机定量模型研究工程质量缺陷保险费率。

3）工程质量保险运行模式研究。对工程质量保险运行模式与机理的研究是推动工程质量保险制度的必要条件。Deten W. S. 研究了西班牙工程质量潜在缺陷保险实施和运作情况，尝试设计出更为合理的工程质量缺陷保险模式；Georgiou J. 等通过对比分析澳大利亚维多利亚州两种不同建造模式产生工程质量缺陷的差异性，提出两种模式下都应积极投保工程质量潜在缺陷保险，并对实施细则做出说明；Lampert G. 通过分析加拿大工程质量潜在缺陷保险的优劣，提出对澳大利亚工程质量潜在缺陷保险进行改革的若干措施和建议；Smith Scott 和 Ray Hughey 分别介绍了美国拉斯维加斯和俄勒冈州的工程质量潜在缺陷保险开展情况，通过对工程质量缺陷问题经济性纠纷的调查，进一步促进了该险种在这两个地区的发展。

5.1.3　我国工程质量管理体系与实践

新中国成立以来，我国工程质量管理体制与实践经历了一个从简单到复杂、从单一到综合，逐步演变、不断探索、不断完善的过程，基本形成了工程质量管理政府监管、专业机构社会监督和建设主体质量保证与控制的 3 个层次互动的工程质量管理完善体系，取得了较为丰富的工程质量管理实践经验。

1. 工程质量政府监管及其特点

工程质量管理政府监管是符合我国工程管理实际的必要执法监督环节，对于持续提高工程质量管理水平，有效保证工程质量起到不可替代的作用[75-78]。1984 年实施的《关于改革建筑业和基本建设管理体制若干问题的暂行规定》决定了在我国实行工程质量政府监督制度以来，工程质量政府监督经历制度建立与完善、规范化与制度化、深化改革三大阶段[75]。目前我国工程质量管理依据包括法律、法规和技术标准三个层次，同时《中华人民共和国行政许可法》也对工程质量政府监督管理体制和工作方式提出了新要求。政府对工程质量的监管主要为施工前和施工过程中两个阶段。施工前政府质量监管是通过对业主申报监督手续时各种有关规定资料的审查监督管理，实现政府对施工前建设活动质量的控制与监督，主要包括 3 个方面：

1）对设计审查的监督，以保证设计质量标准。

2）对招投标活动的监督，通过对招投标过程与结果的监督审查，促进市场竞争规范化和良性运转，实现对建设主体质量能力的预控与监督。

3）对工程合同的监督，重点监督合同条款中的质量规范化和法制化，以合同的法律效力约束各建设主体的质量行为和活动结果。施工中政府工程质量监管内容主要是建设主体质量行为，以及地基基础、主体结构、环境质量等工程实体质量，以质量行为监督为重点。政府工程质量监督的实质是保证建设工程安全使用，有效维护国家与公众的工程质量利益，促进工程质量整体水平的持续改进与提高。

2. 专业机构社会监督及其作用

工程建设监理是 20 世纪 90 年代推行的建设工程管理专业化、社会化的制度，对于提高建设工程管理水平起到不可替代的作用[76-79]。我国独立第三方形式的工程建设监理事业历经近 20 年的发展，在法规体系、队伍建设、监理实施运行等方面都取得了长足进步。

1）建设监理法规体系框架的初步形成与完善，工程监理法律地位、监理队伍市场准入规则、监理工作规范化、监理价格体系等有关制度和法规的基本形成，在实践中得到了改进与完善。

2）建立了一支初具规模的监理队伍。至 2015 年，全国监理企业 6300 多家，监理从业人员 23 万多人，涉及范围基本涵盖建设工程领域。

3）创造了一批优质名牌监理工程。实施专业化工程监理，使得工程质量、投资和进度普遍得到有效保证，优良工程率大大提高。

4）监理工作逐步规范。《建设工程监理规范》颁布后，多数监理企业制定了贯标实施细则，并严格按照规范要求组织实施监理[80]；一些监理单位实施 ISO9000 认证，严格按照质量管理体系文件要求操作，管理程序化，报表制度化，人员职责明确，工作秩序井然。

5）工程监理职业责任保险试行推广，进一步完善了工程监理执业责任体系。职业责任保险（Professional Liability Insurance）是把全部或部分风险转移给保险公司的一种机制。由于职业人员疏忽履行其监管的职责而造成的损失由保险公司向那些有权获得赔偿的当事方进行赔偿。2002 年 4 月，上海率先在全国试行监理责任保险制度，推出当年共有 11 家监理企业投保。深圳于 2002 年 8 月 23 日通过的《深圳经济特区建设工程监理条例》第二十条明确规定"监理单位应当为其监理工程师办理执业责任保险。未办理职业责任保险的，不得承接监理业务[81]。"2003 年 3 月，广东湛江中国人保各分支机构推出工程监理责任保险并进行试点，取得了宝贵经验。各地试点工作采取了政府倡导，协会沟通与指导，业主要求和监理企业自愿投保相结合，市场化运作，非强制性的社会化模式，为完善我国工程咨询服务的执业保险运行与监督奠定了基础。

3. 建设主体质量保证与控制

参与工程建设的主体包括建设、施工、监理、勘察、设计等单位，是工程质量形成的主要责任方，施工单位作为工程产品的生产者，是工程实体质量形成的第一责任人。施工单位的质量管理活动包括质量策划、质量保证、质量控制和质量改进。其中，质量保证与控制是形成建筑工程实体的重要环节，对工程质量影响最大。针对质量保证与控制的内容和原则，我国施工单位及工作者在工程质量管理中进行了大量实践工作，为工程质量管理水平的提高做出了杰出贡献。

质量保证是指提供足够信任表明工程实体能够满足质量要求，而在质量体系中实施并根据需要进行证实的全部有计划和有系统的活动。质量保证通过提供证据表明实体满足质量要求，从而使人们对这种能力产生信任。工程质量保证体系的加强和完善，质量管理小组的建立，对促进质量保证工作的进一步发展起到了积极有益的作用[82]。

质量控制是为达到质量要求所采取的作业技术和活动，贯穿于质量形成的全过程。质量控制的内容是采取的作业技术和活动，这些活动包括：确定控制对象、规定控制标准、制定控制方法、明确检验方法、实际检验、说明实际与标准之间有差异的原因、为解决差异而采取的行动等。

5.1.4　我国工程质量管理理论研究概述

随着全面质量管理理念的推广，自20世纪80年代以来，我国在工程质量管理理论研究方面取得了较为丰富的成果，主要包括工程质量过程控制方法、知识库理论、工程质量管理理念、信息系统开发及工程质量评价等5个方面研究。

1. 基于工程质量过程控制方法研究

工程质量过程控制方法主要包括基于系统过程建模、6σ与5S管理、关联分析以及数理统计方法等，通过对某些重要数据或阶段的控制与监测[83]，以完成质量目标。经典的质量控制方法为休哈特控制图。近年来，工程质量控制的趋势已把控制焦点从过程输出（产品/服务等）转向过程本身的研究，出现了累计和控制图、时序控制图等新控制方法。徐新瑞依据模糊数学原理，建立了以模糊线性规划为主的数学模型，提供事前控制。邓德学应用模糊因果分析法建立工程质量改进优化模型，对建筑工程质量进行优化改进。李道永等提出以6σ的DMAIC模式进行管理的方法；马凯在应用6σ原理建立量化建筑工程质量管理体系之后，剖析了实施6σ管理应关注的关键环节、实施原则、实施方法。李晓敏将灰色系统理论运用到建筑物沉降、变形等的预测，用灰色关联分析法对建筑结构、构件进行质量分析。张海鹰针对因果分析法无法判断各因素影响度，将层次分析法和因果分析法进行有机结合，提出了"定量化因果分析法"。李晓芝基于成组技术（GT）开发出一种统计过程控制（SPC）方法对工程质量实施管理。李益兵[79]在对SPC及其控制图进行基本阐述的基础上，结合企业ERP系统，在分析质量管理系统功能模块后，将SPC技术与ERP质量管理系统有效结合，从受控质量特性选择、数据获取、控制图及其诊断以及工序能力指数等方面进行了深入研究和分析。

2. 基于知识库理论的工程质量管理手段研究

知识库理论研究，在我国尚处于起步阶段。目前研究重点集中在质量文件、档案、规则和过程上。古效群，董贤春指出在工程质量管理中，高效文件控制的支撑和配合是必不可少的一环，从一定意义上说，工程建设中的质量管理就是项目质量文件效力的体现。叶国毅认为在 TQM 管理中，原始资料的收集和整理对整个工程质量管理工作尤其重要，它是工程质量的一部分，是反映工程质量管理水平的重要见证，同时他提出了合理的工程质量保证资料分类及主要内容，讨论了工程质量保证资料常见通病等问题。王为邦认为完整准确的建设工程档案是反映工程质量及相关管理的真实记录，建设工程档案是工程竣工验收检查的重要内容，是工程质量管理的重要手段，工程档案资料是工程决算、工程质量事故处理及工程审计的主要依据，也是对质量管理本身进行检验的有效手段。李晓芝提出在工程施工过程中，会产生大量影响质量变异的知识，基于知识的方法可以有效利用现场工人的经验和专家系统解决一些复杂且不易精确描述的过程规律，更重要的是与 SPC 相比，基于知识的方法不需要大量样本，而且不需要复杂的过程建模，基于知识的方法是利用已建规则或经验诊断过程变异，所以主要问题是如何建立适当规则。钟波涛着重分析了在持续改进目标下质量形成过程的知识管理，分析了各阶段知识管理的特点，依据质量改进过程的行为特点，提出了按照行为特征进行知识分类的新方法。骆汉宾[80]在分析企业对质量控制点设置经验、知识保存和利用方面的不足后，提出基于知识库的建筑工程施工质量控制点设置流程，并设计了相关知识库的更新升级机制，展望了质量控制点设置知识库的发展前景。

3. 基于顾客满意的工程质量管理理念研究

21 世纪工程质量有了新拓展，从狭义的符合规范发展到以"顾客满意"、实现"企业战略"等具有丰富内涵的新认识。王冬祥，李松认为广义工程质量不仅包括工程实体质量，还包括形成实体质量的工作质量。邓衡峰认为建筑产品质量包括 3 个方面：建筑产品主体结构质量、目测感官质量和使用功能质量。叶艳兵[81]探讨利用 Semantic Web 技术、多 Agent 技术以及相关逻辑推理方法构建广义质量驱动的工程项目定义系统，为驱动工程项目控制系统（QD-EPCS）研究的拓展与深化奠定基础。曹琛认为应运用 QFD 思想将业主需求在开工前反映到施工企业计划中，使施工企业以最小质量控制成本满足业主工程质量要求；

冷冬兵，杨晓林认为利用 QFD 技术可将顾客需求转化为质量要素，进行综合权衡分析，为质量控制提供依据。相关学者对田口方法与 QFD 综合应用进行分析后，提出二者相结合的思路；刘书庆以实际工程项目设计过程质量控制为应用对象，进行了基于 QFD 技术的建设项目设计质量控制。齐文波指出，新的质量概念使确定与业主需要有关的质量变得更加重要，这就要求项目质量控制重心要从业务过程转向业主需要，为适应这一变化，建筑质量战略应做出相应调整，具体可理解为：质量 100% 战略、质量管理规范战略、质量培训战略、执业工程师战略、质量创新战略、服务品牌战略等。吴恒辉，李桂陵认为建筑企业要从发展战略的高度来认识质量问题，质量好坏关系企业命运、职工未来，质量管理水平关系企业兴衰、公司每位员工的命运。邓建勋构建了工程质量管理战略矩阵，以便明确工程质量管理的战略方向。

4. 基于信息技术的工程质量管理系统开发研究

信息技术在工程质量管理中的应用是时代发展的必然要求，工程质量管理信息系统研发得到相关学者的关注。许长青在 Windows 2000 开发平台下，使用 Visual Basic 6.0 开发了建筑工程施工监理质量控制专家系统。该系统包含建筑工程施工阶段各分部及其子分部、分项工程常见质量缺陷（事故）诊断、原因分析、预防和处理。沈维蕾等从企业信息化角度出发，基于"过程方法"，针对 ISO9000:2000 在实际生产中的实施现状，运用 DEFO 和 UML 建模方法，建立了基于过程的质量管理模式的系统模型，开发出 ISO9000 基于过程的质量管理信息系统（QMIS），论证了基于过程的质量管理模式的可靠性与有效性。贺成龙提出，建筑企业的质量控制是控制工程质量的关键环节，以建筑企业工程质量集成管理为例，从建设项目全生命周期集成化管理角度，研究了产品质量管理系统（Product Quality Management System）的总体方案、实施原则、组织模式和技术路线，以促进现代计算机集成制造系统（Computer Integrated Manufacturing Systems）集成技术思想早日在建筑企业推广应用。郭盈盈以建筑工程施工质量通病、施工过程的质量控制点、施工中与质量有关的计算为目标，开发了"建筑工程施工质量控制系统"软件。

5. 基于系统理论的工程质量评价研究

自 20 世纪 90 年代中期起，工程质量评价研究受到重视。国内学者对工程质量评价标准、指标体系、评价方法、评价可靠性等方面开展了相关研究。

1）工程质量评价标准与评价指标体系研究。工程质量评价标准和指标体系是开展工程质量评价的基础，探索工程质量评价标准和指标体系的科学性是学术研究的主要职责。刘轶佳指出现行建筑工程质量评价标准的先进性表现在评价指标的独立性、代表性和全面性，不足主要是主体过于局限、评价方法模糊、评价滞后等。朱宏亮构建了"建设工程质量评价空间"模型，从工程类型、质量形成阶段及质量特性3个方面对建设工程质量内涵及其评价要点进行了具体描述，设计了建设工程质量评价体系（Construction Quality Assessment System, CQAS）。该体系以建设工程质量指数（CQI）作为我国工程总体水平的综合衡量指标，并运用抽样调查、项目质量评价的层次结构模型等一系列技术方法，逐步得出建设工程质量的微观和宏观评价结果。张巧玲构建的建设工程质量评价体系，提出建设工程质量指数可以作为衡量建设工程质量的综合性指标。周焯华指出以传统定性评判为主的评判方法存在局限性，他构造了更实用、有良好操作性的三级递阶层次结构定量评价方法。刘迎心从建筑工程质量定义出发，用层次分析法建立了建筑工程质量评价指标体系，确定了各指标的权重，并用功效函数法将不同量纲的指标统一，给出了建筑工程质量量化评价方法，并用实例加以分析说明。

2）基于模糊数学的工程质量综合评价方法研究。基于模糊数学综合评判法开展工程质量综合评价，是工程质量评价量化的主要基本原理与途径[82-84]。陶冶针对工程质量评价问题，应用模糊数学理论提出工程质量模糊综合评价方法。孟文清等将模糊数学和人工神经网络应用于建筑工程质量等级的综合评价中，提供了一条定量、客观评价建筑工程质量等级的智能化新途径。李田运用模糊数学原理，结合有验收争议的某实际工程，给出了一种高层结构质量评定的新方法。肖艳，蔡茂强根据影响施工过程质量的每项因素按层次结构进行分类归纳，构成了评价施工过程质量的指标体系，提出了一种工程项目施工过程质量的多级模糊综合评价模型，并基于建筑工程质量评定方法可能出现的同级质量差别大、不同级质量差别小、人为因素大等不合理现象等进行了应用修正。雷勇利用模糊数学中的综合评判理论建立了分层次综合评判模式。郑周练等指出通过划分质量等级对工程质量进行评价具有模糊性，构建了应用模糊数学理论的数学评价模型，并在模型中一一确定了基本项目和允许偏差项目在各种条件下的模糊隶属函数，依据隶属函数得出基本项目和允许偏差项目的模糊评判矩阵，根据最大隶属度原则对基本项目和允许偏差项目的质量等级进行模糊综合评定，再对分部工程、分项工程、单位工程的质量等级进行模糊综合评判。

3）基于权重赋值的评价可靠性研究。评价权重赋值是对评价可靠性与科学性的数学处理[85-87]。李田，雷勇，陶冶等除提出类似的模糊综合评判基本模型外，还分别给出了实施模糊综合评判方法对工程质量进行评价的实例，并就工程质量评价实例计算过程中涉及的权重问题提出了自己的见解。李田认为在模糊综合评判中，权重是至关重要的，它反映了各个质量影响因素在综合评判中所占有的地位或所起的作用，并直接影响综合评判的结果。陶冶等指出模糊综合评价中可以根据实际需要和各种评价模型的特点，选取比较适宜的方法来生成权数。上述文献中的权重主要是根据专家的经验判断直接确定，其客观性和合理性值得商榷。周焯华，刘迎心，吕云南等则在应用模糊数学理论的基础上，引入了层次分析法来构建项目质量的评价指标体系并计算指标的权重。通过数学变换得出的权重结果更客观地吸取了专家的经验和意见，从而提高了模糊综合评判模型的可靠性。陈亚哲在深入分析广义质量定义后，建立产品广义质量模糊评价目标体系，全面考虑工程产品质量的模糊特征，基于熵权的产品广义质量模糊综合评价法克服了主观性，增强了权重可信度。刘世新从建筑工程质量等级综合评定的影响因素入手，提出应用模糊综合评判法对建筑工程质量等级进行综合评定。这种方法科学、全面，且具有新意，能迅速准确地对建筑工程质量等级做出综合判定。模糊综合评判法研究成果的应用可真实、准确地反映工程质量状况，从而达到控制工程质量和提高建筑工程质量管理水平的目的。

5.1.5　既有建筑节能改造质量特性分析及管理要求

由于既有建筑节能改造质量形成的具体环节和环境条件不同于一般新建建筑工程，其改造质量管理又具有不同于一般建筑工程的明显特征。首先，既有建筑节能改造的质量形成包括两部分：对原建筑质量的保护和节能改造本身的质量。因此，既有建筑节能改造的质量管理必须兼顾考虑这两个方面，除了认真做好节能改造本身质量控制以外，还需要全过程实施原有建筑的质量保护，即施工前应分析地基土性质、岩性构成、地基受力及变形等，以保证改造设计方案与既有建筑本身承载能力的适应性；施工中应采用对结构主体部位无损害或损害较小的施工工艺，确保节能改造工程对原建筑功能、结构稳定性等无负面影响。其次，施工环境更加复杂。节能改造施工对建筑物及周边地区人员生活和生产活动等都会带来干扰和不便，特殊施工工艺还可能威胁到驻场人员的安全，建筑物周围可利用空间一般较小，对材料进出现场运输、材料堆放、脚手架搭建、吊篮及其他垂直运输工具使用等会造成困难和限制；同时，改造过程难免造成局部损坏或环境的干扰与污染。最后，利益主体复杂化带来质量目标的差异化。既有建筑节能改造工程牵涉各单位、投资银行、业主、邻近建筑、周围居民等多方利益，对其节能改造的质量目标是不同的，这些利益主体都会不同程度影响改造质量的形成过程，必然带来既有建筑节能改造工程质量管理的困难性和施工管理过程协调工作的复杂性，与一般建筑工程质量管理相比，存在着质量目标实现的更大风险[88-93]。

鉴于此，既有建筑节能改造工程质量管理面临许多新问题需要解决，既有建筑节能改造工程质量实现的不确定性带来其质量风险管理研究的内在必然性，探究既有建筑节能改造工程质量风险管理对于推动节能改造事业持续发展具有重要的理论意义与实践价值。

5.2　既有建筑节能改造工程实践分析

5.2.1　既有建筑基本概念

建筑节能改造包括新建建筑节能改造与既有建筑节能改造两个方面。2005年以来，我国既有建筑节能改造工作已经纳入议事日程，"十二五"规划中也明确提出既有建筑节能改造的目标和任务。

目前，我国建筑耗能与工业耗能、交通耗能并列，成为三个"耗能大户"之一。据2011年统计数据，"现在我国每年新建房屋20亿 m^2 中，97%以上是高能耗建筑；在430多亿 m^2 既有建筑中，只有4%采取了能源效率措施，单位建筑面积采暖能耗为发达国家既有建筑的4倍左右。相关研究表明，如果不采取有力措施，到21世纪20年代中国建筑能耗将是现在3倍以上[94]。"

我国大量既有建筑建造于1980年后，建筑材料普遍采用砖砌体或钢筋混凝土，这些材料使用寿命长，虽然外围护结构热工性能无法满足节能要求，采暖系统缺乏热量计量，但结构整体安全性良好。从结构安全性考虑，既有建筑仍有非常大的使用价值，单纯为建筑节能而拆除重建，会造成更大的资源浪费，给环境带来沉重负担。

5.2.2　节能改造工程相关政策及法律法规

所谓建筑节能是指公共建筑和居住建筑在规划、设计、建造、使用等过程中，执行相关建筑节能标准和采用切实可行的技术经济措施，在保证建筑结构安全、使用功能和室内环境质量的前提下，以降低建筑能源消耗和更合理、有效利用能源为目的的活动。近年来，随着世界各国对建筑节能技术的开发与重视，我国政府对节能改造技术和产品也给予了相当的重视，制定并颁布了一系列法律法规，主要包括保温隔热、通风与空调节能、配电与照明节能、监测与控制节能等工程等。

1. 保温隔热工程

建筑保温隔热指建筑围护结构在夏季与冬季阻止室内外温度交换，保持室内适宜温度的能力，包括门窗与墙体的保温隔热性能。保温指冬季传热过程通常按稳定传热考虑，同时兼顾不稳定传热影响。保温性能通常以传热系数或热绝缘系数评价。建筑的隔热能力指建筑外围护结构在夏季通过隔离室外高温和太阳热辐射，保持室内空气温度在适宜范围的能力。隔热主要针对夏季传热过程而言，通常以一天作为周期考虑热传递。建筑隔热性能主要以墙体导热系数、密度、抗压强度、燃烧性能、门窗气密性、保温性能、中空玻璃露点、玻璃遮阳系数与可见光透射比等参数来衡量。

2. 通风与空调节能工程

公共建筑与居住建筑相比，温控系统主要为空调，不包含单独采暖系统。我国公共建筑在建筑标准、功能以及设置全年空调温控系统等方面有很多共性，且采暖空调能耗较高。表 5-1 为上海市多种公共建筑能源消耗比例。在公共建筑（尤其是办公建筑、高级宾馆酒店、大中型商场等）的全年能耗中，50%~60% 消耗于空调温控系统，20%~30% 用于照明系统。在空调采暖能耗中，20%~50% 由建筑外围护结构传热所消耗，冬冷夏热地区约为 35%。特别是，大型公共建筑仅占城镇总建筑面积的 4%，而用电量却达到居住建筑用电量的 10~15 倍。

表 5-1　冬冷夏热地区能耗统计

	空调耗能（%）	照明耗能（%）	卫生热水（%）	监测与控制（%）
写字楼	49.8	33.2	2.7	17.3
宾馆酒店	46.2	13.4	31	9.4
大中型商场	40.4	33.7	10.7	15.3
医院	30.3	13.9	41.8	14

3. 配电与照明节能工程

在既有建筑节能改造工程中，配电与照明的节能设计也应得到重视。电气设计人员在设计中采取相应设计与措施，采用先进的材料和技术，达到配电与照明节能效果。目前配电与照明系统节能主要包括：供配电系统的节能、降低非正常能耗、照明节能、建筑电气设备节能、计量与管理优化、能源综合利用等。当然，建筑配电照明的节能内容还包括很多，涉及建筑、给排水、暖通等专业，是一个繁杂的系统工程，需要各专业密切配合。

在既有建筑配电与照明节能工程中，主控项目包括：

1）光灯具和高强度气体放电灯灯具的效率不应低于表5-2的规定。

表5-2 荧光灯灯具和高强度气体放电灯灯具的效率允许值

灯具出光口形式	保护罩（玻璃或塑料）（%）		格栅（%）	开敞式（%）	格栅或透光罩（%）
	透明	磨砂、棱镜			
荧光灯灯具	65	55	75	60	—
高强度气体放电灯灯具	—	—	75	60	60

2）管型荧光灯镇流器能效限定值应不小于表5-3的规定。

表5-3 镇流器限定值

标称功率/kW		18	20	22	30	32	36	40
镇流器能效因数（BEF）	电感型	3.154	2.962	2.770	2.222	2.146	2.020	1.932
	电子型	4.779	4.370	3.997	2.870	2.679	2.401	2.270

3）工程安装完成后应对低压配电系统进行调试，调试合格后应对低压配电电源质量进行检测。

供电电压允许偏差：三相供电电压允许偏差为标称系统电压的±7%；单相220V为+7%、-10%。

公共电网谐波电压限值：380V的电网标称电压，电压总谐波畸变率（THDu）为5%；奇次（1～25次）谐波含有率为4%；偶次（2～24次）谐波含有率为2%。

谐波点六不应超过表5-4中规定的允许值。

表5-4 谐波电流允许值

标准电压/kV	基准短路容量/MVA	谐波次数及谐波电流允许值/A											
		2	3	4	5	6	7	8	9	10	11	12	13
0.38	10	77	63	39	62	27	44	19	21	15	28	13	24
		谐波次数及谐波电流允许值/A											
		14	14	16	17	18	19	20	21	23	23	24	25
		12	12	9.7	8.6	17	7.8	8.9	7.1	14	6.5	12	

三相电压不平衡度允许值为 2%，短时不得超过 4%。

4. 监测与控制节能工程

监测与控制系统主要指采暖、通风与空气调节和配电与照明所采用的监测与控制系统、能耗计量系统以及建筑能源管理系统。其中 DDC 控制系统从 20 世纪 80 年代后期开始进入我国，经过多年实践，证明其在设备及系统控制、运行管理等方面具有较大优势且能较多地节约能源，在多数节能改造工程项目实际应用过程中取得了较好的效果。就目前来看，多数大中型建筑工程也是以此为基本的控制系统形式。在空调监测与控制系统中，目前工程中多采用总回水温度控制，但由于冷却机组最高效率点位于该机组的某一部分负荷区域，因此采用冷量控制，这种方法比温度控制法更有利于冷却机组的高效率运转，是目前最合理的节能控制方式。但是，由于计量冷量的元器件和设备价格较高，因此规定在有条件时，优先采用此方式。台数控制的基本原则是：使机械设备处于高效运转；相同型号设备运行时间应尽量接近以保持相同的使用寿命；满足用户低负荷运行需求。

5.3   工程质量风险管理相关理论基础

5.3.1   风险管理发展历史

风险管理发展历史可概括为萌芽期、形成期、发展期 3 个阶段。

1）萌芽期。风险管理从 20 世纪 30 年代开始萌芽。风险管理最早起源于美国，由于受到 1929—1933 年世界性经济危机的影响，美国约有 40% 的银行和企业破产，经济倒退了约 20 年。美国企业为应对经营上的危机，许多大中型企业都在内部设立了保险管理部门，负责安排企业的各种保险项目。可见，当时的风险管理主要依赖保险手段。

2）形成期。1938 年以后，美国企业对风险管理开始采用科学的方法，并逐步积累了丰富的经验。20 世纪 50 年代风险管理发展成为一门学科，风险管理一词形成。

20 世纪 70 年代以后逐渐掀起了全球性的风险管理运动。随着企业面临的风险复杂多样和风险费用的增加，法国从美国引进了风险管理并在法国国内传播开来。与法国同时，日本也开始了风险管理研究。

3）发展期。美国、英国、法国、德国、日本等国家先后建立起全国性和地区性的风险管理协会。1983 年在美国召开的风险和保险管理协会年会上，世界各国专家学者云集纽约，共同讨论并通过了"101 条风险管理准则"，它标志着风险管理的发展进入了一个新的发展阶段。

1986 年，由欧洲 11 个国家共同成立的"欧洲风险研究会"将风险研究扩大到国际交流范围。1986 年 10 月，风险管理国际学术讨论会在新加坡召开，风险管理已经由环大西洋地区向亚洲太平洋地区发展。

5.3.2 全面风险管理模式

所谓全面风险管理，是指对整个机构内各个层次的业务单位、各个种类风险的通盘管理。这种管理要求将信用风险、市场风险及各种其他风险以及包含这些风险的各种金融资产与资产组合，将承担这些风险的各个业务单位纳入统一的体系中，对各类风险依据统一的标准进行测量并加总，且依据全部业务的相关性对风险进行控制和管理[92]。这种方法不仅是银行业务多元化后，银行机构本身产生的一种需求，而且是当今国际监管机构对各大机构提出的一种要求。在新的监管措施得到落实后，这类新的风险管理方法会更广泛地得到应用。

继摩根银行推出信贷矩阵、风险矩阵模型之后，许多大银行和风险管理咨询及软件公司已开始尝试建立新一代的风险测量模型，即一体化的测量模型，其中有些公司已经推出自己的完整模型和软件（如 AXIOM 软件公司建立的风险监测模型），并开始在市场上向金融机构出售。全面风险管理的优点可以大大改进风险 – 收益分析的质量。银行需要测量整体风险，但只有在具有承受全面风险的管理体系以后，才有可能真正从事这一测量。

5.3.3 "3 + X" 风险管理模式

威廉姆斯和汉斯在《风险管理与保险》一书中指出："风险管理是通过对风险的识别、衡量和控制，以最低的成本使风险所致的各种损失降到最低限度的管理方法"。"3 + X"风险管理模式中的"3"是风险管理基础部分，主要是通过对风险的监测、分析和评估，达到识别和衡量风险的目的。

1. 整合资源，建立风险监测体系

风险监测是风险识别的基础，也是风险管理的第一步。它是在各类风险事件发生之前，运用各种方法对潜在的风险进行辨认和鉴别，是系统地、持续地发现风险的过程[93-96]。只有通过风险监测发现单位内部隐含的各种潜在损失，

才有可能进行风险衡量并选择最适当的风险管理对策。

2. 创新方法，完善风险分析体系

风险分析是风险识别的关键。风险分析要对风险监测了解的情况进行甄别，更重要的是要对风险形成的原因进行分析，并提出防范和化解风险的措施。

3. 规范操作，健全风险评估体系

风险评估是对风险性质、等级及其潜在危害等不确定因素的衡量，是风险管理和决策的重要依据[94-96]。对此，要制定详细完善的内部控制风险评估办法，积极探索建立"两类五级百分"风险评估制度，即风险评估分为专业风险评估、综合风险评估两大类，红色、黄色、橙色、蓝色、绿色 5 个等级。制度风险控制主要是指制度是否建立、是否存在漏洞、岗位设置是否合理、监督检查是否到位。

风险管理的目的是控制风险，消除风险隐患，防范和化解各类风险，将风险损失降到最低程度。"3 + X"风险管理模式中的"X"是根据所掌握风险的性质、特征、等级等不确定性，"对症下药"。

1）启动风险预警机制。现在社会上流行"风险预警是风险管理的前提和基础"的说法，然而离开了风险监测、分析和评估，预警的预期效果是难以达到的。因此，应根据风险监测、分析和评估结果，通过事前揭示、分析监测，及时收集、整理、归纳风险形成和变化的因素，发出倾向性的预警信号，进行风险提示和预报，做到真正防患于未然。探索建立红黄橙蓝四级风险预警制度，对屡次检查发现的相同风险，或者重复出现的相同问题，一律列入严重风险层次，并启动黄色预警和提示报告，督促其消除风险隐患。

2）启动风险防范机制。对风险评估为黄色、橙色和蓝色级别的科室，由分管者牵头，召开检查科室和被检查科室参加的座谈会，研究制定具体风险防范措施。同时，大力开展评选"规范化管理科室"活动，对风险评估为绿色级别的科室，直接挂牌为规范化管理科室，并组织其他部门进行现场学习，进一步调动全体员工防范风险的积极性。

3）启动风险补救机制。对风险等级为红色的科室，或者风险监测和风险排查存在较大风险的科室，立即采取有针对性的补救措施，最大限度挽回和降低风险损失。同时加大对风险补救措施落实情况的监督。由内审科室或检查科室负责做好跟踪监测，办公室通过"决策执行监督系统"及时进行督查督办，及时向上级主管部门进行信息反馈[97]，确保风险补救措施落实到位。

第6章 既有建筑节能改造工程质量形成过程特征与风险识别

6.1 既有建筑节能改造工程质量形成过程

既有建筑节能改造工程质量形成过程与一般建筑工程基本相同，包括工程决策、工程设计、节能改造工程施工、竣工验收等几个阶段。

6.1.1 工程决策

既有建筑节能改造工程决策的主要任务包括：结构质量安全分析、节能诊断、综合效益评估等。既有建筑体系复杂、外围护结构状况千差万别，工程施工给原建筑结构质量安全带来风险。进行节能改造前，首先，应由房屋质量检测机构按技术规程，对围护结构荷载状况实施重点检测，依据检测报告开展后续改造工作；其次，应制订详细的节能诊断方案，编写节能诊断报告，内容包括：系统概况、检测结果、节能诊断与节能分析、改造方案建议等。既有建筑节能改造综合效益包括节能改造经济效益与边际社会效益，应依据投入产出关系，对二者实施评价，以获得最优综合效益，评价指标包括节能改造工程投入资金、施工过程中利益损失与预期节能量、维护费用等。

6.1.2 工程设计

节能改造工程设计是依据既有建筑能耗检测结果、节能改造建议方案、综合效益评估结果等制订节能改造方案，对施工工艺进行设计的过程。由于既有建筑结构设计、施工年代不同，外围护结构、供配电与照明系统、采暖通风空调及生活热水供应系统、监测与控制系统等节能设计标准各异，对既有建筑节能改造设计，应依据节能目标，结合原建筑各结构部位能耗特点进行[98]。工程设计质量是决定工程质量的重要环节，节能改造工程采用的平面布置方式和技术工艺、施工材料、构配件及设备等，都直接影响节能改造工程对象结构安全性与改造质量。在一定程度上，设计的完美性也反映了一个国家的科技、文化水平，设计的严密性、合理性是改造工程节能目标、质量水平、经济适用等工程目标得以实现的保证。

6.1.3　工程施工

节能改造工程施工是根据设计文件和设计图的要求，通过工程实施形成实体的阶段。施工阶段的质量管理直接影响建筑实际节能效果，是既有建筑节能改造工程的关键环节。施工阶段质量形成过程按投入产出要素划分包括：投入材料、机械设备、劳动力等的质量管理；实施过程质量管理，在投入转化为产出的过程中，对工程质量形成过程中各阶段、施工工艺、影响因素等进行质量管理；节能改造工程产出的质量验收。

按工程施工层次结构划分，节能改造工程施工质量管理包括：单项工程质量管理；单位工程质量管理；分部工程质量管理；分项工程质量管理；工序质量管理。按工程实体质量形成过程的时间阶段划分，节能改造工程施工质量分为事前控制、事中控制和事后控制。其中，事前控制为施工前准备阶段进行的质量控制，主要指准备工作及质量影响因素的控制；事中控制为施工过程中所有与施工过程有关的各方面的质量控制，包括对中间产品如工序产品或分部、分项工程产品等的质量控制；事后控制是指节能改造施工所完成的最终产品（单位工程或整个工程）以及有关方面（如质量文档）的质量控制。

6.1.4　竣工验收

竣工验收包括节能改造质量验收与节能效果评估两部分。既有建筑节能改造工程质量验收按《建筑节能工程施工质量验收规范》实施，工程进行中分阶段、子项进行监督检查。《建筑节能工程施工质量验收规范》将节能分部工程划分为 10 个分项工程对节能改造工程逐一进行质量验收。既有建筑节能效果评估由第三方评估机构实施，评估结果作为既有建筑节能改造效果的判定依据。节能效果评估运用现场检测手段对节能改造施工完成后的建筑进行围护结构、门窗、空调与采暖系统、配电与照明系统等的测试，分析围护结构保温隔热性能，确定采暖空调系统运行情况，并结合实际调查获得的采暖空调、照明等用能设备的资料和数据，对节能改造后的既有建筑建立能耗计算模型，通过与节能改造前的既有建筑比较，按照节能设计标准建立的能耗，确定既有建筑节能改造后的节能效果和能耗等级。

6.2 既有建筑节能改造工程质量影响因素分析

既有建筑节能改造工程质量影响因素众多，是一项复杂的系统工程。在既有建筑节能改造工程全过程中，施工阶段是质量形成的主要阶段，对建筑节能效果起到关键性作用[94-96]。在既有建筑节能改造工程中，对施工场地狭小、施工作业限制因素多、技术工艺复杂等影响节能改造施工质量的因素进行深入分析，探索质量问题及原因，是提高既有建筑节能改造工程质量的关键所在。针对影响因素，从投入产出、4M1E 等不同角度进行分类研究，可以更合理地实施节能改造施工质量管理。

6.2.1 工程质量影响因素 4MIE 分析

工程质量的影响因素包括多方面内容，通常可以概括为人员、环境、材料、施工方法、机械设备等因素。

1. 人员

人员是既有建筑节能改造工程的决策者、管理者、实施者，节能改造工程施工全过程都是通过人来完成的。施工管理及操作人员的素质将直接和间接地对工程施工质量产生影响，因此人员素质是影响施工质量的一个重要因素。在既有建筑节能改造工程中，人员因素不仅包括工程项目管理者、操作者本身素质，还包括与业主之间的协调沟通。在既有建筑节能改造工程施工过程中，在对施工操作人员素质进行管理的同时，还要对施工现场操作人员数量进行协调，避免并及时处理施工操作人员与业主的作业冲突，保证工程顺利完工。

2. 环境

与一般建筑工程施工作业环境相比，既有建筑节能改造工程的作业对象为已投入使用的办公、旅游、商业、科教文卫、通信及交通运输用房等。在节能改造工程施工中，为使建筑本身改造区域的使用功能不受影响，操作人员的施工作业面将受到极大限制，间接给工程质量带来隐患。同时，由于施工现场可操作空间较小，对施工人员安排、工序调整及材料进场等的管理提出了更高要求，季节、天气及邻近建筑物等外界环境因素也会对节能改造工程产生不利影响。因此,只有根据改造工程施工特点,对环境因素进行控制与充分保证,对不利因素及时采取有效措施加以处理,才能确保节能改造工程质量。

3. 材料

既有建筑节能改造材料泛指构成工程实体的各类建筑材料、构配件、半成品等,它是节能改造工程的物质条件,是工程质量的基础。影响既有建筑节能改造工程质量的材料因素包括材料质量、节能材料种类的选择与材料进场的管理。在节能改造工程中,节能效果的决策对材料品种的选择起到指导作用,节能水平高的建筑所选取的材料节能效果更好,成本更高。节能材料选择不当将造成节能效果不达标、经济适用性差或工程质量不合格等事故,各方主体利益因此将蒙受损失。施工材料进场管理包括材料进场时间管理、材料堆放管理及材料使用管理。合理的材料进场管理间接扩大了施工现场的可操作空间,对提高工程质量起到积极作用。

4. 施工方法

施工方法包括施工技术方案、施工工艺、工法和施工技术措施等。节能改造施工方案及工艺的确定对节能效果影响较大,施工方案或施工工艺的选择不当,会对原建筑结构质量安全造成危害。在确定节能改造施工方案及施工工艺前,要先对原建筑结构荷载进行安全性勘测,对荷载要求较大或涉及结构质量的施工工艺重新予以评估。同时,应充分考虑施工工艺对环境的影响及各部位节能改造方案的搭配设计,如噪声污染、有害气体及粉尘的扩散等。

5. 机械设备

节能改造施工机械设备的选择对工程进度和质量产生直接、重要的影响,机械设备是实现改造工程施工机械化的重要物质基础。在综合考虑施工现场条件的基础上,必须系统分析建筑结构形式、机械设备功能及特性、施工工艺方法、建筑技术经济等因素,合理选择施工机械类型和性能参数,使之合理装备、配套使用、有机联系。机械设备的选用需考虑较多因素,主要包括机械设备选型、主要性能参数和使用操作需求三方面。

6.2.2 工程质量投入产出

产品是"过程的结果",而过程是"一组将输入转化为输出的相互关联或相互作用的活动"。依据我国质量标准 GB/T 19000,从投入产出角度对既有建筑节能改造工程质量影响因素进行分析,以更全面地实施质量管理。

1. 质量投入要素

基于投入产出理论分析，质量投入是质量产出的首要前提，假设质量投入 $X=1$，可得质量产出 $Y\leqslant1$。质量投入决定了质量产出的最大值，质量投入的管理与控制对节能改造工程质量产出起到关键作用。既有建筑节能改造工程质量投入要素包括：原建筑质量勘查与节能诊断，节能改造备选方案设计，材料供应与组织，施工机械选择，施工管理人员及操作人员素质培养，施工工艺评价及技术交底，施工现场环境协调，预验收与技术资料编制工作等内容。

2. 质量实施过程

质量投入是质量产出的前提，实施过程是质量形成的关键，是质量投入与产出之间转化效率的体现。在理想情况下，对质量实施过程进行有效管理，当质量投入全额转化为质量产出时，转化效率可达到 100%。因此，既有建筑节能改造工程实施过程的质量管理本质上是对质量转化效率的管理。这主要体现在工程设计与节能改造施工阶段，工程设计阶段实施过程质量管理的重点在于节能改造备选方案的综合效益评估；节能改造施工阶段对节能改造质量的管理包括施工操作人员管理与协调、材料进场控制与组织、施工工艺管理与技术变更、施工现场规划与布局、机械设备维护与使用等。

3. 质量产出验收

质量产出是质量投入与质量实施的最终结果，是评价工程成败的重要指标，同时也是业主利益的体现。质量产出验收的同时，将对节能改造效果评估与节能服务型企业施工质量评价造成影响。与节能改造工程各阶段质量投入相对应，分别对质量产出进行验收，主要包括：节能诊断报告，节能改造实施方案，原建筑质量保护与安全事故处理程序，施工操作人员工作状态，各施工工序质量，隐蔽工程施工质量，实际节能效果，工程竣工验收报告，竣工图等。

6.3 既有建筑节能改造工程质量特征分析

既有建筑节能改造工程质量内涵表明了节能改造工程质量与一般建筑工程质量的不同之处，同时也决定了它的质量特征：综合性、复杂性、多发性、潜在性、责任多元性等。

6.3.1 综合性

既有建筑节能改造工程质量特征的综合性是由节能改造工程本身所包含的

工程目标决定的。对建筑结构的影响、实际节能效果、外装饰工程质量3个方面构成了节能改造工程质量评价标准。

1）既有建筑实施节能改造工程，在不对原建筑结构安全造成负面影响的前提下，应按施工要求对原建筑结构薄弱位置予以加强。

2）节能改造工程的明确目标决定了实际节能效果的重要性，在既有建筑节能改造工程中，节能效果未达到期望水平，改造工程质量就不合格。

3）节能材料的外装饰工程也决定了节能改造的工程质量，在既有建筑节能改造工程中，外装饰工程主要起到3个方面的作用：对节能材料起到保护作用，保证节能效果；对原建筑起到装饰作用，使建筑更加美观；对原建筑结构安全起到加强作用，支撑或加固结构构件。

6.3.2 复杂性

节能改造工程的复杂性是由既有建筑节能改造本身的复杂性决定的。主要涉及3个方面：

1）既有建筑节能改造综合设计与各分项分部工程能耗统计、节能方案的确定，具有高度复杂性。

2）施工环境恶劣，现场人员众多，材料运输、施工操作及人事协调存在复杂性。

3）节能材料特性与材料本身质量存在复杂性，同时各分项分部工程所选择的节能材料和节能改造施工工艺之间的搭配与所能产生的节能效果，这些共同导致所确定方案的复杂性。

6.3.3 多发性

由于工程施工质量的具有综合性与复杂性特征，既有建筑节能改造工程质量多发性表现在：

1）对原建筑实施节能改造、机械设备的使用、建筑材料的运输与堆放以及改造施工都会对结构安全形成威胁，容易引发质量问题。

2）既有建筑节能改造各分项分部工程施工层面交错重叠，施工流程编制复杂，增加了施工难度，成为引发质量问题多发性的潜在因素。

3）外装饰工程施工，一方面，容易对节能材料造成破坏，降低其节能效果；另一方面，外装饰工程施工产生质量问题会使节能材料失去保护，使材料耐久性降低。

6.3.4 潜在性

既有建筑节能改造工程质量的潜在性特征主要体现在：我国实施建筑节能改造时间不长，节能材料与施工工艺本身存在缺陷，使得节能改造质量先天不足，质量存在潜在风险；由于既有建筑节能改造工程的特点，在工程施工过程中无法对节能效果进行验收，工程质量的综合性能评价存在潜在性风险；在既有建筑节能改造隐蔽工程验收过程中，由于对新型节能工艺、节能材料控制关键点和性能的不了解，检验人员专业素质的欠缺及检验方法的落后，使得建筑节能改造工程质量问题不能得到及时解决，形成节能改造工程质量的潜在性特征。

6.3.5 责任多元性

既有建筑节能改造工程质量问题的责任多元性是由参与工程各方主体在其质量形成不同阶段由多种质量影响因素造成的。从形成阶段分析，可能发生在设计阶段、施工准备阶段、施工建设阶段、竣工验收阶段或使用维护阶段。从形成的责任主体分析，可能是业主单位、监理单位、施工单位、检测单位或材料供应单位的工作失误；仅就某一特定责任主体分析，可能是决策层、管理层或操作层责任，也可能是人员、机械设备、材料、施工工艺或环境因素的影响，而且出现既有建筑节能改造质量问题，往往是多个不利影响因素综合作用的结果，涉及多方主体、多方原因、多个阶段和多层次人员，所以由其带来的质量问题责任明显具有多层次多元性的特征。

6.4 既有建筑节能改造工程质量问题及原因分析

既有建筑节能改造工程质量问题指各建设主体从事节能改造工程质量活动，其行为或活动结果达不到建筑节能改造工程质量与节能要求的标准的所有过程、中间产出或最终产出。从结果看，问题的核心是节能改造工程的中间产出或最终产出质量水平与节能效果达不到国家现行相关法律、法规、技术标准、设计文件及合同中对既有建筑节能改造工程的节能质量的要求。

6.4.1 既有建筑节能改造工程主要质量问题

既有建筑节能改造工程质量问题可分为原建筑结构质量维护、实际节能效果与建筑外装饰工程质量 3 个方面。其中原建筑结构质量维护问题主要是指在既有建筑节能改造工程中，由于改造工程设计不合理、施工操作错误、机械设备选择与运用不当等对原建筑结构造成不同程度的破坏。实际节能效果的好坏很大程度上决定了既有建筑节能改造工程的成败，节能效果的质量问题主要体现在能耗量的超标、节能材料的质量问题及使用阶段维护的难度。外装饰工程一方面，起到了美化环境、装饰空间的作用；另一方面，对建筑节能材料起到一定的保护作用。因此，外装饰工程施工质量也非常重要，其发生的质量问题主要体现在施工工艺选择不当、材料性能质量问题及施工操作错误等。

6.4.2 既有建筑节能改造工程质量问题原因分析

在既有建筑节能改造施工中，施工荷载、施工工艺对原结构安全造成影响及改造后增加的荷载或荷载重分布对结构产生影响，这些问题如果考虑不周容易形成质量风险，造成结构质量安全问题。一些老建筑配电线路很多都经过二次以上改造，有些施工图与实际情况根本不符，实施改造施工存在质量风险。对于这些，如果没有提前认真进行现场踏勘，就制订详细施工方案，很可能导致未改造区域意外断电断水等事故出现，给业主及其他利益相关者带来不必要的经济财产损失；节能材料质量未达标或施工工艺选择不当等容易造成工程改造质量不合格。

既有建筑一般体系复杂、外围护结构的状况也千差万别，节能方案、施工工艺选择不当等容易导致改造完成后外围护结构质量安全存在风险，保温隔热性能无法得到保障。空调系统是由冷热源、输配和末端设备组成的复杂系统，各设备和系统之间性能相互影响制约，如果在既有建筑节能改造时对各系统匹配问题考虑不周，易使节能改造完成后系统能耗量依然居高不下；供电系统的改造中系统采光设计不周全易导致建筑照明耗能高，线路敷设也非常重要，对监测控制系统数据采集不足，能耗量统计偏差，易造成能量浪费。

通过以上分析，在既有建筑节能改造各部位各阶段施工中，各种原因都有可能导致既有建筑节能改造存在质量风险，从而形成质量问题。对既有建筑节能改造质量风险进行有效识别与控制，很大程度上可促进既有建筑节能改造事业的健康发展。

6.5 既有建筑节能改造工程质量风险内涵

人们对风险管理的研究历史悠久，从概率论、数理统计等方法研究风险发生规律，进而将网络引入风险管理，提出不确定型网络，同时运用决策树方法，通过计算机仿真技术研究风险的规律，这些都属于风险管理的基本方法。除此之外，项目管理系统中又出现了全面风险管理的概念。

与一般工业商品质量风险相比，建筑工程质量风险特征明显。由于既有建筑节能改造工程的特点，其质量风险内涵与一般建筑工程质量风险之间也存在明显差异。总结概括既有建筑节能改造质量风险内涵及其特征，对节能改造质量风险影响因素进行分析、识别与评价，建立质量风险分担机制，实施高效质量风险管理与控制，这方面工作意义重大。

依据质量风险定义，既有建筑节能改造质量风险包括节能改造工程质量风险产生的不确定性以及质量问题产生后所造成损失的不确定性[98-100]。节能改造工程的质量风险可概括为：对原建筑结构质量安全造成的风险、实际节能效果风险、结构外装饰工程质量风险。通过对既有建筑节能改造工程质量风险内涵的概括，分析其质量特征，进而实施风险识别。

6.5.1 风险产生不确定性

从原建筑结构质量安全影响、实际节能效果、建筑外装饰工程质量3个方面分析风险产生的不确定性，主要体现在：

1）原建筑结构质量安全的不确定性。改造部位节能方案设计不合理，建筑结构、构件所处应力状态分析错误，导致改造施工过程中局部应力过大，产生危害性裂缝；施工过程中对材料配送协调不力，不合理的堆放与运输管理，使结构、构件超出最大荷载，会给原建筑结构质量安全带来风险；施工机械对结构造成较大反复荷载，造成构件的疲劳破坏；建筑外墙节能改造施工对结构造成不均匀沉降的验算，也会对原结构质量安全产生不确定性风险。

2）实际节能效果的不确定性。从实际能耗水平分析改造工程的节能效果，其质量风险包括改造前后建筑采暖节能工程、通风和空调系统、配电及照明系统、运输系统、控制监测系统等实际能耗量与期望能耗量之间的差距。在改造工程中，节能材料及设备的选用，节能量与相关参数的设定，施工安装工程质量的好坏，施工管理及操作人员的素质，都将直接或间接对节能效果造成影响。

3）外装饰工程质量的不确定性。结构外装饰工程质量在一定程度上也会影响实际节能效果，结构外装饰工程的作用包括：保护节能材料，使节能材料发挥节能效果；建筑的装饰功能，使建筑物更加美观；加强建筑结构安全性，对结构构件起到保护作用[101-104]。因此，结构外装饰工程质量同样会诱发既有建筑节能改造工程质量风险的不确定性。

6.5.2　造成损失不确定性

从对原建筑结构质量安全影响、实际节能效果、建筑外装饰工程质量3个方面分析质量问题所造成损失程度的不确定性，主要体现在：

1）原建筑结构质量安全损失的不确定性。在节能改造工程施工过程中，工艺设计、应力计算错误对结构造成局部承压破坏，构件承载力强度削弱导致结构构件破坏，施工机械施加动荷载对结构局部构件造成疲劳破坏，材料运输与堆放对结构构件造成斜拉、斜压、剪压等不同程度破坏的不确定性。

2）实际节能效果损失的不确定性。对节能材料性能检测工作的疏忽导致材料节能效果无法达到设计标准，材料安装使用错误使结构局部耗能过高，节能工艺的选择与搭配设计不当对建筑整体节能量产生影响，以及相关节能指标与参数设置不当、验收标准不统一都会对实际节能效果的损失程度造成不确定性风险[105-106]。

3）外装饰工程质量损失的不确定性。在结构包装工程中，装饰材料强度、膨胀系数、水泥标号、施工工艺的选择等都会对工程质量损失程度的风险起到关键性作用。

6.6　既有建筑节能改造工程质量风险特征

既有建筑节能改造工程质量风险特征包括5个方面，分别是：风险的客观性、风险的普遍性、风险的可测定性、风险的发展性与风险的关联性。

6.6.1　风险的客观性

既有建筑节能改造工程质量风险是不以人的意志为转移、独立于人的意识而客观存在的。节能材料性能、施工工艺、施工机械、人员素质等因素只能使人们在一定时间或空间内改变质量风险存在和发生的条件，在一定程度上降低或提高风险发生的频率和损失程度。但从总体上说，风险是不可能彻底削除的。正是由于风险的客观存在，使得研究节能改造工程质量风险意义重大[101-102]。

6.6.2　风险的普遍性

既有建筑节能改造工程从始至终伴随着质量风险的存在。从投入产出角度分析，质量风险普遍存在于工程投入的各个环节，并随着工程进展、材料消耗以及施工操作人员更替产生新的风险，对节能改造工程产出物的验收也普遍存在风险。从工程进展阶段分析：工程决策阶段，业主单位对节能改造工程的规划、节能目标的制定与实际所能达到的节能效果评估存在风险；工程设计阶段，设计单位对建筑节能部位的施工工艺、外装饰工程等设计与结构构件应力计算存在质量风险；工程施工阶段，施工单位对材料质量检验与进场的协调、人员与机械设备的管理，随着施工进程所面对的质量风险越来越多；竣工验收阶段，既有建筑改造工程质量的验收、能耗水平的测定等工作存在风险。

6.6.3　风险的可测定性

在既有建筑节能改造工程中，个别质量风险的发生是偶然的、不可预知的，但通过对大量风险的观察发现，风险往往呈现明显的规律性。根据以往大量资料，利用概率论和数理统计的方法可测算工程质量风险事故发生的概率及其损失程度，并且可构造出损失分布的模型，可作为节能改造工程质量风险评估的依据[107-109]。例如，在节能材料的应用中，根据精算原理，利用对各种材料的长期试验观测得到大量数据，可判定材料的实际节能量、耐久性等各项指标，为既有建筑节能改造工程质量风险控制提供依据。

6.6.4　风险的发展性

在既有建筑节能改造工程进展的同时，设计单位在工程设计阶段将面临施工工艺设计与应用、节能效果的评估、结构内力的计算等质量风险；施工单位在施工阶段面临原建筑结构破坏、工程质量问题等风险；各主体单位在竣工验收阶段将面临设计不合理、施工验收不合格、验收标准不统一、项目决策失误等质量风险。

6.6.5　风险的关联性

既有建筑节能改造工程的各种质量风险并非单独存在，而是相互关联的。对原建筑结构安全的影响、实际节能效果与外装饰工程质量三种风险共同构成既有建筑节能改造工程质量风险。节能改造工艺设计质量对施工阶段造成风险，材料质量风险影响实际节能效果，施工机械的应用对建筑结构安全造成威胁，施工工艺的选择与外装饰工程质量联系密切[109-111]。

6.7　既有建筑节能改造工程质量风险识别

工程质量风险管理包括风险的识别、评价与控制策略。对既有建筑节能改造工程质量风险实施准确识别，是质量风险科学评价与合理控制的前提；评价作为节能改造工程质量风险管理的依据，是实施风险控制的关键[111-114]。因此，既有建筑节能改造工程质量风险识别与评价意义重大。

工程质量风险识别方法众多，主要可概括为：头脑风暴法、德尔菲法、趋势外推法、幕景分析法、流程图法、初始清单法、风险调查法等。为了便于质量风险评价指标的量化分析，本书介绍一种新的风险识别方法——支持向量机（Support Vector Machine，SVM）[115]。

6.7.1　支持向量机简介

支持向量机是在统计学理论基础上发展而来的一种全新机器学习方法。它基于结构风险最小化原则，能有效解决过程学习问题，具有较好的分类精确性和良好的推广性，成为继模式识别与神经元网络研究之后又一机器学习领域研究的热点。

SVM 最早用于求解线性可分的最优超平面问题。所谓最优超平面是指要求超平面不仅能将两类平面正确分开，而且能使分类间隔最大化，亦即对已知的 n 个试验样本 (x_1, y_1)，$(x_2, y_2) \cdots (x_n, y_n)$ 可以构造最优超平面 $W^{\mathrm{T}}X + b = 0$ 对它们进行分类，求解最优超平面可转化为下述优化问题，即

$$\min \varnothing (w) = \frac{1}{2} \| w \|^2 \qquad (6\text{-}1)$$

s. t. 　　　$y_i (w \cdot x_i + b) \geqslant 1$ 　　　　$i = 1, 2, \cdots, n$

式中，w 为权向量；$\varnothing (w)$ 为向量函数；x_i 为第 i 个训练样本；$y_i = \pm 1$（类别变

量）；b 为常数。

利用拉格朗日优化法可将上述最优超平面问题转化为对偶问题，即

$$\min w\,(\alpha)\ =\frac{1}{2}\Sigma_{i=1}^{n}\Sigma_{j=1}^{n}y_{i}y_{j}\alpha_{i}\alpha_{j}\,(x_{i}x_{j})\ -\Sigma_{j=1}^{n}\alpha_{j} \tag{6-2}$$

s. t. $\qquad \Sigma_{i=1}^{n}y_{i}\alpha_{i}=0,\ \alpha_{i}\geqslant 0;\ i=1,\ 2,\ \cdots,\ n$

式中，α_{i} 为拉格朗日乘子。

式（6-2）是一个不等式约束下二次函数寻优问题，存在唯一解。解中只有一部分（通常是一少部分）α_{i} 不为 0，对应的样本为支持向量。求解上述问题，可得最优分类函数为

$$f\,(x)\ =\mathrm{sgn}\{\Sigma_{i=1}^{n}y_{i}\alpha_{i}\,(x_{i}x)\ +b\} \tag{6-3}$$

$w=\Sigma_{i=1}^{n}\alpha_{i}y_{i}x_{i}$，注意到对任意支持向量 $(x_{s},\ y_{s})$ 都有 $y_{s}\,\big(\sum\limits_{i\in S}\alpha_{i}y_{i}x_{i}x_{s}+b\big)$ = 1，求解得 $b=\dfrac{1}{|S|}\sum\limits_{s\in S}\,(y_{s}-\sum\limits_{i\in S}\alpha_{i}y_{i}x_{i}x_{s})$，$S=\ \{i|\alpha_{i}>0,\ i=1,\ 2,\ \cdots,\ n\}$ 为所有支持向量的下标集。

在线性不可分情况下，可以在条件中增加一个非负松弛变量 ξ_{i}，式（6-1）变为

$$\min\emptyset\,(w,\ \xi)\ =\frac{1}{2}\parallel w\parallel^{2}+c\Sigma_{i=1}^{n}\xi_{i} \tag{6-4}$$

可得广义最优分类超平面。广义最优分类超平面的对偶问题与线性可分情况下几乎相同，只是条件变为：$0\leqslant\alpha_{i}\leqslant c;\ i=1,\ 2,\ \cdots,\ n$。于是，构建最优超平面问题转化为二次规划问题。

对于非线性问题，可通过非线性变换转化为某高维空间中的线性问题，在变换空间中求最优分类面。上述对偶问题相应变为

$$\min w\,(\alpha)\ =\frac{1}{2}\Sigma_{i=1}^{n}\Sigma_{j=1}^{n}y_{i}y_{j}\alpha_{i}\alpha_{j}K\,(x_{i}x_{j})\ -\Sigma_{j=1}^{n}\alpha_{j} \tag{6-5}$$

s. t. $\qquad \Sigma_{i=1}^{n}y_{i}\alpha_{i}=0,\ 0\leqslant\alpha_{i}\leqslant c;\ i=1,\ 2,\ \cdots,\ n$

对式（6-5）来说，只涉及训练样本间的内积运算，在高维度空间只需要进行内积运算，而这种内积运算是可以用原空间函数运算实现的。因此，只要有一种核函数 $K\,(x_{i}x_{j})$ 满足 Mercer 条件，就能对应某一变换空间中的内积。SVM的决策函数就变换为

$$f\,(x)\ =\mathrm{sgn}\{\Sigma_{i=1}^{n}y_{i}\alpha_{i}\,(x_{i}x)\ K\,(x_{i}x)\ +b\} \tag{6-6}$$

式中，$K\,(x_{i}x_{j})\ =\emptyset\,(x_{i})\ \cdot\emptyset\,(x_{j})$。选择不同核函数就可以生成不同的支持向量机。

如果想将 n 个试验样本分成多个类别，y_{i} 的值就不局限于 ± 1 两种情况，

可根据问题的具体情况确定 y_i 取值范围，由此对多类问题的处理可采用一些特殊算法，但 SVM 分类思想的基本原理是一样的。

6.7.2　基于支持向量机的既有建筑节能改造工程质量风险识别

利用 SVM 工具对既有建筑节能改造工程质量风险进行识别，依据的理论基础是 SVM 分类思想。基本工作流程如图 6-1 所示。

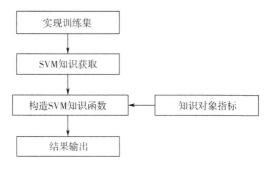

图 6-1　SVM 工作流程图

由图 6-1 可见，基于 SVM 的既有建筑节能改造工程质量风险识别的第一步工作是实现训练集。参照一般工程质量风险因素，在确定要识别的节能改造工程之后，全面分析和实施与该项目相关的若干因素实现训练集。这些因素确定了 SVM 试验样本 x_i 向量中元素的个数。本书通过对众多学术文献以及调查问卷的参考与借鉴，归纳总结出 60 项，如表 6-1 所示。

表 6-1　既有建筑节能改造工程质量风险基本影响因素

1. 施工操作人员专业素质	2. 恶劣的气候	3. 无证操作	4. 违章操作	5. 人员培训
6. 灰尘、噪声、日晒、雨淋	7. 安全设施不完善	8. 技术管理人员综合素质	9. 不稳定的供电条件	10. 缺乏专项保护措施
11. 节能材料检验规范性	12. 节能材料调度管理	13. 施工对原建筑结构扰动	14. 节能材料选用合理性	15. 地下及预埋件障碍物
16. 施工现场可操作空间狭小	17. 缺乏技术和咨询专家及项目主管	18. 工程施工环境	19. 工程技术环境	20. 施工现场路况和场地不良
21. 工程管理环境	22. 超重设备等与人交叉作业	23. 机械设备等制作、安装不良	24. 地址资料不明	25. 材料设备检验规范性

（续）

26. 操作人员缺乏专业技术知识	27. 操作工侥幸、图省事等不良心理	28. 工程施工环境监控	29. 原材料保护管理	30. 节能设备选择合理性
31. 支护系统不良	32. 机械设备使用操作控制	33. 现场人员复杂、流动性大	34. 夜间施工光线不明	35. 组织措施的合理实施
36. 缺乏安全规程和制度	37. 抢进度而忽视质量安全	38. 设计等其他技术错误	39. 标准符合程度	40. 施工方案的变更
41. 施工现场信息不准确或不充分	42. 项目参与者之间缺乏沟通、协调	43. 工程管理环境监控	44. 资料准确完整程度	45. 分包商低下的管理能力
46. 项目参与者间缺少沟通	47. 紧张的项目进度要求	48. 不充分的项目方案计划	49. 设计变更	50. 业主满意程度
51. 缺乏专业技能劳动力	52. 方案编制科学性	53. 施工图审核规范性	54. 工程技术环境监控	55. 成品保护管理
56. 机械设备的维护管理	57. 施工方案的跟踪与优化	58. 工艺流程的有效控制	59. 检测手段的科学有效	60. 构成内容的全面性

根据以上影响因素，收集既有建筑节能改造工程质量风险的历史观测资料，这些观测资料组成 SVM 的训练集 (x_1, y_1)，(x_2, y_2)，$\cdots$，(x_n, y_n)，y_i 的取值根据分类数目确定。若只需确定该项目是否存在风险，取 $y_i = \pm 1$，$+1$ 表示无风险，-1 表示有风险；若想进一步确定风险所造成的损失程度，可将 y_i 取不同值进行分类研究。

第二步工作是 SVM 知识获取。知识获取就是利用收集到的 SVM 训练样本，根据 SVM 分类算法对训练集进行分类学习，分类学习的主要工作是通过求解 $\min \varnothing (w) = \frac{1}{2} \| w \|^2$ 得到 α_i。这一步工作需要计算机编程实现。

第三步工作是构建 SVM 决策函数。基于求出的 α_i，根据公式 $w = \sum_{i=1}^{n} \alpha_i y_i x_i$，$b = \frac{1}{|S|} \sum_{s \in S} (y_s - \sum_{i \in S} \alpha_i y_i x_i x_s)$，求得 w^* 和 b^*，从而构建决策函数 $f(x) = \text{sgn} \{ \sum_{i=1}^{n} y_i \alpha_i K(x_i x) + b \}$。

第四步工作是进行风险识别，风险识别是将待识别的节能改造工程影响因素输入决策函数中，从而得到质量风险识别结果，即该工程是否有风险或风险所造成损失程度的大小。另外，若想确定产生风险的影响因素，可根据第二步中求得的 α_i 向量进行确定。因为第一步中确定的风险影响因素是人为主观设想，而且为了全面，考虑的影响因素较多，不一定每个因素最终都导致工程质量风险，因此通过 α_i 向量中的 $\alpha_i \neq 0$ 的元素（即支持向量）找出对应影响因素，这些因素就是导致既有建筑节能改造工程质量风险的影响因素，而 $\alpha_i = 0$ 的元素（即非支持向量）为并非真正的影响因素[116]。

利用基于支持向量机的既有建筑节能改造工程质量风险识别方法，最终得到的结果为真正产生工程质量风险的影响因素，如表6-2所示。

表6-2 既有建筑节能改造工程质量风险影响因素

1. 技术管理人员综合素质	2. 施工操作人员专业素质	3. 人员培训
4. 节能材料调度管理	5. 节能材料选用合理性	6. 节能材料检验规范性
7. 机械设备使用操作控制	8. 节能设备选择合理性	9. 构成内容的全面性
10. 方案编制科学性	11. 施工图审核规范性	12. 工程技术环境
13. 工程管理环境	14. 工程施工环境	15. 原材料保护管理
16. 成品保护管理	17. 机械设备的维护管理	18. 施工方案的跟踪优化
19. 工艺流程的有效控制	20. 组织措施的合理实施	21. 检测手段的科学有效
22. 工程技术环境监控	23. 工程管理环境监控	24. 工程施工环境监控
25. 标准符合程度	26. 业主满意程度	27. 资料准确完整程度

基于此，节能服务型企业即可完成既有建筑节能改造工程实施科学有效的质量风险评价，达到工程质量风险管理之目的。

第7章 既有建筑节能改造工程质量风险评价与应对

7.1 实施既有建筑节能改造工程质量风险评价的意义

由于既有建筑节能改造工程质量风险具有多因素影响的特点，对节能服务型企业既有建筑节能改造工程质量风险管理水平进行评价，需要建立一个综合评价体系，以实现其内部评价功能[116-118]。

既有建筑节能改造工程质量风险评价是建立在对既有建筑节能改造工程质量形成过程的质量行为及活动结果的科学评价基础之上的，是一个综合性的、多因素影响的质量评价体系[117-120]。其意义主要体现在：有利于促进既有建筑节能改造工程质量水平的提高。对既有建筑节能改造工程质量风险实施综合评价，目的是全面考核节能改造工程各参与主体相关质量行为和活动结果。形成综合评价体系，是对既有建筑节能改造工程质量能否满足节能设计要求的客观公正判断，有利于提高节能服务型企业对既有建筑节能改造工程质量管理的有效性。实施既有建筑节能改造工程质量风险评价，是将参与单位及人员的质量行为、质量转化过程和质量活动结果统统纳入既有建筑节能改造工程质量风险管理有效性综合评价体系中，实现质量体系运作、质量行为和建设活动，强化施工全过程既有建筑节能改造工程质量风险管理，健全相关质量保证体系，提高质量风险管理能力，从而确保既有建筑节能改造工程相关性能的实现。节能服务型企业对既有建筑节能改造工程质量风险管理有效性的综合评价，有利于提高节能改造工程整体质量，实现其节能目标并达到能耗水平，改善公众生活、工作条件，以及满足公众对生活舒适度的要求。

7.2 既有建筑节能改造工程质量风险评价内容

以节能服务型企业为对象，结合既有建筑节能改造工程质量风险特征及影响因素，从投入产出角度对既有建筑节能改造工程进行质量风险评价，其主要内容概括如下。

7.2.1 投入管理

从施工操作人员素质与培训的管理、节能材料的检验与调度、机械设备的合理选择与应用、施工方案构成的全面性、编制的科学性、审核的规范性和环境的协调等几方面对既有建筑节能改造工程投入管理进行探析。其中人员的投入管理是核心、节能材料的投入管理是重点、机械设备的投入管理是保障、施工工艺的投入管理是关键、环境的投入管理是基础。

人员的投入管理主要强调技术人员的综合素质，包括思想素质、政治素质、专业素质、心理素质和身体素质等方面。技术人员的综合素质对施工方案的编制、施工工艺交底、材料机械设备质量检验都有重要影响，而施工操作人员处于施工一线，其具备的专业素质将直接影响既有建筑节能改造工程质量风险管理工作，为了增强人员素质应加强专业培训，加强对施工操作人员的技术培训与技术交底，这是提高施工作业水平的重要方式，因此人员的投入管理是核心。

节能材料的投入管理，主要是进行进场检验和抽样复验，通过规范的检验过程保证节能材料质量，以及合理的调度，保证施工工艺与节能材料的搭配应用。

机械设备的投入管理，包括机械设备的选择与合理使用。在既有建筑节能改造工程中，对大型机械设备与冲击钻孔设备的使用提出了很高的要求，使用前必须对结构构件稳定性进行评估，以免造成原建筑结构的破坏。

施工工艺的投入管理主要体现在构成内容的全面性，它涉及施工图会审、施工方案、施工组织设计及技术交底等工作，细化的质量风险计划，强化内容编制的科学性及审核的规范性，是保证施工工艺科学有效的重要措施。

环境投入管理主要包括三方面的投入管理，第一方面指施工现场环境，主要包括既有建筑节能改造工程施工现场，如人员分布、改造区域水电线路等状况；第二方面指工程自然环境，如地质、气象、水文等方面；第三方面指施工技术环境，是节能改造工程施工过程所涉及的施工验收规范和质量标准等强制性标准[120-122]。工程管理环境是指保证既有建筑节能改造工程正常施工的质量管理制度和质量保证体系。

7.2.2 过程控制

主要涉及施工工艺过程控制、节能材料与机械设备的过程控制和环境因素的过程控制。施工工艺的过程控制强调施工方案的优化与跟踪、组织措施的合理实施、检测手段的科学有效与工艺流程的有效控制；节能材料的过程控制包括原材料与成品的保护，机械设备的维护管理及机械设备与材料的合理选择[119]。其中原材料与成品的保护是对节能改造工程投入品与质量成果的管理，由于既有建筑节能改造工程并非整个工程施工的最后内容，需要在过程中对质量成果加以保护，强化质量管理。机械设备的维护与保养可以有效保证其运行效率，加快工程进度，降低工程风险。环境因素的过程控制，是指对工程管理环境、工程技术环境与工程作业环境的评估和监控，防止由于环境因素失控，导致质量风险管理不善，尤其是施工方案的编制应结合环境因素的变化同步进行调整，因此环境因素的过程控制是投入管理的基础。

7.2.3 效果评价

效果评价是对竣工阶段的既有建筑节能改造工程质量风险进行评价，也是对既有建筑节能改造工程质量风险管理的全面综合评价，包括对实际工程质量情况，建筑节能量与能耗等级，工程资料完整、准确程度，业主满意程度等几方面的评价，综合判断既有建筑节能改造工程质量风险管理效果，为节能服务型企业改进既有建筑节能改造工程质量风险管理提供科学评判依据。

7.3 既有建筑节能改造工程评价指标体系的建立

通过对既有建筑节能改造工程质量风险管理评价内容及质量影响因素的分析，得出既有建筑节能改造工程质量风险管理评价指标体系如图 7-1 所示。

7.4 基于层次分析法的既有建筑节能改造工程质量风险评价过程

通过对既有建筑节能改造工程质量风险管理评价指标体系的分析，以及对评价方法的比较，本书选用模糊综合评价法，以便对既有建筑节能改造工程质量风险进行科学、合理的评价[118]。

1. 建立因素集，确定相应层次
因素集是影响评价对象各种元素的一个集合。如图 7-1 所示的评价指标体

图 7-1　既有建筑节能改造质量风险管理评价

系中，定义了评价对象，即节能服务型企业对既有建筑节能改造质量风险管理有效性的三层次因素指标集：

1）一级因素指标集：$u = \{u_1, u_2, u_3\}$。

2）二级因素指标集：$u_1 = \{u_{11}, u_{12}, u_{13}, u_{14}, u_{15}\}$；$u_2 = \{u_{21}, u_{22}, u_{23}\}$；$u_3 = \{u_{31}, u_{32}, u_{33}\}$。

3）三级因素指标集：$u_{11} = \{u_{111}, u_{112}, u_{113}\}$；$u_{12} = \{u_{121}, u_{122}, u_{123}\}$；$u_{13} = \{u_{131}, u_{132}\}$；$u_{14} = \{u_{141}, u_{142}, u_{143}\}$；$u_{15} = \{u_{151}, u_{152}, u_{153}\}$；$u_{21} = \{u_{211}, u_{212}, u_{213}\}$；$u_{22} = \{u_{221}, u_{222}, u_{223}, u_{224}\}$；$u_{23} = \{u_{231}, u_{232}, u_{233}\}$。

2. 建立权重集

因素集中的各因素对既有建筑节能改造工程质量风险影响大小不同，为反映各因素重要程度，对每个因素分配特定权重。在分配权重时，以三级、二级、一级指标顺序进行。为使权重分配科学合理，结合基于支持向量机的既有建筑节能改造质量风险识别结果进行。

通过分析，最终得到评价指标集的权重集为：一级指标对应权重集 $A = (a_1, a_2, a_3)$，分别代表投入管理，过程控制，效果评价。二级指标对应权重集 $A_1 = (a_{11}, a_{12}, a_{13}, a_{14}, a_{15})$ 表示人员投入管理，节能材料投入管理，机械设备投入管理，施工工艺投入管理，施工环境投入管理；$A_2 = (a_{21}, a_{22}, a_{23})$ 表示材料、设备控制，方法有效控制，环境因素监控；$A_3 = (a_{31}, a_{32}, a_{33})$ 表示标准符合程度，业主满意程度，资料准确完整程度。三级指标对应权重集 $A_{11} = (a_{111}, a_{112}, a_{113})$ 表示技术管理人员综合素质，施工操作人员专业素质，人员培训；$A_{12} = (a_{121}, a_{122}, a_{123})$ 表示节能材料调度管理，节能材料选用合理性，节能材料检验规范性；$A_{13} = (a_{131}, a_{132})$ 表示机械设备使用操作控制，节能设备选择合理性；$A_{14} = (a_{141}, a_{142}, a_{143})$ 表示构成内容的全面性，编制科学性，审核规范性；$A_{15} = (a_{151}, a_{152}, a_{153})$ 表示工程技术环境，工程管理环境，工程施工环境；$A_{21} = (a_{211}, a_{212}, a_{213})$ 表示原材料保护管理，成品保护管理，机械设备维护管理；$A_{22} = (a_{221}, a_{222}, a_{223}, a_{224})$ 表示施工方案的跟踪与优化，工艺流程的有效控制，组织措施的合理实施，检测手段的科学有效；$A_{23} = (a_{231}, a_{232}, a_{233})$ 表示工程技术环境监控，工程管理环境监控，工程施工环境监控。

3. 确定评判集

评判集是评判对象可能做出的各种评价结果组成的集合。在既有建筑节能改造工程质量风险管理综合评价中，评判集 $V = \{V_1, V_2, V_3, V_4\}$，$V_1 \sim V_4$ 表示质量风险由小到大的各个等级，评价等级及对应分值如表 7-1 所示。

表7-1 评价等级表

评价等级	风险很小	风险较小	风险偏大	风险很大
分值	$0 \sim 5$	$5 \sim 10$	$10 \sim 25$	$25 \sim 100$

4. 建立因素集到评判集模糊关系

通常用模糊评价矩阵 R 来描述，对于一级模糊单因素综合评价：$R_i = (r_{ijk})_{j \times k}$（$i = 1$，2，3；$j = 1$，2，3，4，5；$k = 2$，3，4），其中，$r_{ijk}$ 为对因素集 U_i 中第 j 个评价指标做出第 p 级评判集 V_p 的隶属度。R 的确定可采用专家评分法、回归分析法、线性规划法或者多级评判法。本书仅介绍专家评分法，具体过程如下：建立由 m 位（m 以 $20 \sim 50$ 为宜）组成的专家团，对 U 中每个因素 u_{ij}（$i = 1$，2，3；$j = 1$，2，3，4，5）评定 $V_1 \sim V_4$ 中的一个且仅一个等级。若 m 位专家中评定 u_{ij} 为等级 V_p 的人数为 m_{ijk}，则 $r_{jik} = m_{ijk}/r_n$。

5. 一级模糊综合评判

模糊算子"∘"的确定方法有很多种，一般可选用以下几种模型：

模型 Ⅰ：记作 M（∧，∨）；模型 Ⅱ：记作 M（·，∨）；模型 Ⅲ：记作 M（∧，⊕）；模型 Ⅳ：记作 M（·，⊕）。前 3 种模糊算子用于突出主要因素，不考虑或略微考虑次要因素的综合评价，后一种对所有影响因素依权重大小均衡兼顾，适用于整体指标情形。具体应用时可根据实际情况分析使用。本书为突出该模型的主要因素，故模糊算子∘采用扎德算子：M（∧，∨），以下各级模糊变换都采用相同的模糊算子。把因素集 U_{1j}，U_{1j}，U_{1j} 看成是单个因素，进行第一次模糊变换得到因素 U_{1j}，U_{1j}，U_{1j} 对评判集 V_i 的隶属度，模糊变换算式如下

$$B_{1j} = A_{1j} \cdot R_{1j} = (a_{1j1}, a_{1j2}, \cdots, a_{1jk}) \circ \begin{bmatrix} r_{1j1}^1 & \cdots & r_{1j1}^4 \\ \vdots & & \vdots \\ r_{1jk}^1 & \cdots & r_{1jk}^4 \end{bmatrix} = (B_{1j}^1, B_{1j}^2, B_{1j}^3)$$

$j = 1$，2，4，5 时，$k = 3$；$j = 3$ 时，$k = 2$

$$B_{2j} = A_{2j} \cdot R_{2j} = (a_{2j1}, a_{2j2}, \cdots, a_{2jk}) \circ \begin{bmatrix} r_{2j1}^1 & \cdots & r_{2j1}^4 \\ \vdots & & \vdots \\ r_{2jk}^1 & \cdots & r_{2jk}^4 \end{bmatrix} = (B_{2j}^1, B_{2j}^2, B_{2j}^3, B_{2j}^4)$$

$j = 1$，3 时，$k = 3$；$j = 2$ 时，$k = 4$

$$B_{3j} = R_{3j} = [r_{3j}^1, r_{3j}^2, \cdots, r_{3j}^4] = (B_{3j}^1, B_{3j}^2, B_{3j}^3)$$

$j = 1，2，3$

B_{1j}^1，B_{1j}^2，B_{1j}^3分别表示因素 U_{1j}，U_{2j}，U_{3j} 对评判集 V_i 的隶属度。

6. 二级模糊综合评判

由第一次变换结果得到因素集 U_1，U_2，U_3 到评判集 V 的评判矩阵分别为

$$R_1 = \begin{bmatrix} B_{11} \\ B_{12} \\ B_{13} \\ B_{14} \end{bmatrix}, \quad R_2 = \begin{bmatrix} B_{21} \\ B_{22} \\ B_{23} \end{bmatrix}, \quad R_3 = \begin{bmatrix} B_{31} \\ B_{32} \\ B_{33} \end{bmatrix}$$

把因素集 U_1，U_2，U_3 看成单个因素，进行第二次模糊变换得到因素 U_1，U_2，U_3 对评判集 V_i 的隶属度为

$$B_1 = A_1 \circ R_1 = (a_{11}，a_{12}，a_{13}，a_{14}) \circ \begin{bmatrix} B_{11} \\ B_{12} \\ B_{13} \\ B_{14} \end{bmatrix} = (B_1^1，B_1^2，B_1^3，B_1^4)$$

$$B_2 = A_2 \circ R_2 = (a_{21}，a_{22}，a_{23}) \circ \begin{bmatrix} B_{21} \\ B_{22} \\ B_{23} \end{bmatrix} = (B_2^1，B_2^2，B_2^3)$$

$$B_3 = A_3 \circ R_3 = (a_{31}，a_{32}，a_{33}) \circ \begin{bmatrix} B_{31} \\ B_{32} \\ B_{33} \end{bmatrix} = (B_3^1，B_3^2，B_3^3)$$

式中，B_1^i，B_2^i，B_3^i 分别表示因素 U_1，U_2，U_3 对评判集 V_i 的隶属度。

7. 三级模糊综合评判

由第二次变换结果得到因素集 U 到评判集 V 的评判矩阵为：$R_2 = \begin{bmatrix} B_1 \\ B_2 \\ B_3 \end{bmatrix}$。把

因素集 U 看成单个因素，进行第三次模糊变换得到因素集 U 对评判集 V_i 的隶属度为

$$B = A \circ R = (a_1，a_2，a_3) \circ \begin{bmatrix} B_1 \\ B_2 \\ B_3 \end{bmatrix} = (B_3^1，B_3^2，B_3^3)$$

式中，模糊评判集 B 中各分量 B_1，B_2，B_3 分别表示既有建筑节能改造工程质量风险评价等级对于模式 V_1（等级为风险很小），V_2（等级为风险较小），V_3（等级为风险偏大），V_4（等级为风险很大）的隶属度。若 $\sum_{i=1}^{4} B^i \neq 1$，应将它归一化。

8. 评价结果处理

经过三级模糊综合评价，最终得到既有建筑节能改造质量风险隶属于很小、较小、偏大、很大四个等级的隶属度 b_1，b_2，b_3，b_4。

若规定 $b_p = \sum_{k=1}^{p} b_k \leqslant 25\%$ 为评价结果等级（k，$p = 1$，2，3，4），则 $b_k \leqslant 25\%$（$p = 1$，2，3，4）时，该建筑节能改造质量风险属于第 p 级。

7.5　既有建筑节能改造工程质量风险应对实施策略

既有建筑节能改造工程质量风险控制就是对节能改造工程质量风险提出处理意见与实施方法。通过对节能改造工程质量风险的有效识别与科学评价，把工程质量风险发生的概率、损失程度综合起来考虑，得出既有建筑节能改造工程质量产生风险的可能性及所造成损失的大小，从而做出正确决策，决定采取何种措施以及控制方法对既有建筑节能改造工程质量风险实施管理。常用的风险应对措施包括风险规避、风险缓解、风险分散、风险自留、风险监控等。

7.5.1　风险规避

通过既有建筑节能改造工程质量风险评价，把握工程质量风险具体情况，在权衡利弊后，主动放弃或终止工程质量风险较大的节能改造工程，称为风险规避。这是相对保守的工程质量风险控制措施，在规避风险的同时也丧失了实施节能改造可能带来的收益。风险规避基本分析方法为成本收益分析法。这是一种量入为出的工程质量风险管理方法，通过预测节能改造工程期望收益、期望成本及货币量化的风险，最终通过分析净现值，做出是否放弃或终止节能改造工程的决定[123]。风险规避按发生的时间，可以分为以下两种：

1. 既有建筑节能改造工程施工前的风险回避

在确立合同前经周密分析，确认工程收益率低于所承担的风险，或存在同等风险条件下更高的收益率或同等收益率条件下的更小风险，对本工程实施既有建筑节能改造的机会成本高于基准值，因此选择放弃该工程是理性的。在面临工程规模与类型的选择时应尽量采取风险回避措施。特别是，节能服务型企业在承接既有建筑节能改造工程前，首先，应考虑我国近期及中远期节能规划目标；其次，应详细分析企业长远战略目标与可利用资源，兼顾可持续性发展；最后，节能服务型企业应具备良好的风险控制能力。

2. 工程实施过程中的中止

在既有建筑节能改造工程实施过程中，若某些突发因素和意外事件给工程带来巨大风险或潜在损失，在综合考虑潜在风险大小、违约损失（包括非货币性损失）、企业对风险的承受能力、合同内容等因素后，认为有必要中止工程，应充分利用各种可能的退出机制降低损失，以消除不良影响。

7.5.2 风险缓解

既有建筑节能改造工程质量风险缓解是建立在具体质量风险分析基础上所采取的缓解风险的方法，如防范质量风险因素出现、减少已存在的质量风险因素、改变质量风险因素的基本性质、改善质量风险因素的空间分布等。目前节能改造工程大部分采取的是风险缓解的办法。现就节能服务型企业管理水平及质量风险等内容，简要论述缓解风险的各种措施。

1. 规范程序

节能服务型企业应制定、完善并严格遵守公司各项管理程序、工程合同集中审批程序、工程衔接程序、工程采购程序、工程验收程序、财务管理程序、人力资源管理程序等。以制度化的方式进行质量风险管理，减少不必要的损失和浪费，提高工作效率。

2. 强化教育

要减轻与不当行为有关的风险，就必须对相关人员进行工程质量风险管理教育。教育内容包括既有建筑节能改造相关知识教育，施工环境管理，节能改造技术培训，材料运输管理与相关方面的法规、规章、规范、标准和操作规程，工程质量风险意识，安全技能及安全态度的培训等。工程质量风险管理教育的目的是使相关人员充分认识项目所面临的质量风险，了解并掌握控制质量风险的方法。加大员工培训力度，提高员工综合素质，增强应变能力与风险处理能力，及时化解既有建筑节能改造工程施工所面临的质量风险，从而达到工程质量风险控制的目的。

3. 材料质量

掌握建筑节能材料市场需求，确保某些重要节能材料的质量；尽量与关键部位重要材料生产厂商形成长期合作关系，签订长期供货合同以防止节能材料质量波动或风险；对临时供货商提供的节能材料进行细致检测，以降低质量风险；采取材料集中采购的办法降低检测难度与质量风险。在材料使用过程中严格领用制度，通过优化施工方案、统筹安排等办法降低材料使用与配送过程中的质量风险，从而降低材料的使用风险[124-125]。

4. 安全储备

对既有建筑节能改造工程施工中各种环境风险，如非施工人员干扰，施工现场狭窄等做出相应的准备。不仅要做好防范风险的安全储备，而且要形成应对各种环境风险的应急机制和技术安排，把节能改造工程施工环境风险所造成的损失降到最小。

5. 政策风险

应对既有建筑节能改造政策变动所带来的风险，应该从以下方面入手：密切关注新的建筑节能政策变化并分析新政策对节能服务型企业造成的影响，制定对策，及时采取措施，比如"建筑节能改造技术规程"的颁布实行，要防范节能服务型企业的节能技术风险，提高节能改造工程技术水平，保证工程质量符合国家工程质量要求；采用新型节能改造技术，满足国家与业主的节能要求。

6. "六位一体"

施工现场是节能服务型企业所面临质量风险的集中地，强化施工过程的质量风险控制，就要全方位、全过程地实施管理，做到横向到边、纵向到底，全覆盖，无遗漏。做好安全、质量预案，通过演练，以防万一，将施工现场质量风险降到最低。同时主动进行质量风险管理创新与技术创新，以创新的方法和手段缓解节能服务型企业在既有建筑节能改造工程中的质量风险。

7.5.3　风险分散

风险分散是工程质量风险管理较常用的一种风险控制方式，把风险分散至其他主体，包括节能改造设备材料供应商、业主、工程分包商等，共同承担质量风险，通过分包合同将业主赔偿要求转嫁给保险公司、分包商等。既有建筑节能改造工程质量风险分散是将风险分散至参与该项目的其他人或其他组织，所以又叫合伙人风险分担[124]。风险分散的目的并非降低风险发生概率及避免不利后果，而是借助工程施工合同，在工程质量风险事故发生时，合同方共同承担风险，将部分损失分散到有能力控制或承担工程质量风险的一方。实行此策略应遵循两个原则：首先，必须让风险承担方得到相应回报；其次，对具体工程质量风险，谁最有能力控制就让谁分担。

既有建筑节能改造工程的质量风险分散分为财务性风险分散与非财务性风险分散。财务性风险分散包括非保险类风险分散和保险类风险分散两种。非保险类风险分散是以不同的形式和方法，通过不同中介，将质量风险分散至商业合作伙伴，其中担保就属于常用的非保险类风险分散方式[125]。非财务性风险分散是将工程风险分散至第三方，节能改造工程分包就是一种很好的非财务性风险分散策略。

7.5.4 风险自留

对于既有建筑节能改造工程而言，由于改造工程的复杂性，质量风险的客观存在性，为保证工程节能目标与质量的实现，有必要制定质量风险应急措施以保留风险。所谓风险自留是根据节能改造工程经验，事先制定应急措施与工程质量风险控制计划，工程实际进度一旦与期望产生差异，便立即动用后备应急措施，包括节能改造技术后备措施、质量控制措施、预算应急费等。风险自留后，在项目实施过程中要增强对节能改造工程质量的监管和质量风险管理的力度，施工技术措施和管理措施要实施到位，特别是项目管理人员、施工技术人员及其他相关人员要认识到质量风险的危害性。

7.5.5 风险监控

既有建筑节能改造工程质量风险监控是通过对质量风险的识别与评价，对施工全过程实施监视与控制，从而保证质量风险管理达到期望目标，这是既有建筑节能改造工程质量风险控制过程中的一项重要工作。质量风险监控就是跟踪质量风险变化趋势、识别剩余质量风险和新出现的质量风险，必要时修改质量风险控制措施，保证质量风险管理计划的有效实施，并评估质量风险控制效果。

其目的是：核对既有建筑节能改造工程质量风险管理策略和措施的实际效果是否与期望产生偏差；寻找机会改善并细化工程质量风险控制计划；获取反馈信息，使后期工程质量管理决策更加切实有效；对新出现及预先制定的措施不见效或性质随着时间推延发生变化的质量风险进行控制。在工程质量风险监控过程中及时发现新产生的质量风险及发生变化的质量风险，并进行反馈，根据质量风险事故影响程度，重新进行质量风险识别、评价与控制。

由于既有建筑节能改造质量风险具有综合性、复杂性、多发性、潜在性等特征，既有建筑节能改造工程质量风险监控应该围绕工程质量风险的基本问题，制定科学的质量风险监控标准，采用系统的管理方法，建立有效的既有建筑节能改造工程质量风险预警系统，做好应急计划，实施高效的既有建筑节能改造工程质量风险监控。一项节能改造工程的自动化程度取决于所选用的工具，如简单的电子表格应用程序可用于绘制导航图表和报告趋势；复杂的进度工具，如 Primavera 项目管理软件可以跟踪长时间的活动和资源。

下　　篇

工程质量政府监管信息化平台运行机理与激励体系架构

第8章 工程质量政府监管研究综述与信息化平台运行机制

8.1 主要概念界定

工程质量政府监管信息化研究涉及多学科，是工程质量政府监管理论研究和信息化实践经验的结合，基础概念主要涵盖工程质量政府监管相关概念与信息化平台相关概念两大块。

8.1.1 工程质量政府监管信息化相关概念

1. 工程建设

工程建设是人类有目的、有组织、大规模的一项经济活动，是社会固定资产在再生产过程中发挥工程效益或形成综合生产能力的建设工程项目，是指建造新的或改造原有的固定资产。根据 2000 年 1 月 30 日发布的《建设工程质量管理条例》相关规定，建设工程内容包括建筑工程、土木工程、线路管道工程、设备安装工程和装修工程等；其建设是指从事建筑工程、土木工程、线路管道工程、设备安装工程和装修工程的新建、扩建、改建、拆除等施工活动。

2. 工程质量

工程质量是指工程建设活动满足国家现行相关法律法规、管理条例、技术准则、设计文件、工程合同中对建设工程项目的质量结果、使用安全、经济性、美观性、舒适度等特性的综合能力要求总和[126]。工程质量主要包括建设工程项目实体质量、工程建设活动质量、工程项目各参建主体及参建人员的工作质量等内容。

3. 工程质量政府监管

工程质量政府监管是政府监督和管理部门受建设行政部门的委托，在监管激励与约束机制的作用下，按照与建设工程质量相关的法律、法规和强制性技术标准，以技术进步为支撑，以经济、法律和市场手段为依托，以完善的质量监管体系为保障，培养专业有素养的技术监督人员，保证监管工作的高效服务，通过强制性执法手段实现对所有工程质量的监督和管理。这一过程的主要目的是确保建设工程项目的使用安全和环境质量，维护国家、公众和个人的工程质量利益。

8.1.2　信息化平台的概念

随着平台在各领域应用和研究的不断深入，其内涵和功能也在不断扩展。将目前各界对平台概念的理解集中起来，主要有3种观点，分别是：

1）平台是不同责任主体共同使用的一种基础设施。具体到信息技术上，是指可供不同责任主体在一个共同的软件系统上进行业务协同的 IT 基础设施[127]。目前，计算机平台概念有3个：一是基于快速开发目的的技术平台；二是基于业务逻辑复用的业务平台；三是基于系统自维护、自扩展的应用平台。其中，技术平台和业务平台支持软件开发工作人员使用和操作；应用平台支持应用软件用户使用和操作。

2）平台有广义平台和狭义平台之分。广义平台指的是协同集成运行环境，它由支撑软件子系统与其他完成不同功能的业务逻辑应用子系统共同组成。狭义平台概念指的是一个通用服务，它能为不同企业之间和企业内部多个应用软件系统提供互操作与数据共享，是以降低企业内部或不同企业之间多个服务、应用或系统模块间耦合度和集成复杂性为目的的软件平台。

3）平台是一个支撑体系。它支持信息系统在复杂信息环境下的开发、集成及运行，并通过对各责任主体业务流程中信息特征的分析，在多操作系统、多网络、多数据库的异构分布环境下，为不同应用系统提供透明一致的交互方式与互访手段，实现对平台上各应用软件的有效管理，并为其他应用服务，支持各责任主体不同应用系统在信息环境下的集成。

本书认为工程质量政府监管（以下简称"政府监管"）信息化平台是一个开放式的、可扩展的、支持多主体在异构分布环境下的协同工作与信息集成系统。基于政府监管信息化平台，不同部门的责任主体和异构的应用信息系统可通过单一入口，实现与所有主体及应用系统的链接或集成，方便各相关责任主体的数据通信与信息交流，达到深层次和广义范围内的信息资源集成与共享。

8.1.3　政府监管信息化平台内涵及特征

1. 政府监管信息化平台内涵

政府监管信息化平台建立在开放式、可扩展体系架构上，它是一个集成质量管理系统，支持工程质量监管机构、建设业主、勘察单位、设计单位、施工单位、监理单位、材料设备生产供应单位等各责任主体的协同办公和信息共享。政府监管信息化平台构建采用系统集成方法，通过在各责任主体信息系统上建立一个一体化操作平台，给各责任主体提供必要的应用服务系统，实现以政府监管部门为主的综合质量监管模式，并将系统集成、软件集成、功能集成、协同办公等内容集成为一体。

2. 政府监管信息化平台特征

政府监管信息化平台具有广义信息化平台整体性、集成性、结构性、层次性和开放性等特征。其中，开放性和集成性是政府监管信息化平台最重要的两项特征。

一个信息化平台系统的开放性程度，并不是由基于哪类世界级的操作系统、网络设备、控制及执行设备决定，而是由系统自身底层、中层及上层的综合开放程度决定。其中，信息化平台系统底层开放是基础，中层及上层开放程度是关键，尤其要重视中层开放、上层用户级和应用服务级的开放程度，进而满足工程质量政府监管系统集成和协同办公的需要。

信息化平台系统集成性是设备系统集成性（硬件系统集成性）与应用系统集成性的综合体现。其中，设备系统集成性的综合指标包括智能建筑系统集成性、计算机网络系统集成性和安防系统集成性等；应用系统集成性主要体现在信息化平台上各应用子系统的集成度。

8.2 国内外工程质量政府监管研究综述

从国外情况看，一些发达国家建设领域信息化应用程度已经达到较高水准。由于各国管理模式的差异，在工程质量监管方面并没有专门实施的信息化措施。从国内情况看，信息化在我国工程质量政府监管中的应用和研究相对较少，远远没有达到最大限度发挥政府职能的作用。本书从总结梳理国内外工程质量监管信息化建设实践特征分析与理论研究成果评述着手，基于工程质量政府监管信息化的内在特征，探索开展工程质量政府监管信息化实践与理论研究的轨迹，以促进其健康发展。

8.2.1 国外工程质量监管信息化实践特点

国外工程质量监管信息化实践特点主要包括政府主导与市场运作并举、高效完备的信息技术、成熟有效的安全保障体系、系统互动的信息门户、科学合理的人才培养机制等5个特征。

1. 政府主导与市场运作并举

发达国家和地区工程质量监管各有其特点。新加坡对工程质量监管主要从业主角度和政府方面展开讨论。从业主角度来讲，通过聘请顾问工程师的方式对承包商的工程质量进行管理；从政府方面来讲，由新加坡建筑工业发展委员会（Construction Industry Development Board，CIDB）负责。CIDB使用建设工程质量评价系统（CUNQUAS）对私人投资工程和政府公共工程进行工程质量评定。

2. 高效完备的信息技术

国外建设领域信息化始于把计算机辅助后勤保障（Computer Aided Logistic Support，CALS）应用于建筑业，即集成的公共工程信息系统（Construction CALS），通过信息技术的使用，发达国家在工程质量监管领域已经建立了一整套比较完善的工程质量信息网络，对工程施工质量进行远程监控，将信息传输到政府工程质量监管中心，形成实用的工程质量监管信息网络。政府质量监管信息系统提高了政府管理水平和政府工作透明度，改进了行业管理手段，保障了工程质量安全，节约了工程成本。根据Latham报告（1999年），通过信息技术的采用，英国建筑业在5年内节约了30%的建筑成本。日本的"公共工程信息系统"是目前发达国家中规模最大的建筑市场和建筑产品管理信息系统。利用高效完备的信息技术所带来的巨大冲击对建设工程管理思想、组织、方法和手段进行持续的改进、变革和创新，已成为提高业主满意度、增强企业核心竞争力的主要途径。

3. 成熟有效的安全保障体系

建立与完善工程质量监管信息系统安全保障对策和体系是信息化领先国家的普遍经验。信息保障是信息保护、检测、反应与恢复的有机结合，称为PDRR模型。PDRR模型把信息安全保护作为基础，用检测手段来发现安全漏洞和薄弱环节，并及时修补，使系统受攻击破坏的损失降到最低。美国政府在1998年5月22日颁发的《保护美国关键基础设施》总统令中围绕"信息保障"成立了多个组织；美国国家安全局（NSA）1998年制订的《信息保障技术框架》（IATF）中提出了"深度防御策略"；美国政府又在2000年1月发布了《保卫美国的计算机空间——保护信息系统的国家计划》，分析了美国关键基础设施所面临的威胁[7]。日本从1990年到2000年先后制定了《电脑病毒对策准则》《电脑非法联网对策准则》《黑客对策等基础建设行动计划》，在防范电脑病毒、非法联网、电脑犯罪 3 个方面起到巨大作用，同时在加强信息系统安全与个人信息保护方面做到了信息系统安全，保护私人信息走向法制化。德国在信息系统安全保障对策方面有 4 个突出特点：重视信息系统整合、开放软件代码、高度重视信息安全、重视信息技术创新及信息产业发展。

4. 系统互动的信息门户

发达国家把信息门户作为建设工程项目各方进行沟通、提供公共服务的主要渠道。根据第三代项目信息门户个人信息管理软件（Personal Information Portal，PIP）技术的项目远程协作理论，在项目设计、项目招投标、项目知识管理等专业领域成熟应用。目前，国外已经出现了能够提供成熟的基于 PIP 服务的产品和项目。比如，美国的 Bidcom. com、Buzzsaw. com、Projetegrid. com，欧盟的 Build-online. com、Pkm. com 等。并且，它们中间许多的 PIP 已经提供了与项目材料和设备网上采购的相关标准等第三方电子交易服务，如项目投资方、业主代表、设计方、监理方、施工方、材料设备供应方以及银行、土地、档案、环保等政府监管部门可同时在一个项目外联网（Project Extranet）平台上完成项目信息的共享与交换，完成相应的 B2B、B2C、B2G 电子商务交易，如 Bidcom. com 和 Build-online. com。

5. 科学合理的人才培养机制

人是工程项目质量活动的主体。发达国家十分重视信息化人才队伍的教育培训，尤其是基础教育，并努力创建学习型社会。英国给政府部门相关工作人员开展了一系列网络培训项目，比如，对受教育者实施 ICT 技术培训和建立终身电子教育系统，帮助工作人员更好地掌握网络技术，为信息化建设推行培养后备力量。其社会网络学习系统及 Learn Direct 网上学习中心的建立，意在实现信息化的可持续发展。日本主要从加强学校信息化专业教育，完善吸引国外专业人才机制，开展信息技术职业培训，完善日本所有中小学电子计算机设备及使用计算机机制等 4 个渠道培养信息化人才。

8.2.2 国外工程质量监管信息化理论研究动态

国外工程质量监管信息化理论研究动态主要集中于信息资源共享研究，集成体系研究，信息系统框架研究等 3 个方面。

1. 基于信息资源共享的研究

国外对信息资源的研究主要集中在共享动力、共享体制、实现技术、资源管理等方面。欧洲最大的应用科学研究机构 Fraunhofer-Gesellschaft 负责人针对德国信息资源共享准备工作不充分所带来的问题，提出 4 个 "如果" 理论；Richard Saul Wurman 从信息选取、表达与分析等角度解读了共享机制不完善导致的 "信息饥渴" 现象；John Seely Brown，Paul Duguid 从技术角度分析了信息在工作、学习与生活等各层面的作用及获取，提出了健全信息社会服务机制，防止陷入 "信息神话" 的困境；F. W. Horton 将信息资源提升到与其他资源同等重要的地位，让人们意识到开发利用数据资源的重大价值；William Darell 的数据管理（DA）理论认为整个部门的计算机信息系统，建立在卓有成效的数据管理基础上。

2. 基于集成体系的研究

国外建筑业对集成体系的研究重点集中于计算机集成构建（Computer Integrated Construction，CIC），连续采购和生命周期支持（Continuous Acquisition and Life-Cycle Support，CALCS），以及信息流集成体系（Information Flow Integration System，IFIS）。CIC 着眼于企业内部，美国斯坦福大学土木系和计算机系于 1988 年联合施工业界合作成立了 CIFE（Center for Integrated Facility Engineering）；日本各大土木工程公司也于 2006 年研制出了设计、施工一体化系统；CALCS 着眼于企业间，在建筑业中应用 CALCS，试图使所有数字化信息存储在数据库中，实现建设项目各阶段参与方实时共享项目的相关信息。信息流集成体系强调不同阶段信息流的集成，James A. Senn 提出的信息流集成体系将施工过程分为项目前、施工前、施工中和施工后 4 个阶段，认为各个阶段需要不同的 IT 技术。

3. 基于信息系统框架的研究

国外工程质量监管信息化系统研究主要针对施工项目信息化系统展开。Froese 等学者针对既有信息系统建立了施工项目信息管理过程信息模型。Rezgui 等学者基于对现有信息交换模型的分析和整合，提出了利用 STEP（Standard Exchange of Product Data Model）标准集成 ICON 模型，建立了 COMMIT 模型的实施方法。Stumpf 等学者采用 OO（Object Oriented）方法建立了包含项目设计和施工信息的面向对象模型。它们主要是从项目管理活动的角度出发，考虑了信息系统的结构模型，但并未覆盖施工项目管理的各个方面。

8.2.3　国内工程质量监管信息化研究特点

国内工程质量监管信息化研究特点主要包括政府部门与政策法规扶持，国外经验与先进技术的借鉴，理论研究与实践同步等 3 个显著特征。

1. 政府部门与政策法规扶持

建设工程作为国民经济建设中的支柱产业，拥有最大的产业队伍[128]。李宁指出，大规模的建设需要高水平的管理，各地建设行政主管部门应将建设行业政务公开及政务信息化实施作为一项重要任务，让建设管理工作使用信息技术来完成；胡玉义指出建设行政主管部门的一项重要职责是加强行业指导和信息化组织体系建设，推进工程质量监管信息化建设，而且各级建设行政主管部门应加强对信息化工作的领导，深入调查研究，设立并指定专门机构，负责统筹规划、科学管理、宏观调控。政策法规方面，建设部指出要在全国建设领域实施全国建设信息系统工程，即"金建"工程；建设部与中国建筑科学研究院立项联合开展了"建筑施工领域及施工企业技术进步相关问题研究"和"运用信息技术改造建筑业"课题的研究；《2003—2008 年全国建筑业信息化发展规划纲要》中明确界定了建筑业信息化的指导思想、发展重点与目标实现。

2. 国外经验与先进技术的借鉴

由于各国管理模式的不同，国外发达国家在工程质量监管方面实施了针对各自状况的专门信息化措施，并已经在项目合同管理、工程项目进度管理等环节形成了一系列成熟的信息系统商品化软件。我国多次组织政府主管部门人员、企业代表、学者、专业人士到国外考察学习，通过文件、会议、论文等形式向国内介绍发达国家和地区工程质量监管信息化的经验与先进技术，主要包括美国、加拿大等国家和地区的成功经验[129]。如我国的三峡工程建设便引进了加拿大 Moneco AGRA 公司在项目管理中的先进经验与高新技术，成功构建了高起点的三峡工程管理信息系统（TGPMS），使得世界上最大的水利水电工程按时、保质保量交付使用。

3. 理论研究与实践同步

我国工程质量监管信息化基础理论研究主要有信息化内涵、基础框架、策略模式和功能等。而更多内容是针对实践问题，如信息化标准建设、绩效评价、信息资源管理规划、投融资模式、系统软件设计与实现等。汤志伟认为现阶段我国信息化实践需要科研成果作为理论指导，其研究成果在应用后要经反馈加以完善和总结，提出我国信息化研究路线是"边实践边研究"。在国家信息化建设不断推进的形势下，国内一些地方已尝试开发了一些工程质量监管系统。如建设部信息中心研发的"建设工程质量监管系统"；绍兴市建设工程监督站与绍兴市深蓝软件开发公司共同开发的"建设工程质量监督办公"软件；上海市建设工程质量监督总站与上海统计启明星科技发展有限公司共同研发的"上海市建设工程安全质量监管信息系统"等。

8.2.4　国内工程质量监管信息化理论研究概述

国内工程质量监管信息化理论研究概述主要包括基于监管手段变革、信息资源管理与共享理论、信息系统构建理论、信息系统质量评价、安全保障技术与措施等 5 个方面。

1. 基于监管手段变革研究

实施工程质量监管信息化，是提高建设工程质量监管水平的重要举措。潘延平指出信息网络技术是工程质量政府监督体制从落后的手工监督向现代化技术监督改革机制之一。戴兵指出将信息化引入建筑企业，一方面，通过企业流程再造规范管理，堵塞漏洞，降低劳动成本；另一方面，转变职能管理为业务流程管理，改变传统工作模式，提高企业效率。笔者认为各工程质量监督机构要根据各自实际情况，建立自上而下的各级质量信息管理组织结构，形成完整的质量信息管理体系，实现质量信息管理工作的全面性与系统性。张雅玲指出现代化工程的建设和管理要采用信息技术，实现监管形式的信息化，达到监管结果的准确度。刘为民指出工程质量监管信息化建设能实现监管体系中政府、社会和各参建主体对工程质量监督的有效链接。

2. 信息资源管理与共享理论研究

工程质量监督信息资源管理与共享主要集中在工程质量监管信息资源管理界定、信息来源与信息交流 3 个方面。笔者认为，工程质量监督信息管理是针对工程质量监督信息的收集、整理、加工处理、存储、反馈与交换的信息流程的规划、组织、协调和控制过程。李浩指出工程质量监督信息主要包括施工现场数据、实验室对施工材料的试验数据、监督站对现场的监督抽检数据及各方责任主体相关信息等。代庆斌，查丽娟，肖晓丽指出，基于信息门户网络平台的项目管理改变了传统的信息交流与传递方式，项目参建各主体可通过项目信息门户及时获取有关项目的各种信息，大大提高信息传递效率。顾东晓等学者指出，目前以政府为主体的工程监管手段和方法存在的缺陷之一是工程项目监管各部门间不能及时共享不同阶段形成的动态工程质量信息。

3. 信息系统构建理论研究

工程质量监管信息系统是一个基于网络的符合因特网技术标准的面向建设工程监管机构、项目参建各方及社会公众的信息服务和信息处理系统；是一个利用信息、通信、网络技术，实现行政、服务及内部管理等功能的信息平台；

是连接建设工程质量监管部门、建设工程项目参建各方和公众的有机服务集成系统。我国工程质量监管信息系统的研究主要涉及系统技术架构、设计方法和内容集成三部分。秦博指出了监管信息系统技术架构应充分考虑各种信息技术、软件、硬件等条件，提出了监管信息系统技术架构的 6 个层次。王滔，胡强从技术层面给出了工程质量监管系统的设计方法、关键技术及技术实现。唐华为在设计建筑工程质量检测系统中提出 Agent 技术的采用和 Agent 平台的引入。段伟，齐笑雪从信息技术开发与应用的必要性着手，给出了工程质量管理信息系统的总体设计，并构建了工程质量监管信息系统构架。陈云彬探讨了信息技术的应用，详细介绍了工程质量监管信息系统的主要概念、功能模块及内容。

4. 信息系统质量评价研究

信息系统的优劣，是以它为管理工作提供信息服务的数量和质量为衡量标准的。胡玉义指出制定信息系统建设评价指标体系是加强信息化建设和提高决策水平的软科学课题。宋晶光将系统的功能、系统的效率、系统提供信息服务的质量、系统的可靠性、系统的适应性等作为信息系统质量综合评价的 5 项指标体系。邹陆曦采用 Delphi 法获取信息系统指标权重并对指标集进行打分。李宁根据"河北省工程建设质量监管信息系统开发"从系统执行准确性，系统响应速度、信息存储量、界面质量，系统安全性、可靠性，数据共享性、易维护性、容错性 4 个方面对信息系统质量进行综合评价。戴兵指出项目进入正式实施后一段时间，要参照系统实施目标，从整体上对企业业务流程各节点和运营链进行业绩和效能评价。马智亮等针对施工项目质量监管信息化系统框架提出了 9 项"功能测度"准则对信息系统适用性进行综合评价。

5. 安全保障技术与措施研究

工程质量监管信息化安全保障是涉及技术保障体系、运行管理体系、社会服务体系、基础设施平台等内容的复杂系统工程。沈昌祥指出信息系统的信息保障技术层面分为应用环境、网络和电信传输、应用区域边界、密码管理中心以及安全管理中心。赵国俊认为现阶段信息化安全核心技术有数据加密技术、信息隐藏技术、安全认证技术，安全防范技术主要有反病毒系统、防火墙系统、虚拟专网、入侵检测系统、物理隔离系统等。刘芳指出安全风险评价能够清楚了解信息系统的薄弱环节和信息系统的安全需求，从而为降低信息系统安全风险提供必要依据。王赵熊指出我国许多单位的互联网和内部办公自动化网没有从物理上完全隔开，导致安全性和保密性方面存在很大隐患，建议自主研究保障信息安全的产品，掌握信息安全技术。范学义，赵金城指出权限管理是系统安全设置的一部分，通过权限设置可实现不同用户对系统的访问和数据的存取。

8.3　工程质量政府监管机制与工作流程

8.3.1　工程质量政府监管机制

工程质量实施政府监管是国际惯例，我国工程质量政府监管借鉴发达国家工程质量政府监管实践经验，以政府推动为主要形式，沿着从实践到理论、从定性到定量的方向发展，揭示了工程质量政府监管的行为特征、质量风险分担、质量影响因素、绩效评价体系和经济性等内在规律。

基于我国现行工程质量监管体系呈"多头管理，条块分割"的局面，为了实现对建筑市场的有效管理和工程质量本身的科学监督，诸多学者对工程质量政府监管开展了理论探讨和实践研究。笔者认为管理职能和监督职能相分离是我国工程质量监督组织结构体系改革的方向；专业化的监督机构、社会化的监督服务、规范化的资质管理及有形市场化的监督委托过程是监管改革的手段；并且我国建设工程质量政府监管机制是在相关法规、技术标准约束下，以工程项目建设过程管理和质量产出为中心，通过市场竞争机制作用，在各监督机构之间、监督机构与各参建主体之间、不同参建主体之间，形成相互制约的合同关系或监管关系。本书第 9 章对此监管机制进行了分析和构建。

8.3.2　工程质量政府监管工作流程

工程质量监管环节多、过程复杂，根据国务院《建设工程质量管理条例》（2000 年 1 月 30 日发布施行）和建设部《关于建设工程质量监督机构深化改革的指导意见》（2000 年 7 月 12 日发布施行），政府质量监管机构必须严格遵循工程质量监督程序，加大监管力度，以保证建设工程项目自身实体质量及建设过程质量。政府质量监督机构对工程质量的监管主要依据的是国家法律法规、强制性标准、标准条例等规章文件；主要目的是保障建设工程项目的环境质量及使用安全；主要内容是对工程项目主体结构、地基基础、使用功能、环境质量以及参与施工前、施工中、施工后的工程各参建主体的质量行为实施监管；主要方式是巡回抽查，参与建设单位组织的竣工验收实施环节，在工程竣工验收合格后、在规定时间内出具工程质量监督报告。

目前，我国已形成了系统的工程质量安全监督流程、工程质量事故处理流程、建设工程安全事故处理流程、工程质量安全投诉处理流程等。本书第9章便是依据我国工程质量政府监管内容与工作流程，借用信息化手段及信息技术原理展开分析与详细设计的。

8.4 工程质量政府监管信息化平台运行动力机制

政府监管信息化平台构建与运行的驱动力来自信息技术发展的推动和行业业务需求的拉动，政府监管信息化平台构建与运行的动力机制如图8-1所示。

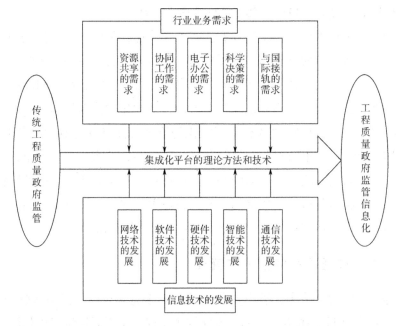

图 8-1　政府监管信息化平台构建与运行动力机制框架

1. 信息技术的发展

信息技术的发展是政府监管信息化平台构建与运行的技术推动力，信息技术的发展主要包括网络技术的发展、软件技术的发展、硬件技术的发展、智能技术的发展、通信技术的发展等。工程质量监管涉及主体众多，而各主体间使用的信息集成技术和手段存在差异，为了实现各主体之间的顺利链接，各责任主体只需要开发与政府监管信息化平台的互动接口，就可以解决连接问题，实现各主体间信息资源的共享和子系统的集成。

2. 行业业务需求的拉动

由于传统建设工程质量政府监管方式的陈旧和已开发监管信息系统研究与应用的局限性、片面性，工程质量政府监管手段已经不能满足监督人员不断面临的挑战，也不能满足数字化社会的需求。

政府监管信息化平台的服务对象主要是政府监管部门，但也涉及建设工程各参建主体。为了实现政府监管部门与各参建主体之间的资源共享、系统办公、电子办公、科学决策以及与国际技术接轨，需要一个统一的政府监管信息化平台对各责任主体进行协调，为政府监管部门的宏观监控和各责任主体之间的系统决策提供技术支持。

8.5 工程质量政府监管信息化平台运行动态控制机制

在政府监管信息化平台运行中，主要任务是信息化平台的日常管理、维护与完善，保证其良好的服务能力。建立规范、可靠、安全、高效的动态控制机制是政府监管信息化平台健康运行的保障。

动态控制机制的建立是一个长期的过程，需要逐步改进和完善。针对政府监管信息化平台专业性与技术性的特征，其需求分析与概要设计工作应由既懂得工程质量政府监管，又熟练掌握信息技术的专业机构和专业人员进行；政府监管信息化平台的构建是一项巨大的工程，需要投入大量的财力来确保政府监管信息化平台开发工作所必需的大量经费；政府监管信息化平台的运行、管理和维护工作复杂，要有明确的程序来完成每一段具体任务，以满足平台总体设计目标的功能需求。

在动态控制机制中建立规范的信息采集、审核、发布机制是政府监管信息化平台有效运行的关键。质量监管信息包括政府监管部门信息、各参建单位相关信息、建设工程项目本身信息、日常办公信息等，其信息采集工作要通过顺畅的采集机制完成。信息发布之前要履行严格的审核程序，对信息的真实性、数据的准确度、有无涉密问题等实行严格审核。

在动态控制机制中要建立健全绩效评价体系，按照各项指标对政府监管信息化平台的目标绩效实施评议和考核。其目的重在促进政府监管信息化平台的可持续发展。

8.6 工程质量政府监管信息化平台技术支持架构

工程质量政府监管参与主体较多，各责任主体一般都建立了自己的信息化平台，各平台之间的信息却很少能够实现限制性共享和无障碍沟通，其平台开发工具、构建思路、功能结构、技术指标也多种多样。在构建政府监管信息化平台时，应对这种实际状况进行考虑和分析，设计出能支持异构硬件、软件和操作系统的集成体系，使其具有良好的扩充性、稳定性和兼容性。

工程质量政府监管信息化平台技术架构应根据工程质量政府监管的具体内容和细节流程，充分考虑信息技术条件、软件条件和硬件条件，满足工程质量政府监管工作的要求。

为提高可移植性、安全与在用价值，政府监管信息化平台技术建立在成熟完备的 J2EE 构架上，主要包含 6 个层次，分别是：用户接口层、标准协议层、核心服务层、核心组织层、数据层和底层操作系统。其中，用户接口层包含数据安全层、项目信息发布与传递层、个性化设置层、项目信息搜索层、工作流支持层、项目信息分类层等；标准协议层包含个人信息软件管理数据接口层、角色访问协议层、监管决策支持层、标准代码协议层等；核心服务层包含工程质量政府监管数据服务、监管决策支持信息服务、通信服务、统一编码体系服务等；核心组织层包含安全认证、项目调度、通信、检索查询、统计分析、网上发布、协同动态工作流、招投标、施工许可、合同备案、安全监督、工程监理、竣工备案等；数据层包含结构化数据库、非结构化数据库和文档数据库等。

第9章 工程质量政府监管信息化平台模型构建与设计

9.1 工程质量政府监管信息化平台体系结构分析

依据工程质量政府监管工作内容，政府监管信息化平台构建总体目标是以工程质量政府监管为核心，按照工程质量监督检测工作程序与管理方法，以国家、各部门和各地区指定的工程质量有关法律法规、规范条例、强制性标准为准绳，综合应用计算机技术、网络技术、多媒体影像技术、嵌入式软件技术、数据采集技术等，自动实现工程质量各环节的信息收集、加工、存储、传递及应用等活动，并使业务体系向智能化方向发展。

政府监管信息化平台体系结构包括工程质量政府监管内网和工程质量政府监管外网，如图9-1所示。

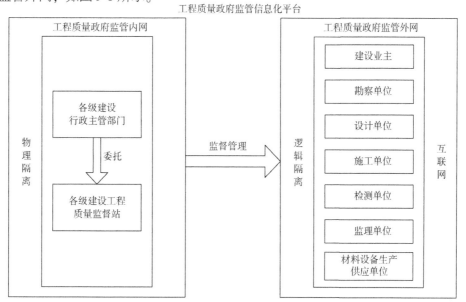

图9-1 工程质量政府监管体系结构图

1）工程质量政府监管内网是指各级建设行政主管部门（国务院建设行政主管部门、地方建设行政主管部门）和各级工程质量政府监管站（建设部建设工程质量管理部门、各省市及自治区建设工程质量监管总站、各地级市和区建设工程质量监管站、各县市建设工程质量监管站）内部系统平台。

2）工程质量政府监管外网是指各建设工程质量监管部门与工程项目建设参建7方（建设业主、勘察单位、设计单位、施工单位、检测单位、监理单位、材料设备生产供应单位）之间的系统平台。

9.2 工程质量政府监管信息化平台模型构建

9.2.1 工程质量政府监管信息化平台总体模型构建

建设工程项目的离散性生产特性，这一特性决定了工程质量政府信息化监管对象包括工程项目建设过程中的所有参建单位内部的信息交流，以及各参建单位之间的信息交流。各单位内部与不同单位之间，通过互联互通的信息化平台，在数据传输标准与业务数据标准方式的基础上，实现协同办公的网络化、集成化与智能化。并构建数据管理平台，支持异构数据集成和交换；构建辅助决策支持系统，其主要技术支持平台有数据库、模型库、方法库、知识库、特征库、资源库和专家库。政府监管信息化平台的总体模型，如图9-2所示。

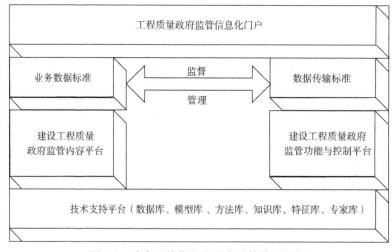

图9-2 政府监管信息化平台总体模型框架

工程质量政府监管总体模型由工程质量政府监管信息化门户、工程质量政府监管内容模型、工程质量政府监管功能与控制模型、工程质量政府监督技术集成模型及数据标准组成。

9.2.2 工程质量政府监管信息化平台内容模型构建

将政府监管、工程参建主体、质量影响因素和工程实施阶段 4 个概念进行综合集成，构建出结构化和层次化的三维工程质量监管理论体系框架，如图9-3 所示。

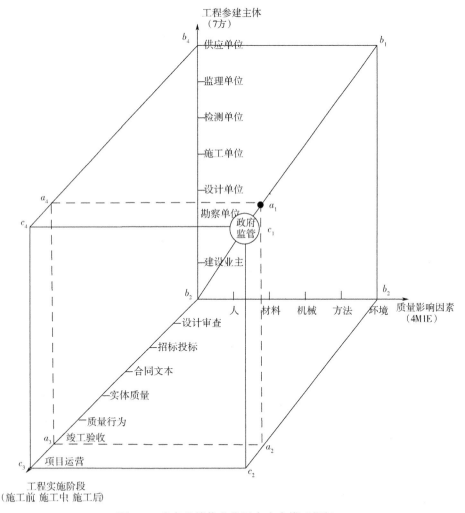

图 9-3　政府监管信息化平台内容模型框架

该三维理论体系框架以政府监管为主线贯穿始终，以工程参建主体、质量影响因素和工程实施阶段为三大"维度"（视角），形成一个封闭的三维"坐标系"。

其中，在工程参建主体维度上，包含 7 方参建主体：建设业主、勘察单位、设计单位、施工单位、检测单位、监理单位、供应单位；在质量影响因素维度上，囊括 4M1E 五个要素：人（Man）、材料（Material）、机械（Machine）、方法（Method）、环境（Environments）；在工程实施阶段维度上涵盖施工前（设计审查、招标投标、合同文本）、施工中（实体质量、质量行为）、施工后（竣工验收、项目运营）3 大部分的 7 个阶段。在这个封闭的三维空间中，分别用"点""线""面""体" 4 种几何图形代表不同的含义。

1. "点"所代表的含义

总体模型三维封闭"坐标系"中的"点"表示在政府监管下的某个工程参建主体在特定工程实施阶段与特定质量影响因素下的质量监管手段。不同的"点"反映了不同参建主体在各自管辖范围内实施工程质量监管的模式。在图 9-3 中，任选点 a_1，从工程实施阶段视角来看，仅仅反映了材料设备生产供应单位在竣工验收阶段对环境因素的监管；从质量影响因素视角来看，仅考虑了环境影响因素，造成各因素相互独立；从工程参建主体视角来看，材料设备生产供应单位的质量监管形成的是一个封闭的内部系统，不能与其他各工程参建主体进行信息交流。单从"点"出发，往往会导致建设工程在实施过程中产生交流障碍和数字鸿沟现象。

2. "线"所代表的含义

总体模型三维封闭"坐标系"中的"线"是由"点"沿某一维度进行延展所得。"线"反映的模式有 3 个，分别是：

1）基于特定工程参建主体，涵盖全部质量影响因素或全部工程施工阶段的集成质量监管模式。

2）基于特定质量影响因素，包含所有工程参建主体或全部工程实施阶段的协同质量监管模式。

3）基于特定工程实施阶段，覆盖所有工程参建主体或全部质量影响因素的集成质量监管模式。

基于这种线性集成监管模式，在图 9-3 中，线段 a_1a_2 表示竣工验收阶段各工程参建主体对环境因素的协同监管；线段 a_1a_4 表示材料设备生产供应单位在竣工验收阶段对质量影响因素的集成监管；线段 b_1c_1 表示材料设备生产供应单位在各工程实施阶段实现对环境这一影响因素的监管。

3. "面"所代表的含义

总体模型三维封闭"坐标系"中的"面"是由"线"向另外两个维度延展

而形成的集成面。"面"反映的模式有 3 个，分别是：

1）基于特定参建主体包含所有工程实施阶段和所有质量影响因素的集成监管模式。

2）基于特定工程实施阶段涵盖所有工程参建主体和所有质量影响因素的协同集成监管模式。

3）基于特定质量影响因素贯穿工程实施阶段的所有工程参建主体协同完成的集成监管模式。

在图 9-3 中，面 $a_1a_2a_3a_4$ 反映工程竣工验收阶段各质量影响因素的监管是在所有工程参建主体的交互协同下进行的；面 $b_1c_1c_4b_4$ 的反映材料设备生产供应单位内部的各质量影响因素在工程实施各阶段集成优化；面 $c_1b_1b_2c_2$ 反映工程实施各阶段的工程各参建主体之间对环境这一影响因素的协同监管。"面"的集成化协同模式使质量监管水平由"局部"提升到"全面"，将"内部集成"优化到"内外相结合"的水平。

4. "体"所代表的含义

总体模型三维封闭"坐标系"中的"体"是由"面"向另外一个维度进行延伸拓展而得。"体"反映了建设工程项目中政府监管部门对所有工程参建单位、所有质量影响因素及所有工程实施阶段的协同集成监管。在图 9-3 中，立方体 $c_1c_2c_3c_4b_1b_2b_3b_4$ 是最高层次和最全面阶段。从质量监管角度看，信息化平台内容模型的集成包括全部工程参建主体、全部质量影响因素及所有工程实施阶段的集成，其中政府监管作为主线贯穿于各参建主体在各施工阶段对各质量影响因素监管的始末。

工程质量政府监管是以政府监管为主线，将工程参建主体、工程实施阶段和质量影响因素三方贯穿起来，实现对三方的协同集成监管。工程质量监督人员以统一的质量监管目标为指导，通过构建统一、协调的政府监管信息化平台系统，实现政府相关部门对工程质量的有效监管。

9.2.3　工程质量政府监管信息化平台功能与控制模型构建

政府监管信息化平台功能与控制模型反映了平台上各业务功能的集成关系、结构框架及实现过程。政府监管信息化平台系统功能框架在组成内容上可表述为"83111"：服务于政府监管部门、建设业主、勘察单位、设计单位、施工单位、检测单位、监理单位、材料设备生产供应单位 8 方；贯彻于施工前、施工中和施工后 3 个阶段；1 个全方位、全过程的信息集成与监管平台；1 个监管决策指挥控制中心；1 个信息发布与服务窗口，其功能与控制模型框架如图 9-4 所示。

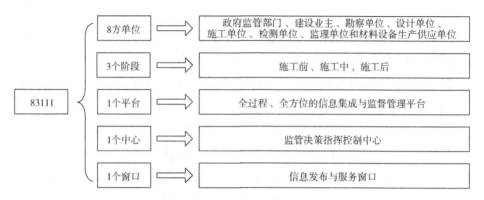

图 9-4 政府监管信息化平台功能与控制模型框架

该平台功能与控制模型可以详细划分为技术支持层、信息集成与监管平台、监管决策指挥控制中心及信息发布与服务窗口 3 个层面，如图 9-5 所示。

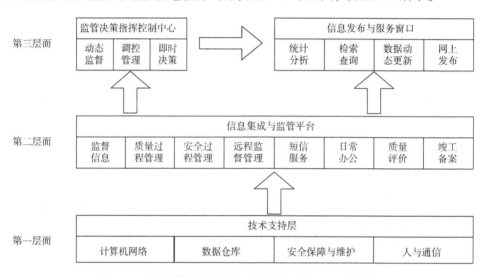

图 9-5 政府监管信息化平台功能与控制模型层次结构图

1. 第一层面（技术支持层）

包含由计算机网络、数据仓库、安全保障与维护、人与通信等技术支持下的公共数据管理和信息资源共享；为第二层面和第三层面实现各系统功能和控制提供数据存储、传输、共享等行为；也是政府监管信息化平台的构建基础。

2. 第二层面（信息集成与监管平台）

包含了政府监管信息化平台系统的业务功能，主要有监督信息收集、质量过程管理、安全过程管理、远程监督管理、短信服务、日常办公、质量评价、竣工备案等，是政府监管信息化平台构建的核心。

3. 第三层面（监管决策指挥控制中心及信息发布与服务窗口）

由动态监督、调控管理、即时决策三部分构成监管决策指挥控制中心；由统计分析、检索查询、数据动态更新、网上发布四部分构成信息发布与服务窗口；其中，各部分独立存在又互为支持。

9.2.4　工程质量政府监管信息化平台技术集成模型构建

政府监管信息化平台技术集成模型是一个多层次集成控制体系[130]。开放系统互联（OSI）的 6 层参考模型，即数据物理层、数据链路层、数据网络层、数据传输层、数据会话层、数据表示层，构成了各应用软件系统的支撑环境和底层技术。工程质量政府监管应用层主要包括建设工程质量政府监管信息系统与公共服务子系统两块内容。应用系统各子系统间以及应用系统与支撑环境间均为双向信息流。政府监管信息化平台技术集成模型层次体系结构如图 9-6 所示。

图 9-6　政府监管信息化平台技术集成模型框架

业务数据标准和数据传输标准是工程质量政府监管信息化的数据标准。其中，数据表示层使用业务数据标准，数据传输层使用数据传输标准。

1. 业务数据标准

业务数据标准根据工程质量政府监管指标进行制定。工程质量政府监管涉及建设工程项目各个环节，而且由不同职能部门管理，因地区标准等客观环境带来的差异性，工程质量政府监督法律内容和监管要求不同。建立统一的监管业务数据标准化体系和工程质量监管信息化平台，可以有效协调和解决差异问题，明确不同阶段各职能部门的重点监管任务及需求，其标准化体系是用来解决信息化监管平台"管什么"的问题。工程质量政府信息化监管业务数据标准化体系建立的作用至关重要，可以协同各职能部门的监管职责，统一各职能部门的协同办公，管理各工作阶段产生的数据资料，发挥信息共享与信息服务这一功能，实现对工程质量的全过程监督和全方位管理。

根据工程质量政府监管工作业务流程及具体要求，依托国家建设工程相关法律法规规定，在工程质量政府监管总体模型基础上，研究符合工程质量政府监管的特点，建立能够综合反映建设工程项目设计审查、招标管理、投标管理、合同资料、质量及安全监督、竣工验收、运营维护等各环节监管内容和要求的业务数据标准化体系，十分必要。

2. 数据传输标准

建设工程项目各参建主体间的数据信息格式的迥异及内部管理信息系统平台结构的不同，会导致所产生数据的结构、格式和编码各不相同，如果要实现政府监管部门与各参建主体之间的互联与互访，以及各参建主体之间数据的交换与共享，就要尽量使用通用性、协同性和操作性较好的协同办公与数据集成技术。例如，数据本身的可扩展标记语言（Extensible Markup Language，XML）能满足这些要求。XML是互联网环境中跨平台，依赖于内容的技术，是处理结构化文档信息的有力工具。XML文件可作为异构系统间的信息交换媒介，让数据共享与信息集成得到实现。在政府监管信息化平台中，各级政府监管部门与各参建主体之间、各级政府监管部门之间以及各参建主体之间的信息交换、查询和调用等数据信息均可通过XML实现。

9.3 工程质量政府监管信息化平台设计原则

9.3.1 工程质量政府监管信息化平台功能设计原则

全面推动政府监管领域信息化和服务职能网络化，应以工程质量全过程监管为主线，以"统筹规划、分步实施、统一标准、联合建设、互联互通、资源共享"的国家信息化建设战略原则为指导。我国政府监管信息化平台总体设计的8项原则可归纳如下：

1）构建和完善工程质量政府监管信息网，提高各业务系统信息化应用水平，在工程质量政府监管基本信息化平台上实现信息数据的最大化有效共享。

2）构建和完善建设工程项目各级质量监管部门内部局域网，实现各级质量监管部门内部自动化和无纸化办公。

3）规划和设计工程质量政府监管信息系统各应用子系统，实现全国范围内建设工程项目质量监管信息动态查询和数据及时处理。

4）政府监管信息化平台的构建与运行建立在统一化数据格式、标准化代码、规范化内容基础上，各地区内工程质量监管部门信息化平台构建应实行标准化规划、设计、管理与实施，避免盲目重建与资源浪费。

5）通过政府监管信息化平台的构建与运行，逐步形成全国工程质量监管信息大型数据库，为全国工程质量监管工作提供权威、可靠的信息服务。

6）政府监管信息化平台的设计短期目标应与长期目标相结合，以近期目标短、平、快，中长期规划有一定扩展性与前瞻性为准则，实现政府监管信息化平台科学合理的设计。

7）政府监管信息化平台设计过程要实行统一的工程质量监管信息化标准，实现信息资源最优化和最大化共享。

8）政府监管信息化平台设计目标之一是加强监管工作交流，提高工程质量监督人员信息化办公意识，促进各主体参与信息化建设的主动性，及时总结各地实践经验，进而推广行之有效的信息化发展模式。

9.3.2　工程质量政府监管信息化平台系统设计原则

政府监管信息化平台设计是一项"综合型"系统工程，为了保证系统质量，需要遵循4大设计原则。

1. 系统性

政府监管信息化平台作为统一整体存在。在对信息化平台进行全过程规划与设计时，要从系统总体角度出发综合考虑，包括代码编写的一致性、设计规范的标准化、数据结构的一致性、数据采集的可靠性，并尽可能使一次输入得到多次利用，实现文件资料或信息资源的全局或限制性共享。

2. 灵活性

政府监管信息化平台系统应具备可持续开发性，这就要求平台系统具有较强的环境适应能力，因此系统必须具备较高的开放性和较大的结构可变性。在信息化平台系统设计中，应尽可能采用模块化独立结构，提高模块间独立性，降低模块间耦合度，使信息化平台各子系统间数据依赖程度降到最低。信息化平台系统灵活性不仅便于新内容的增加，而且方便后续模块的修改，在提高系统质量的同时，也增强了系统适应环境变化的能力。

3. 可靠性

工程质量监管信息化平台系统应具有较高的可靠性，包括安全性、保密性、检错能力、纠错能力等。可靠性不仅是系统设计中的一项重要原则，而且是系统设计过程中的重要考核指标。

4. 经济性

在满足政府监管信息化平台必要需求时，应尽可能减少平台设计的开销。一方面，硬件投资应以满足需要为前提，不能片面追求技术的先进性；另一方面，平台各模块设计应尽量简洁和避免冗余，设计过程中的关键细节应尽量避免复杂化，以缩短数据处理流程和减少系统设计费用。

9.4 工程质量政府监管信息化平台详细设计

9.4.1 工程质量政府监管信息化平台系统构成

基于政府监管信息化平台内容模型、功能与控制模型、技术集成模型分析，政府监管信息化平台部署在政府质量监管机构中，以质量监管机构监管平台设计为核心，主要内容包括：监管决策指挥控制系统、信息发布与服务系统、质量监督业务系统、技术支持服务系统（基本信息数据库、质量监督业务数据库、综合分析数据库、数据传输交换系统、数据库查询系统）、安全保障与系统维护等；以建设工程各参建单位自身已开发的管理系统为支撑，内容包括：建设业主内部信息系统、勘察单位内部信息系统、设计单位内部信息系统、施工单位内部信息系统、检测单位内部信息系统、监理单位内部信息系统、材料设备生产供应单位内部信息系统等7个子系统；并设置互动链接接口，包括同级监管部门之间互动链接接口的预留，或与上级质量监管部门互动链接接口的预留。政府监管信息化平台系统构成框架如图9-7所示。

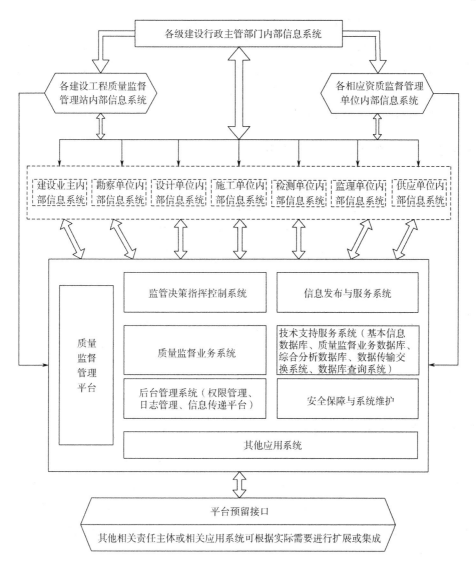

图 9-7　政府监管信息化平台系统框架

　　本书所论述的政府监管信息化平台与普通企业的 ERP 系统不同，它是针对某一区域政府监管部门对其管辖范围内的工程质量监管所建立的信息化监管系统。之所以定义在某一地区范围内，是由于建设工程的质量特点和质量标准具有相对的地域性和特殊性；要以政府部门监管为主导，囊括建设领域的方方面面，这样才能从更宏观的角度去把握建设工程项目质量的发展趋势与目标，更好地采集、存储、分析和利用建设行业范围内的信息资源，使监管过程更加全面和决策判断更加权威。

政府监管信息化平台的构建应由政府主管部门的质量监管机构发起和负责，构建以政府为主线的工程质量监管信息化架构体系，体现政府在推动工程质量监管信息化进程中的核心作用。因此，政府监管信息化平台的构建工作应在规划设计的初期阶段就充分考虑与各电子政务平台的互联互通及数据共享，预留和设置链接接口，进而避免后期整合过程中遇到的瓶颈。

9.4.2　监管决策指挥控制系统

监管决策指挥控制系统是根据信息集成与监管系统提供的数据，完成对建设工程、工程参建各方、工程质量影响因素、工程监管机构、监督过程实情、工程质量事故等信息的系统分析，将归类统计结果以统计图形或报表的方式直观显示，并根据需要打印、输出，为工程质量监管部门相关责任人的宏观决策和调控研究提供数据支撑及理论依据。

监管决策指挥控制系统主要服务对象是工程质量监管部门决策层和领导层。他们通过监管决策指挥控制系统自动生成的相关统计数据和报表等材料，随时了解监督过程中各环节和相关问题，掌握监管工作进展情况和监管人员工作状态，以实现对监督工作的总体控制和调控决策，提高政府监管部门工作效率和科学管理水平。

9.4.3　信息发布与服务系统

信息发布与服务系统是在对建设工程项目全生命周期中参建各方产生的数据进行集中管理的基础上，进行信息采集、信息处理、信息发布和信息反馈，是建设工程项目参建各方借助互联网等通信渠道获得工程项目数据信息的入口，实现参建各方信息无障碍交流和协同工作的支持平台。信息发布与服务系统功能结构如图 9-8 所示。

"建设工程项目全生命周期"是指工程项目从可行性研究、规划设计、设备选型、设备购置、设备安装、系统运营、系统维护到报废的全过程，可划分为 5 个阶段：可行性研究阶段、设计/选型阶段、建设实施阶段、运营/维护阶段、跟踪/评估阶段。

"项目参建各方"包括政府监管部门、建设业主、勘察单位、设计单位、施工单位、检测单位、监理单位、材料设备生产供应单位，以及金融机构（银行和保险机构以及融资咨询机构等）等其他单位。

"信息和知识"包括以数字、文字、图像、语音和视频等方式表达的法规

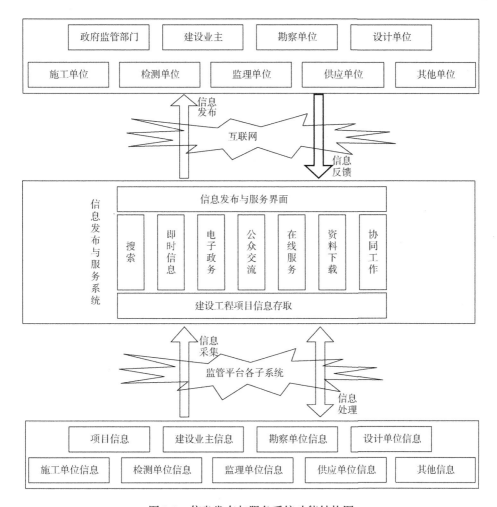

图 9-8　信息发布与服务系统功能结构图

类信息、组织类信息、经济类信息、管理类信息和技术类信息。这里的法规类信息是指与建设工程项目监管及工程建设有关的法律制度、标准规范和相关条例；组织类信息是指与国家建设领域和建设工程监管有关的组织信息，包括工程项目参建各方组织信息、建设工程行业专家信息等；经济类信息是指工程项目物资市场信息、项目投资和融资信息等；管理类信息包括与质量控制、合同管理、进度控制、投资决策和信息管理有关的信息等；技术类信息包括与勘察、设计、施工、检测、监管和物资供应有关的技术信息等。

　　"单一入口"是指建设工程项目质量政府监管各部门及项目参建各方通过用户名、密码和附加码认定通过后提供的入口。

9.4.4　工程质量监督业务系统

工程质量监督业务系统既是政府监管信息化平台系统的核心，也是整个工程质量监管工作的核心，几乎所有质量监管工作都以质量监督业务系统为出发点和目的。构建工程质量监督核心业务系统，目的是实现质量监督过程管理、安全监督过程管理、远程监督管理（PDA 远程质量监管、工程施工远程视频监控）、安全生产动态管理、竣工资料备案管理、日常办公管理等各业务环节的信息化。工程质量监督业务系统内容框架如图 9-9 所示。

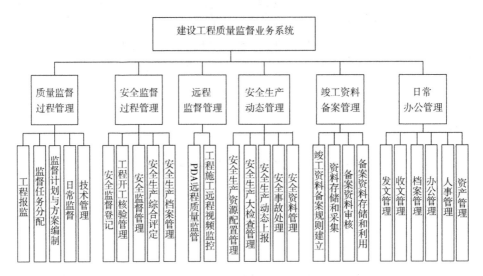

图 9-9　工程质量监督业务系统内容框架

1. 质量监督过程管理

工程质量监督过程管理主要涵盖工程报监、监督任务分配、监督计划与方案编制、日常监督、技术管理等内容。

（1）工程报监。

指建设业主按照工程建设有关规定向有关质量监督机构申请对该工程项目的质量监督，以办理施工许可证，待质量监督机构审核通过后，签发"建设工程质量监督任务通知书"，给此项目建立工程质量监督档案。

系统中的工程报监，可以从政府监管信息化平台质量监督业务系统中直接读取工程项目的数据资料，提供工程项目报监过程中的信息需求，进而形成建设工程项目报监登记表和各参建单位基本情况数据库，其功能框架如图 9-10 所示。

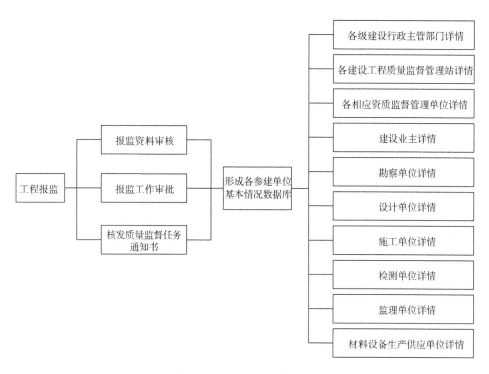

图 9-10 工程报监功能框架

（2）监督任务分配。

监督部门人员收到报监部门的监督任务通知书后，将监督任务下达给各专业科室、各监督站、监督小组和监督人员。业务模块主要功能有监督任务分配与监督任务受领，其功能框架如图 9-11 所示。

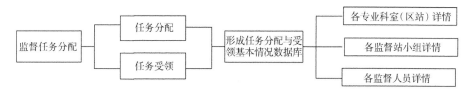

图 9-11 工程监督任务分配功能框架

（3）监督计划与方案编制。

整个监督实施过程的指导性文件，主要内容包括工程项目概况、监督内容、监督计划、监督措施、公开办事制度等详情。业务模块主要内容有：监督计划与方案制订、监督计划与方案审批、监督计划与方案交底等，其功能框架如图9-12 所示。

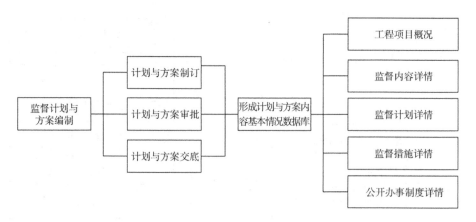

图 9-12   工程监督计划与方案编制功能框架

（4）日常监督。

主要完成工程项目质量监督过程与结果表格的填写、汇总与上传等工作。业务模块内容涵盖：监督业务检查及管理、监督档案管理、质量管理、质量巡查、企业信用管理等，其功能框架如图 9-13 所示。

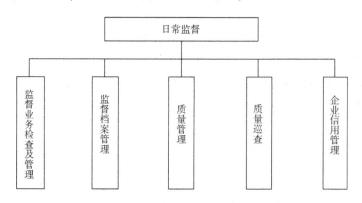

图 9-13   工程日常监督功能框架

1）监督业务检查及管理。监督业务检查及管理是质量监督站的一项日常工作，主要内容有按监督站内部制度进行检查管理、按区域分级检查管理、对同级或上级的业务检查等。

其中，单位内部制度检查管理是依据单位内部相关质量监管制度对业务流程进行具体管理，保证单位内部制度有效落实。在系统设计过程中应依照单位内部制度要求，将相关职能按业务范围、权限分配给具体部门和相关人员，通过系统自动处理方式，将监督过程记录、处理结果进行汇总和上传，以备后续查询。

按区域分级检查管理是主要解决分级管理和权限设置问题，以实现对管理结果的分类汇总与处理。

同级或上级业务检查往往带有随机性和突发性，系统中主要实现对业务检查记录的存储和汇总等。

2）监督档案管理。工程监督档案主要内容有：建设工程项目质量监督申报表、建设工程项目质量监督通知书、建设工程项目质量监督工作方案、建设工程项目质量监督交底记录、施工现场参建各方质量行为监督记录、参建各方责任主体不良行为记录备案表、工程质量监督记录表、工程质量监督抽测记录表、工程质量监督抽检通知单、工程质量整改通知书、工程局部停工（暂停）通知书、工程申请行政处罚报告、工程质量整改完成报告书、工程复工通知书、桩基（地基处理）工程质量验收记录、桩基（地基处理）工程质量验收监督记录、地基与基础分部工程质量验收记录、地基与基础分部工程质量验收监督记录、单项（安装、装修、幕墙）工程质量验收记录、单项（安装、装修、幕墙）工程质量验收监督记录、工程质量事故调查报告、工程质量事故（问题）处理监督记录、单位工程竣工验收通知单、单位工程竣工验收记录、单位工程竣工验收监督记录、建设工程质量监督报告、其他（文件、资料、图片）汇总表等。

监督档案工作繁重，是整个监督工作的重要组成部分，通过信息化手段实现监督档案工作电子化、无纸化，可免去大量手工工作，在提高工作效率的同时也可保证监督档案的完整性、准确性和规范化管理。

3）质量管理。质量管理主要内容有：工程质量巡查、各级工程质量检查、日常考核、单位资质管理、人员资格管理、培训管理、各级检查中的不良记录、质量投诉管理等。其中，各级工程质量检查、工程质量巡查、培训管理等通过系统进行存储记录；日常考核、单位资质管理、人员资格管理、各级检查中的不良记录、质量投诉等通过系统实现定期统计管理。

4）质量巡查。工程质量专项检查、巡查是监督部门的一项重要工作，主要内容包括：专项检查和巡查的工作安排、专项检查和巡查的工作记录、专项检查和巡查工作问题的处理、专项检查和巡查的工作报告等。

5）企业信用管理。企业信用管理是依据系统中质量监督检查结果和相关行政处罚记录，建立工程参建各方责任主体质量信用档案，初步形成建设业主、勘察单位、设计单位、施工单位、监理单位、材料设备生产供应单位等责任主体信用体系。依据建设部《建设工程质量责任主体和有关机构不良记录管理办法（试行）》和《关于报送有关工程质量监管信息的通知》（建设部建办质函〔2003〕305号）等相关文件规定，企业信用档案内容主要有：企业业绩、行政处罚内容、不良记录内容、建设工程施工中违反强制性标准条文内容等。

（5）运用技术监督实用信息技术手段对建设工程项目质量状态的检测、统计、汇总等活动进行监督和管理。

2. 安全监督过程管理

建设工程项目安全监督过程管理主要有安全监督申请登记、工程开工核验管理、安全监督管理、安全生产综合评定以及安全生产档案管理等内容，其功能框架如图9-14所示。

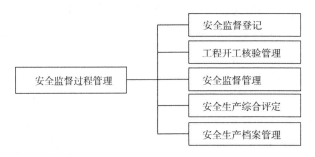

图9-14　安全监督过程管理功能框架

1）安全监督登记。建设业主责任主体填写"建筑工程安全监督注册登记表"，通过系统上传其相关资料，交由安全监督机构进行开工许可条件审查，最终生成"建筑工程安全监督工作方案"，并通知业主下载相关文件。

2）工程开工核验管理。"建筑工程安全生产开工核验表"由施工单位责任主体填写完成后，相关资料通过系统平台执行上传操作，并将开工许可检验交付给安全监督机构审核，在检验通过后签发"开工核验合格通知书"，通知施工单位下载相关文件。

3）安全监督管理。主要是实施对建设工程项目施工现场地基基础、主体结构、装修过程等阶段的全面检查，待检查结果出来后，填写"建筑工程安全监督记录"电子文件，并提交至系统。

4）安全生产综合评定。建设工程项目竣工前，由安全监督管理人员对建设工程项目的地基基础、主体机构、装修过程等阶段进行安全检查和实情考核，在全面核检完成后，填写"建筑工程安全监督报告"电子文件，并提交至系统。

5）安全生产档案管理。通过系统对监督过程档案管理目录内容执行存储和管理等操作。其中，报监注册登记表、安全监督通知书、监督工作方案、监督记录、各责任主体资质等级、相关人员资格审查记录等组成监督过程档案管理目录。

3. 远程监督管理

工程远程监督管理普遍使用方式有 PDA 远程质量监管与工程施工远程视频监控，其功能框架如图 9-15 所示。

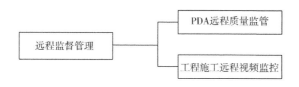

图 9-15　远程监管功能框架

1）PDA 远程质量监管。质量安全监督机构监督人员在施工现场使用手持 PDA 设备，通过无线网络的支持将现场填写的检测结果与监督数据等信息，传输到质量安全监管系统服务器上。数据上传的及时性保证了准确可靠，同时也便于服务器端监督人员的判断与决策。

2）工程施工远程视频监控。在施工现场设置视频监控器实时跟踪现场施工状况，数据信息通过网络设备传递到视频服务器上，最后将服务器上的视频数据传送给质量监督机构监控中心，监督机构监督人员和上层领导通过监控中心浏览器直接访问视频服务器，对项目进展进行监控和决策。

4. 安全生产动态管理

工程安全生产动态管理主要内容有：生产资源配置管理、生产大检查管理、生产动态上报、事故处理、资料管理等。其中，生产资源配置管理包括了对人员资质、材料状况、设备等级等内容的管理。安全生产动态管理功能框架如图 9-16 所示。

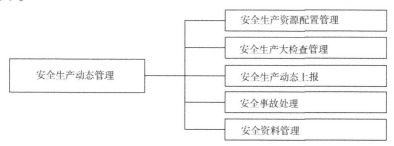

图 9-16　安全生产动态管理功能框架

5. 竣工资料备案管理

竣工资料备案管理主要包括建立竣工资料备案规则，存储、采集施工及质量安全监管过程中产生的数据，审核、存储及利用竣工备案资料等活动，其功能框架如图 9-17 所示。

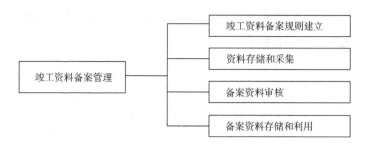

图 9-17　竣工资料备案管理功能框架

1）竣工资料备案规则建立。在建设工程项目进行报监时，根据各地区工程项目竣工验收备案要求，自动生成竣工备案资料目录。

2）资料存储和采集。通过开发应用的"政府监管信息化平台"，在数字化技术等功能辅助下，完成工程质量相关资料电子化的采集和存储。

3）备案资料审核。建设工程项目竣工时，由质量安全监督机构管理人员对建设业主提交的竣工验收备案电子文档进行审核，合格者进入备案程序；反之，发布反馈意见单。

4）备案资料存储和利用。将审核通过的建设工程项目相关电子文档转存为资料光盘，以便长期保存、后续检索及二次利用。

6. 监督部门日常办公管理（OA）

工程质量政府监管部门 OA 系统主要是对发文、收文、档案、办公、人事、资产等内容的管理，其功能框架如图 9-18 所示。

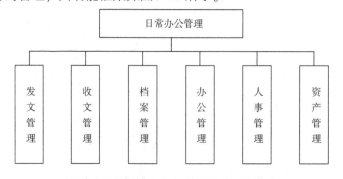

图 9-18　监督部门日常办公管理功能框架

1）发文管理。主要完成拟稿、核稿、会签、审核、签发等活动。

2）收文管理。主要是将来文按性质进行分类，有阅件和办件两类，并跟踪、督办和记录各类办文信息。

3）档案管理。主要实现对组成电子案卷的档案资料和数据等内容的整合与高效管理，可对其查询、读取、写入、统计分析等操作进行权限设置。

4）办公管理。主要完成周次、日次工作安排，工作动态上报，会议安排，人员考勤等活动。

5）人事管理。主要对人事基本信息、业务培训、人员调动等内容进行管理，并根据人事信息和工作职责进行等级权限设置和任务分配。

6）资产管理。主要指机构内部固定资产台账的建立、查询和统计活动，并对办公用品和固定资产的入库、出库与审批进行登记。

9.4.5　技术支持服务系统

1. 工程监管基本信息数据库

工程监管基本信息数据库是指保证工程质量政府监管信息化各项业务运行所需的公共支撑数据库，是工程质量政府监督业务运行的基础。工程质量政府监管基本信息数据库包含建设工程项目基本信息数据库、建设工程项目参建各方数据库、各级政府监管机构核心业务数据库、监管平台数据交换数据库、人员信息数据库、标准文献数据库及法律法规库等。工程监管基本信息数据库的主要功能是存储和读取相关数据信息。其中，存储（读入）数据包括工程项目本身基本信息、工程项目参建各主体基本情况、各级政府质量监管机构基本数据等；读取相关数据信息是指对已存储的建设工程监督信息通过监管信息平台进行查询与发布。

2. 质量监督业务数据库

工程质量监督业务数据库是在质量监督业务运行过程中直接产生的，为后续各项具体业务的处理提供数据支持信息；它对应工程质量监督业务系统中各项监管业务和行政审批业务数据，主要是指业务处理过程中产生的质量监督过程管理数据资料、安全监督过程管理数据资料、远程监管数据资料、安全生产动态管理数据资料、竣工备案管理数据资料、日常办公管理数据资料等，并通过汇总、统计、分析后得到所需数据。

3. 综合分析管理子系统

综合分析管理子系统从工程监管基本信息数据库、质量监督业务数据库中抽取相关数据，进行汇总、统计和分析处理，其分析处理后的数据用于宏观管理和科学决策。综合分析主要对象包括项目基本信息、工程参建各方基本信息、各级政府质量监管机构信息、质量监督过程管理信息、安全监督过程管理信息、远程监管信息、安全生产动态管理信息及竣工备案管理信息等。通过对数据的综合分析可全面掌握建设工程项目质量监管情况，便于宏观管理和科学决策，全面掌控质量走向。其中，综合分析管理子系统包括统计分析和报表输出等功能。

1）统计分析。系统对动态数据的全面统计分析，包括建设业主监督监测信息、勘察单位监督监测信息、设计单位监督监测信息、施工单位监督监测信息、检测单位监督监测信息、监理单位监督监测信息、供应单位监督监测信息及工程项目本身监督监测信息的综合统计。将统计后的数据结果按不同类型的图表形式（如：条形图、饼图、三维曲面图）直观、简洁显示出来，并可打印。

2）报表输出。安装能够动态加载数据并实现报表格式多样化的报表软件（如：Crystal Report、Fast Report、Fine Report、华丹报表系统），针对工作内容的需要，生成各种统计报表（如：日报表、周报表、月报表、年度报表）。

4. 数据传输交换子系统

政府监管信息化平台内容涵盖的业务庞大复杂，以实现各级建设行政主管部门与各建设工程质量监管站及各相应资质监管单位间、各建设工程质量监管站及各相应资质监管单位与工程各参建单位间的数据信息交换为目的。其中，一方面，要在各级建设行政主管部门服务器上、各建设工程质量监管站服务器上、各相应资质监管单位服务器上、建设工程参建各方服务器上配置监管系统客户端软件，目的是实现各建设行政主管部门、各建设工程质量监督站、各相应资质监管单位、建设工程参建各方监督业务流程实施与管理的信息化；另一方面，要建立数据整合平台和数据传输交换平台，将建设工程质量监督过程中的数据信息汇总至各级政府监管部门数据中心，并通过数据交换服务实现业务间的数据互通与信息共享。

数据传输交换的主要内容包括建设工程项目质量情况、工程质量各级政府监管机构情况、工程各参建单位情况、工程质量监督执法情况、工程质量投诉处理情况、建设工程项目备案情况等。

5. 数据库查询系统

数据库查询系统分为基础数据库查询系统和综合数据库查询系统。

1）基础数据库查询系统。基础数据库查询主要内容包括建设工程状态查询、政府监督机构及工程参建各责任主体信息查询、工程项目竣工资料备案查询、企业诚信档案信息查询、法规文件查询、标准规范条例查询等。其中，建设工程状态查询是指根据现场监督记录中的"工程实施阶段"字段实现对建设工程状态的实时查询；政府监督机构信息数据库通过与各级政府质量监督部门的数据库联网自动导入，工程参建各方责任主体信息数据库由质量监督业务系统中的相关字段自动形成，用户通过此数据库可实现对政府监督机构及工程参建各责任主体信息的实时查询；工程项目竣工资料备案查询是指用户通过此数据库实现对建设工程竣工备案信息的查询，由质量监督业务系统中的竣工资料备案管理模块自动形成；企业诚信档案信息查询的主要内容是对建设工程参建各责任主体诚信等级、历史资料的实时查询；法规文件查询主要内容有《合同法》《建筑法》《招投标法》《行政处罚法》《行政复议法》《行政诉讼法》《国家赔偿法》等法律，《建设工程勘察设计管理条例》《建设工程质量管理条例》等法规，"部长令"等部门规章及建设部相关文件等规范性文件；标准规范条例查询主要内容有相关的勘察、设计、施工、检测、监理等国家规范及相关验评标准、强制性标准等。

2）综合数据库查询系统。在整个政府监管信息化平台中，齐全的综合查询功能是系统使用者，尤其是领导决策层最为关注的。具体而言，就是能够对监管机构、工程参建各方责任主体、建设工程项目本身及其他相关信息进行多条件组合模糊查询，获得所需信息，并打印查询结果。根据工程质量政府监管工作模式，系统综合查询主要条件有：以工程所在地区为目标进行查询、以工程名称为目标进行查询、以建设业主为目标进行查询、以勘察单位为目标进行查询、以勘察人员为目标进行查询、以设计单位为目标进行查询，以设计人员为目标进行查询、以施工单位为目标进行查询、以施工人员为目标进行查询、以监理单位为目标进行查询、以监理人员为目标进行查询、以检测单位为目标进行查询、以检测人员为目标进行查询、以企业诚信度为目标进行查询、以建设工程项目进展阶段为目标进行查询等。

9.4.6　后台管理系统

1. 权限管理

权限管理是后台管理系统中重要的组成部分，直接影响系统功能能否顺利实现。政府监管信息化平台根据工程项目质量监管部门、人员、职务等不同用户角色设置层级管理权限，不同权限对应不同工作流[131]。权限设置功能通过采用简单的用户口令、密码方式或基于硬件的数字证书（Digital Certificate）技术来实现。权限管理严格限制了用户的使用范围和操作内容，保障了质量监督各业务流程的顺畅实施。

权限管理设计由信息技术专员实现，在设计过程中用户实体信息由一组属性组成，包括：用户编号、密码、年龄、性别、职称、职务、归属部门、电子信箱及其他信息。其中，用户编号为实体主键，并将实体信息存储在工程监管基本信息数据库下的人员信息数据库内。系统用户人员通过登录子系统，输入已分配的用户口令和密码，进入业务系统执行查询、上传、下载等操作。

用户权限管理要满足系统设计的"统一性"和"扩充性"两个基本原则，"统一性"实现的是当前信息平台用户实体属性一致，以便统一管理；"扩充性"满足系统二次开发的要求。权限管理主要功能有角色设置、用户注册、删除用户、资料修改等。

1）角色设置。信息系统将用户角色设定为系统管理员与普通用户两类。其中，系统管理员分为系统高级管理员、中级管理员、普通管理员三类。高级管理员为监管部门高层管理人员，享有系统功能最高使用权限，可对系统低级用户资料信息进行管理；中级管理员为监管部门各部门负责人，执行相关数据信息修改等中级权限；普通管理员执行数据读写、查询、下载、打印等功能。普通用户仅能对系统内容进行浏览，不能执行读写、修改等操作。

2）用户注册。系统使用人员可直接注册成为系统用户。

3）删除用户。由系统管理人员执行对普通用户信息的删除操作。

4）资料修改。由系统管理人员执行对普通用户备注资料（如：普通用户的特殊申请）的修改，普通用户实现对自身资料（如：用户名、密码）的修改。

2. 日志管理

政府监管信息化平台日志管理实时记录工程质量政府监管系统运行状态，如系统故障信息、错误报告、信息提醒等状态，给系统日常运行维护和意外事件发生后系统的恢复工作提供历史依据和可靠保障。日志管理主要有添加记录、统计分析、跟踪记录等功能。

1）添加记录是指在日志管理中记录"用户标识、对象 ID、操作时间、操作类型、调用模块、使用功能"等数据信息，并在记录序列后追加此条记录的唯一标识码，方便日后查询。

2）统计分析提供对整个工程质量监管信息化平台业务流程进展中信息的统

计和分析。其功能结构如图 9-19 所示。

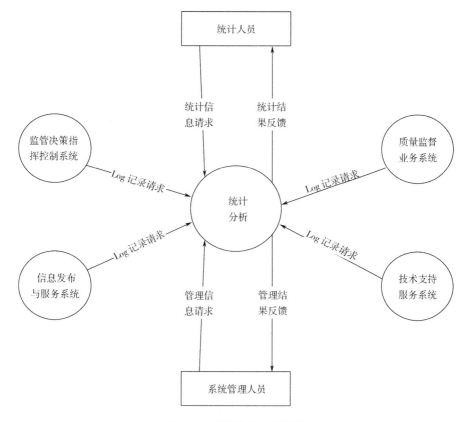

图 9-19 统计分析功能框架

3）跟踪记录是指对系统用户访问和操作行为进行记录，并定期生成记录报表，便于系统管理人员的事务跟踪，以提高政府监管信息化平台的易管理性和安全性。其功能结构如图 9-20 所示。

3. 信息传递平台

信息传递平台实现系统功能和系统用户的搭接，有两种表现形式。

1）系统用户通过用户登录子系统，进入信息发布与服务系统界面，接收系统即时信息提醒和消息告知，如质量监督人员接受来自质量监督业务系统监督部门日常办公管理的文件通知，实现方式可用网页提醒模式。它依据 Web 数据输入标准，将业务流程审批通过的信息提醒和消息内容，经信息传递平台发送至相关部门或相关人员。

2）工程参建主体接收系统短信提醒和内容告知，如工程项目建设单位负责人接收来自质量监督业务系统安全监督过程管理中的通知，实现方式是信息平

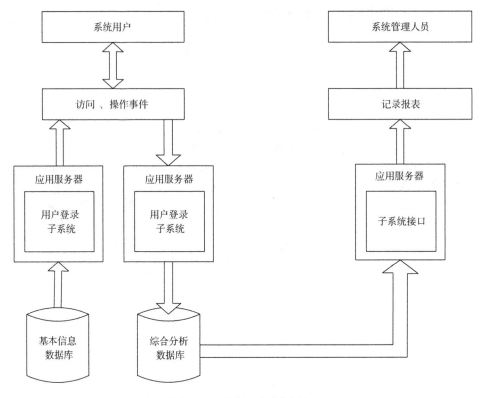

图 9-20　跟踪记录功能框架

台通过手机短信向相关方发送单项简单消息和内容告知。依赖电信行业提供的专业接入、互联网网关接入等技术和配套的基础设施等硬件条件，保障系统信息提醒功能的实施。

9.4.7　安全保障与系统维护

1. 安全保障

工程质量政府监管覆盖工程项目建设全过程且参与方众多，其安全保障措施十分重要。政府监管信息化平台安全保障内容有实体安全保障、数据安全保障、软件安全保障、网络安全保障等。

（1）实体安全保障。

实体安全主保障主要包括环境、设备、存储介质的安全，以及安全制度的保障。这就要求工程质量政府监督信息化平台各子系统的运行环境严格按照国际行业标准进行设计；要求设备具有一定的对抗自然因素和人为因素破坏的能力；存储介质及数据信息要安全保管，以避免非法复制或非法销毁；要建立健全的安全制度，如操作人员行为准则、监管现场安全管理制度、设备运行安全管理制度等。

（2）数据安全保障。

数据安全是整个政府监管信息化平台的核心。要确保数据与数据传输的安全应遵从5个设计原则。

1）安全性，如政府监管信息化平台各子系统和互联网的接口能够有效拦截网络黑客的非法入侵和攻击。

2）保密性，如采用国际标准加密技术，对网络服务器间的连接进行加密保护，防止第三方窃取通信数据，实现信息通信的保密性。

3）完整性，如采用单向函数算法及数字签名技术对传输信息进行保护和验证，以避免信息篡改，保证通信数据的完整性。

4）可识别性，应设置严密的认证准则，如采用用户集中管理方式、黑名单公布方式等，最大限度限制非法用户的入侵。

5）可靠性，如设置稳定可靠的防火墙、VPN加密设备及网络防病毒系统，保证系统的正常运行。

（3）软件安全保障。

软件既是政府监管信息化平台的重要系统资源，又是一种特殊产品。软件安全保障主要是保障操作系统软件、应用软件包、数据库管理软件、网络软件、工具软件、应用程序等信息化平台相关软件及资料的安全性和完整性。

（4）网络安全保障。

网络安全面临的主要威胁有非法入侵、信息泄露、恶意破坏、数据更改等。解决这些问题的主要措施有：安全技术手段的采用、安全防范意识的加强、主机安全检查的执行等，进而保证政府监管信息化平台网络的保密性、完整性、可用性和可控性。

2. 系统维护

系统维护的具体内容包括：程序维护、数据维护、代码维护和设备维护等4大类。

（1）程序维护。

程序维护是指对一部分或全部程序的改写。通常发生在发现错误、条件改变或效率不高的情况下，程序维护是在原有程序的基础上进行修正，通过修改达到程序维护的目的。并由维护人员注明改动的部分，填写修改记录表。

（2）数据维护。

数据维护除了表现在定期和不定期对文件的更新上，更重要的是对已有的庞大历史监管数据的转储管理。主要有两种方式：

1）数据按一定格式存储在已有的系统数据库中，可在充分分析此数据库结构的基础上，利用 XML 技术实现结构化文档信息在数据库间的转储。

2）以纸质文档存放的数据资料，按系统要求的格式进行录入。

（3）代码维护。

随用户环境变化，代码管理部门需要对代码进行不定期更改与维护，并对更改部分用书面格式进行详细标注和说明。代码维护主要由系统设计人员和监管部门技术人员负责执行，其中更改与维护主要有添加、删除、更新等操作。

（4）设备维护。

设备是政府监管信息化平台运行的必备硬件条件之一，所以硬件设备的维护也就显得极为重要。设备日常维护的主要内容有设备定期保养、定期检修、升级更新和故障排解。其中，设备维护人员要做的工作有：检修记录表的填写、设备故障的备案等活动。

第10章 工程质量政府监管门户网站规划设计与信息化绩效评价

10.1 基于省（市）级建设工程质量监管信息门户网站分析

10.1.1 天津市住房和城乡建设委员会门户网站下的建筑市场监管与信用信息平台

天津市住房和城乡建设委员会网站（http：//zfcxjs.tj.gov.cn）是由天津市住房和城乡建设委员会主办，天津市建设信息技术服务中心承办，在因特网（Internet）上建立的政府网站。

1. 内容模块

天津市住房和城乡建设委员会门户网站主要内容有党务公开、政务公开、新闻中心、办事大厅、公共查询、政民互动、专题专栏、下载中心等。

1）党务公开主要是对市住建委机构职能、市住建委行政执法、市住建委领导、市住建委建议提案办理、市住建委处室设置、市住建委传达学习贯彻党中央决策部署、市住建委直属单位、市住建委学习宣传贯彻习近平新时代中国特色社会主义思想、市住建委权责清单、市住建委贯彻落实市委、市政府决策部署、市住建委干部任免、市住建委党委有关会议、市住建委人事信息、市住建委宣传思想工作、市住建委规划计划、市住建委基层党建工作、市住建委财政安排、市住建委落实全面从严治党主体责任工作等内容进行解读和介绍。

2）政务公开主要包括政务方面的通知公告、机构职能、领导介绍、处室设置、建议提案办理、人事信息、规划计划、财政公开、行政执法、委发文件、技术标准、政策法规、政策解读。

3）新闻中心主要包括住建要闻、工作动态、建设成果展示等内容。

4）办事大厅主要包括建筑市场监管系统（管理端）、住房货币分配审核备案系统、建筑市场监管系统（客户端1）、天津市公共租赁住房互换平台、建筑市场监管系统（客户端2）、建筑节能技术备案、建筑市场监管系统（客户端3）、天津市建筑节能和科技信息平台、建筑市场监管系统（客户端4）、天津市二级建造师注册管理系统、天津市建设领域科技专家库管理系统、建筑市场监管系统（客户端5）、业务数据录入系统、市政公用和交通项目管理系统等常用系统登录端口。

5）公共查询主要包括招标信息（施工招标、监理招标、设计招标、设备招标、公路招标、专业招标）和中标信息（施工招标、监理招标、设计招标、设备招标、公路招标、专业招标）等信息的查询。

6）专题专栏主要包括海绵城市、管廊建设、绿色建筑绿色建材、村镇建设、双万双服活动、商品房准入证、工程建设项目审批制度改革、风貌建筑、重点工程、民心工程、其他专题等内容。

7）下载中心主要包括行政办事表格、科学技术、其他下载等内容。

2. 核心功能

天津市住房和城乡建设委员会门户网站的核心功能主要是"办事大厅"栏目下"网上系统"，包括建筑市场监管系统（客户端2）（图10-1）与建筑市场监管系统（管理端）（图10-2）两大模块。

（1）建筑市场监管系统（客户端2）。

建筑市场监管系统（客户端2）（简称EPR系统）是天津市建筑市场有关责任主体办理业务的网络工作平台。

"建筑市场监管系统（客户端2）"暨天津市建筑市场监管与信用信息平台（简称EPR系统）是天津市建筑市场有关责任主体办理业务的网络工作平台。登录界面，如图10-1所示。

通过该平台，目前可以办理如下业务：

1）天津市建筑企业资质业务（包括保证金申请、预储账户设立等）。

2）天津市工程监理企业资质业务。

3）天津市招标代理企业认定业务。

4）天津市造价咨询企业资质业务。

5）天津市项目代建单位认定业务。

6）天津市勘察设计企业资质业务。

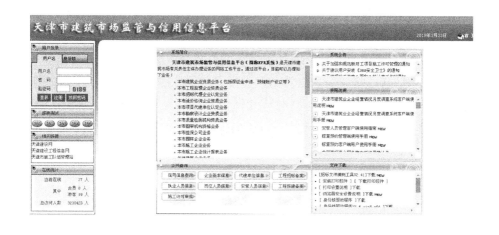

图 10-1　天津市建筑市场监管系统（客户端 2）

7）天津市质量检测机构资质业务。

8）天津市图审机构资格业务。

9）天津市担保公司业务。

10）天津市园林企业业务。

11）天津市施工企业业务。

12）天津市施工企业统计报表业务。

13）外地建筑企业业务。

14）外地勘察设计企业业务。

15）工程建设业务（报建备案、合同备案、安全备案、质量备案、施工许可）。

16）工程招标业务。

17）施工图审查业务。

18）建筑业企业信用信息业务。

19）建筑业农民工管理业务。

建筑市场监管系统（客户端 2）功能包括用户登录、系统公告、使用说明、文件下载、相关链接、在线统计、公共查询等。

1）用户登录。主要包括个人用户名、密码和附加码。由于系统采用"用户实名注册、密码锁登录"的方式对企业和人员进行管理，在办理业务前需要先进行用户注册，然后申购密码锁（如果需要密码锁）。

2）系统公告。主要包括系统最新公告和最近通知，用户点击后可以下载形式获得和读取。

3）使用说明。主要包括：天津市建筑业企业经营情况月度调查系统客户端使用说明，天津市建筑业企业经营情况月度调查系统客户端使用手册，安管人员管理客户端使用指南，标室预约管理端使用手册，标室预约客户端用户使用手册，非国有投资合同备案中标结果确认单，天津市勘察设计企业注册人员资格业务使用说明，施工图设计文件审查业务使用说明（图审机构），天津市勘察设计企业资质业务使用说明，天津市图审机构资格业务使用说明，超限审批初设审查业务使用说明，工程报建使用说明（2008-09-17），工程招标业务使用说明（2008-07-28），监理招投标 IC 卡业务使用说明（2008-12-24），施工招投标 IC 卡业务使用说明（2008-12-24），合同信息提交办理流程指引（含：各类合同检查所需要件）（2018-10-24），承发包合同信息提交使用说明（2018.10.22），设计承发包合同填写范本_2015 版（2016-08-22），施工承发包合同填写范本_2015 版（2016-08-22），监理承发包合同填写范本_2012 版（2016-08-22），技术服务、承分包合同信息修改操作说明（2008-12-30），质量监督登记业务使用说明（2009-5-7），施工许可证使用说明（2008-09-17），天津市建筑业企业资质业务使用说明（2008-05-22），天津市工程监理企业资质业务使用说明（2008-08-14），天津市造价咨询企业资质业务使用说明（2008-08-14），天津市招标代理企业认定业务使用说明（2008-08-14），天津市项目代建单位认定业务使用说明（2008-08-14），天津市施工企业统计报表业务（总承包、专业承包）使用说明（2009-3-12），天津市施工企业统计报表业务（劳务分包）使用说明（2009-3-12），天津市监理工程师注册业务使用说明（2008-12-24），施管站企业月报使用说明（2009-09-01），外地企业业务使用说明（2008-04-10），天津市建筑业农民工工资保证金系统客户端使用说明（天津市企业），天津市建筑业农民工工资预储账户系统客户端使用说明，建筑业统计年报程序使用说明等。

4）文件下载。主要包括：［招标文件编制工具 V2.41］下载，［安装打印控件］［下载打印控件］，［打印设置说明］下载，［浏览器安全设置说明］下载，［身份锁驱动程序］下载，［身份锁驱动程序 V4.6_win8_x64］下载，［身份锁安装说明］下载，［图片文件修改说明］下载，［silverlight4 地图插件］下载等。

5）相关链接。主要包含与天津建设网、天津建设工程信息网、天津市施工队伍管理站的链接。

6）在线统计。包括对当前在线（会员数、游客数）、总访人数的统计。

7）公共查询。主要包括信用信息查询、企业基本信息、代建单位信息、工程招标备案、执业人员信息、岗位人员信息、安管人员信息、工程报建备案、施工许可审批等查询。

（2）建筑市场监管系统（管理端）主要包括：担保公司管理＜管理端＞，质量检测机构资质管理＜管理端＞，项目经理资质管理＜管理端＞，注册监理工程师资质管理＜管理端＞，注册造价工程师资质管理＜管理端＞，合同备案管理＜管理端＞（备案、查询、统计），质量监管＜管理端＞，建筑市场监察管理＜管理端＞，招标投标管理＜管理端＞（备案、查询、统计）等。

"建筑市场监管系统（管理端）"表现形式是天津市建筑市场监管与信用信息平台管理人员登录界面，如图 10-2 所示。

图 10-2　天津市建筑市场监管系统（管理端）

10.1.2　湖北省建设工程质量安全监督总站网

湖北省建设工程质量安全监督总站（www. hbza. gov. cn）网由湖北省建设工程质量安全监督总站和湖北省建设信息中心共同负责构建。

湖北省建设工程质量安全监督总站网主要内容有政务信息、新闻发布、公众交流、站内搜索、站办链接、在线统计、核心功能、用户登录等。

1）政务信息。主要包括职能介绍、组织结构、政务公开、政策法规及标准规范等政务信息的编排和网络发布。

2）新闻发布。主要包括新闻中心、近期动态、不良记录、公示公告、各地动态、事故快报、优质工程展示、安全文明现场等。

3）公众交流。主要是指交流平台栏目。

4）站内搜索。主要包括对政务信息、新闻中心、网页资料等内容的查询、筛选、读取及显示，采取关键字检索。

5）站办链接。主要是指与中华人民共和国住房和城乡建设部、湖北省住房和城乡建设厅、湖北省建设信息网、质量监督网站（4个）、安全监督网站（2个）、监测网站（1个）、地方质量安全监督网（1个）的链接。

6）在线统计。主要是指网站开通以来的总访问量（截止到2018年1月4日总访问人数12 447 911）。

7）核心功能。主要是指办公管理信息系统、建筑工程质量监督系统、特种作业人员考核管理系统、安管人员考核系统、监督机构人员考核系统等。

8）用户登录。主要是指核心功能中五大系统使用用户的用户名、密码等个人信息。

10.1.3　江苏省建设工程质量监督网

江苏省建设工程质量监督网（www.jszljd.com）由江苏省建设工程质量监督站主办。

江苏省建设工程质量监督网主要内容有工程报监、政务公开、信息发布、质量监督、检测管理、标准规范、重点工程、资料下载、行业网站链接、公共查询、全文搜索、在线统计、核心功能等

1）工程报监。主要是建设工程申报监督登记，包括建设单位、单位邮箱、验证码。

2）政务公开。主要包括机构职能、机构设置、联系方式。

3）信息发布。主要包括工作信息、文件通知、公示公告、法律法规、会议资料、曝光台、交流园地。

4）标准规范。主要包括工程质量验收、工程质量检测。

5）我要查询。主要包括质量监督考试查询、质量检测考试查询、质量检查员查询。

6）在线统计。主要包括昨日访问（截止到2018年1月5日，昨日访问人数3495）、今日访问（截止到2018年1月5日，今日访问人数4100）及网站每

天浏览量。

7）核心功能。主要是指江苏省建设工程质量监管信息平台的功能，包括质量监督管理（省质监总站登录、市县质监机构登录、质监人员登录）、监督业务系统、检测机构管理、检测管理系统。这些系统均需要用户名、密码两项才能登录。

江苏省建设工程质量监督网首页如图 10-3 所示。

图 10-3　江苏省建设工程质量监督网首页

通过对"天津建设网下的建筑市场监管与信用信息平台""湖北省建设工程质量安全监督总站""江苏省建设工程质量监督网"的详细分析，对我国 10 省（市）工程质量信息网的统计分析，概括出工程质量信息门户网站主要内容有 12 块，分别是：网站域名、主办单位、技术支持单位、用户信息、导航栏目数、新闻栏目数、检索方式、公众交流方式、友情链接数、总访问量、在线调查途径、子系统个数。在这 12 项栏目划分基础上，表 10-1 统计出当前我国 10个省（市）工程质量信息门户网站构建现状（用户信息省略）。

表 10-1　我国 10 省（市）工程质量信息门户网站构建现状

名称	天津市建筑市场监管与信用信息平台
	湖北省建设工程质量安全监督网
	江苏省建设工程质量监督网
	江西建设工程质量监督管理总站
	福建建设工程质量安全网
	广西建设工程质量安全监督总站
	陕西省建设工程质量安全监督总站
	甘肃省建设工程质量安全监督管理局
	黑龙江省建筑工程质量监督总站
	四川省建设工程质量与安全监督信息网
域名	http：//218.69.33.153/epr/index.aspx
	www.hbza.gov.cn
	www.jszljd.com
	http：//nanchang06241.11467.com/
	www.fjgczl.com
	http：//www.gxzlaqjd.cn/
	http：//www.sxzazz.com/
	www.gsjszj.gov.cn
	http：//www.hljjs.gov.cn/plus/list.aspx? tid＝663
	http：//www.cqss.gov.cn/
主办单位	天津市城乡建设和交通委员会
	湖北省建设工程质量安全监督总站
	江苏省建设工程质量监督站
	江西省建设工程安全质量监管局
	福建省建设工程质量安全监督总站
	广西工程质量安全监督信息网
	陕西省建设工程质量安全监督总站
	甘肃省建设工程质量安全监管局
	黑龙江省建设工程质量监管总站
	四川省建设工程质量安全监督总站
技术支持单位	天津市建设信息技术服务中心
	湖北省建设信息中心
	江苏国泰新点软件有限公司
	江西泰豪建设数据服务有限公司
	福建省工程建设质量安全协会
	广西建设信息中心
	兰州鸿升电子科技有限公司
	—
	黑龙江嘉建新科技发展有限公司研发部
	—

（续）

导航栏目数	12	11	12	10	9	15	10	20	8	12
新闻栏目数	4	5	8	6	9	9	7	6	3	9
检索方式	1	2	2	4	3	1	—	2	—	9
公众交流方式	5	3	3	1	4	1	1	4	1	2
友情链接数	3	14	17	5	4	3	14	16	6	6
总访问量（万）	344	37	384	—	—	—	—	—	—	—
在线调查途径	1	—	—	3	1	—	—	—	—	—
子系统个数	2	3	9	8	6	3	3	5	—	12

10.2　省（市）级工程质量信息门户网站问题分析与发展出路

10.2.1　省（市）级工程质量信息门户网站问题

从表 10-1 可以看出我国各地工程质量信息门户网站情况各不相同，从中可总结出我国工程质量信息门户网站建设主要存在网站站名和域名不统一、网站功能不完善、页面和内容设计无标准、导航功能和友情链接不规范、网页数据陈旧等问题。

1. 网站域名和站名不统一

工程质量政府监管门户网站属于政府门户网站，政府门户网站的域名与命名应该严格、规范、标准。从表 10-1 的 10 省（市）门户网站域名和站名统计结果来看，网站域名不规范，有 20% 的网站用 ".com" 作为域名，而没有使用 ".gov.cn" 作为域名，让人分不清是商务类网站还是政务类网站；网站名称不统一，如天津市的叫"建筑市场监管与信用信息平台"、湖北省的叫"建设工程质量安全监督总站"、江苏省的叫"建设工程质量监督网"，让人形不成统一印象，造成搜索困难。

2. 网站功能不完善

检索方式、公众交流方式、友情链接、总访问量、在线调查、子系统服务等服务功能是工程质量政府监管门户网站的几项基本功能，但在所统计的 10 省（市）工程质量信息门户网站中，6 大基本功能全部实现的占 10%，实现 5 项的占 30%，实现 4 项的占 30%，实现 3 项的占 10%。综合来说，功能缺失主要体现在网站信息缺失、更新缓慢、数据陈旧、应用服务项目短缺或服务流程设计非人性化。

3. 页面和内容设计无标准

由于工程质量政府监管门户网站性质的特殊性，网站内容和页面设计无标准会导致网站形象出位，与工程质量政府监管功能和形象不符，同时也给公众用户的访问和使用带来困难，比如：子系统信息和提供的服务在不同网站上，需要通过不同方式获取。

4. 导航功能差，友情链接不规范

导航栏起着连接站内各个页面的作用，友情链接起着与站外页面链接的作用，两者侧重点不同。由表 10-1 可以看出导航栏目数为 8 ~ 20 个不等。其实，导航栏目不宜偏少，也不宜过多，应根据网站功能需求进行设置，在尽量方便用户浏览网站的前提下，最大限度减少栏目数。友情链接应注意 4 点：

1）被链接网站的主题内容要与本网站有一定关联性。
2）被链接网站要有一定知名度，或在相关领域、相关行业内有一定影响力。
3）被链接网站的内容最好是天天有更新，以便体现链接价值。
4）本网站友情链接栏目应按类划分、层次分明。

5. 网页数据陈旧，信息更新不及时

一些工程质量信息门户网站对信息质量重视程度不够，除了网站新闻之外的其他栏目很难做到及时更新。因此，导致诸如网页数据陈旧，内容滞后、信息更新不及时等问题的出现。

10.2.2 省（市）级门户网站发展出路——标准化

为了实现工程质量政府监管门户网站在建设要求、建设思路、信息内容、用户期望、页面风格、功能服务等方面的规范和统一，提高政府提供信息和服务的质量，确保网站信息管理科学性、更新及时性和维护有效性，最大限度满足用户使用，需要对门户网站的标准化开展研究。

不同类型和领域的门户网站风格和内容差异较大、表现形式多样化，根据同一体系、不同地区工程质量政府监管的共性和差异性，各级、各地区工程质量政府监管门户网站在设计和规划时应注重共同点的标准化建设和不同点的差异性建设，即在共同的"顶层设计"原则思想指导下构建统一的标准化框架体系和标准化基础模板，各级、各地区可根据自身个性化"需求导向"，在标准化框架体系和标准化基础模板基础上进行内容横向增减和功能纵向伸缩。工程

质量政府监管门户网站在"统一规划、协同构建、分级管理"模式指导下，其标准化手段不仅提高了门户网站的完整性和易用性，而且实现了门户网站基础功能和基础应用的可移植性和可修改性。

工程质量政府监管门户网站标准化包括技术层面标准化和应用层面标准化[132]。其中，技术层面标准化要求门户网站建设要遵从相关技术规范和技术标准，在科学安全运行环境（操作系统、开发软件、编程软件、数据库、安全技术）基础上进行门户网站构建，以保障电子政务建设标准化和电子政务应用安全性，并避免"数字鸿沟""信息孤岛"等现象，进而减少浪费；应用层面标准化是指门户网站运作应配合政府职能转变，优化门户网站底层流程、总体框架、栏目结构、服务功能等，逐步形成标准化模式。

这里主要探讨门户网站应用层面的标准化，内容有：网站域名标准化、网站功能标准化、内容设置标准化等。

1. 网站域名标准化

工程质量政府监管门户网站属于政府网站，其命名和域名申请应按国际标准严格对待。各级、各地区工程质量政府监管部门网站命名应统一，以减少用户检索困难，提升门户网站整体形象；域名申请应以".gov.cn"进行，以清晰标明门户网站性质和服务对象。

2. 网站功能标准化

网站功能主要包括信息发布、对外宣传、网上办公、公众参与，其标准化主要体现在各子功能模块标准化上。

1）构建标准信息检索模块，包括：页面内信息搜索、标准资料检索等。

2）构建标准化动态模块，包括：标准化法规文件、标准化通知、标准化信息、标准化宣传、标准化设计资料模板、标准化下载专区模块、标准化论坛模块、标准化统计数据等。

3）使用标准化安全技术及制定标准化保密措施。一是建立数据备份，保证数据信息完整性和可恢复性；二是设置权限，根据用户性质对其进行分类，赋予不同操作权限；三是使用反病毒软件，确保系统平台免遭病毒和黑客程序数据包的攻击。

3. 内容设置标准化

内容设置标准化主要体现在：内容划分标准化、栏目设置标准化。其中，内容划分应条块清楚、体系明确；栏目设置应布局合理、概括全面、重点突出。

10.3 政府监管门户网站规划原理与互动接口设计

10.3.1 政府监管门户网站规划原理

1. 规划与设计基本要求、定位与原则

（1）基本要求。

工程质量政府监管门户网站构建的基本要求是促进政府监管部门职能的转变和管理方式的创新，这就决定了工程质量政府监管门户网站必须推进政府监管部门由管理型为主向服务型为主转变，依托门户网站内网、专网、外网实现政府内部、政府与民众之间、政府与企业之间的信息交流与资源共享，提升服务建设工程各参建主体和社会公众的程度，加强科学执政、依法执政、民主执政能力。

（2）定位。

首先，要明确工程政府监管门户网站与一些普通地市级政府门户网站不同，工程政府监管门户网站主要服务对象是工程质量政府监管部门工作人员。除了要满足公众和企业需求，更重要的是要"以政府为中心"，即根据政府监管机构设置和政府监管具体目标及详细任务，进行网站总体规划和详细设计。其次，工程政府监管门户网站与普通电子商务网站有区别，工程质量政府监管门户网站是通过 Internet 发布与建设工程相关的各类信息，及时收集并处理网站用户建议与提议，提供各项办事指南及与各子系统服务的接口。概括起来，政府监管信息化平台应满足 3 个基本要求，即满足公众对信息的获取、满足政府内部网上办公、满足各级政府之间双向沟通。具体来讲，信息发布、对外宣传、网上办公、公众参与是工程质量政府监管门户网站 4 大功能定位。

（3）规划设计原则。

1）重点突出。提高网上办公、公众参与两大功能板块的实用性，使政府监管信息化平台的开发利用最大化。

2）综合全面。全面概述工程质量政府监管状况，及时反映工程项目实施各阶段质量情况。

3）系统统一。完善各级网站数据资源的整合，使其系统统一。

4）即时共享。通过门户网站即时、准确地发布相关信息，确保数据来源的一致性和信息资源的即时共享。

5）易于扩展。采用先进开发技术，便于网站的后续开发工作。

2. 功能规划与设计要求

1）信息发布是工程质量政府监管门户网站的基本功能。信息发布主要内容涵盖建设工程各参建主体信息、建设工程本身信息、政府监管各部门信息。其中，建设工程各参建主体信息包含建设业主信息、勘察单位信息、设计单位信息、施工单位信息、检测单位信息、监理单位信息、供应单位信息等；建设工程本身信息包含工程实施各阶段质量信息，以及在不同质量影响因素下的工程质量信息；政府监管部门信息包括各级建设行政主管部门及各级建设工程质量监管站的综合信息。

信息发布即信息公开，《中华人民共和国政府信息公开条例》（于 2008 年 5 月 1 日颁布实施）标志着我国电子政务信息公开迈入了"有法可依"的时代，实现了我国建立透明、公开型政府这一进程的跨越。一些地区出台了地方信息的公开相关条例，对电子政务信息的公开提出了更为细致、明确的要求。

信息发布栏目主要有：政务信息、新闻中心、通知公告、热点专题、组织机构、法律法规、规范性文件、领导讲话、工作动态等。

2）对外宣传是工程质量政府监管门户网站最原始的功能。各地区工程质量政府监管部门通过网站介绍本地区工程质量监管概况、工程质量总体情况及各项指标等内容，宣传监督成果，传播监管手段，提供信息渠道，增进外界交流。

对外宣传的主要栏目有优质工程展示、安全文明现场、重点工程、企业名录、曝光台、网站访问量统计等内容。

3）网上办公是工程质量政府监管门户网站的核心功能。工程质量政府监管门户网站处于从"纸质办公"为主向"在线办公"为主过渡的阶段，能够给各部门工作人员和系统用户提供各种在线服务。工程质量政府监管门户网网上办公的作用是提供用户对质量监管平台的使用，即系统用户凭用户名、密码进入不同的信息系统，实现内部日常办公的无纸化、电子化和网络化。

网上办公系统的子系统主要内容有：监管决策指挥控制系统、信息发布与服务系统、质量监督业务系统、日常办公管理系统、技术支持服务系统、后台管理系统等。

3. 公众参与

网络具有开放性、互动性、及时性和低成本等优势，充分利用公众参与平台，给工程质量安全提供公众监督渠道，有效实现和保障社会公众对工程质量的监督权、表达权和参与权。为此，各级建设行政主管部门及各级建设工程质量监督站应围绕公众关注问题策划互动主题，建立交流保障机制，完善交流渠道。

公众参与的主要栏目有：信访信箱、政府热线、文件上传与下载、质量投诉、公开评议、民众论坛、在线调查等。

10.3.2 政府监管门户网站互动接口设计

工程质量政府监管门户网站接口要实现两个链接：

1）工程质量政府监管门户网站公众互动接口与公共网站互动接口的链接。

2）工程质量政府监管门户网站网上办公子系统接口与各参建主体网站互动接口的链接。门户网站互动接口应用模型如图10-4所示。

1. 网上办公子系统与各参建主体网站的互动接口

工程质量政府监管门户网站网上办公子系统实现了政府内部监管工作的无纸化办公，其共享性可实现与其他参建主体网站的信息传递和资源共享。在满足政府内部工作人员日常办公基础上，网上办公子系统的部分数据和功能可供各参建主体工作人员使用，相应的，各参建主体网站内部办公系统也可供政府工作人员使用。因此，实现网上办公子系统接口和各参建主体网站接口的合理互联，达到最大限度的信息共享，可避免重复开发和资源浪费。

网上办公子系统接口服务对象是被系统赋予使用权限的系统工作人员，工作人员通过网上办公子系统接口和各参建主体网站互动接口进入各子系统执行操作。网上办公子系统接口主要连接监管决策指挥系统、信息发布与服务系统、质量监督业务系统、日常办公管理系统、技术支持服务系统、后台管理系统等。各参建主体网站互动接口连接着建设业主单位网站、勘察单位网站、设计单位网站、施工单位网站、检测单位网站、监理单位网站、材料设备生产供应单位网站。

2. 门户网站与公共网站的互动接口

工程质量政府监管门户网站除了满足政府内部电子办公的需求外，其开放性决定了与网民和其他门户网站的互动性。基于满足门户网站"政府与公众沟通"的基本功能，同时考虑到公共网站民意表达积极的特点，互动接口为了确保政府与公众的互动、公众参与的积极性，应该实现门户网站和公共网站的有效链接。一方面，要加强门户网站自身建设，整合各种服务，以公众为中心，提供"一站式服务"，保证政府与公众沟通渠道的畅通；另一方面，要积极构建门户网站与公共网站的互动链接。在互动链接基础上，政府可以主动收集公众意见，并全方位了解民意；及时处理公众意见与建议，体现民意和为民办事，

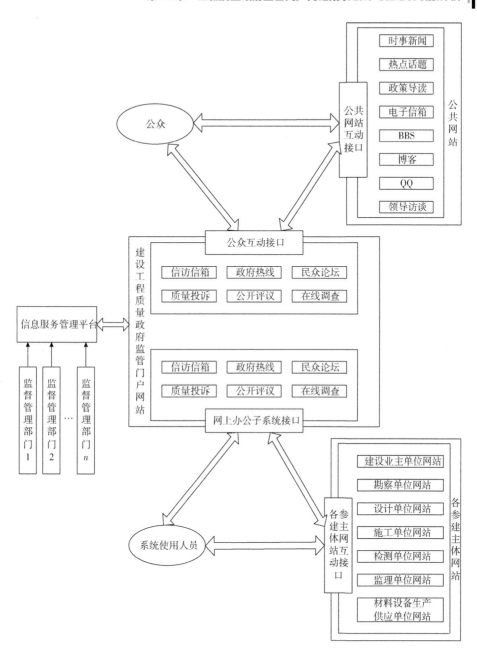

图 10-4　政府监管门户网站互动接口框架

及时疏通公众意见。

公众互动接口和公共网站互动接口的服务对象是人民大众，公众通过接口进入网站，获取相关信息。工程质量政府监管门户网站的公众互动接口起着连接信访信箱、政府热线、民众论坛、质量投诉、公开评议、在线调查等内容的作用。公共网站互动接口连接时政专栏、热点话题、政策导读、电子信箱、BBS、博客、QQ、领导访谈等内容。

10.4 工程质量政府监管信息化绩效评价内容与框架

10.4.1 政府监管信息化绩效评价内涵及意义

1. 政府监管信息化绩效评价概念

政府监管信息化平台的构建与运行，需要投入大量人力、财力和物力，绩效评价能对政府监管信息化平台构建与运行效果和性能做出科学回答，对预期目标做出正确评估，对政府监管信息化平台薄弱环节进行预警，给政府监管信息化平台的改进和完善提供建议。

工程质量政府监管信息化隶属于电子政务范畴。因此，政府监管信息化绩效评价概念可以表述为由专门的机构和相关专业人员根据大量的现实数据与客观事实，依托相关的程序和规范，并遵循特定的指标体系和统一标准，通过定性与定量对比分析后，对政府监管信息化平台构建和运行的投入、产出、效益等做出客观、公正、准确的评价。

2. 政府监管信息化绩效评价意义

政府监管信息化平台构建和运行必然会给政府监管过程的流程和监管手段带来一系列变化，进而促进监管工作进一步科学化。绩效评价可对政府监督部门信息化建设水平、信息化平台运行效率、信息化平台管理效益等方面进行定量分析，其意义主要表现在以下 3 个方面：

1）适应政府监管信息化发展的需要。目前，我国政府质量监管信息化处于从各省（市）局部推进向整体规划、数据集中、网络整合、应用服务交互迈步的阶段；从以技术为支撑、硬件为主导阶段，进入以业务需求为拉动、管理服务为导向发展的时期。要全面、准确反映转型阶段政府质量监管信息化进展状况，必须进行绩效评价。

2）了解和提高政府监管信息化自身建设的需要。政府监管信息化建设是一个庞大复杂的过程，在建设过程中除了满足自身功能需求外，难免会存在功能不完善、系统漏洞与技术缺陷等问题。为了全面了解系统状况与设计改进措施，必须对信息化建设全过程及系统构建细节进行全面检测和评估，达到"以评促建"，使政府质量监管建设得到改进和提高。

3）引导和促进政府监管信息化整体发展的需要。政府监管信息化绩效评价是一个检验体系，更是一个指导体系。一方面，通过科学合理的绩效评价，可以对各省（市）政府监管信息化建设水平进行客观公正的对比和评价，反衬出己方的缺陷与优点，指出各自信息化建设中需要改进与注意的事项，对后续的提升和再开发进行引导；另一方面，系统全面的绩效评价体系，可以反映出我国各级政府监管信息化水平与国际工程质量监管信息化水平的差距，进而吸取国际先进经验，改正自身不足，促进我国工程质量政府监管信息化整体水平的提升。

10.4.2　政府监管信息化绩效评价模型选择

工程质量政府监管信息化绩效评价具有电子政务绩效评价的共性，也具有自身的特殊性。由于工程质量政府监管信息化是电子政务的一个分支，其绩效评价模型可参考电子政务绩效评价模型进行构建。

当前开展电子政务绩效评价研究机构中，最具有代表性的研究机构有：联合国与美国行政学会、埃森哲咨询公司（Accenture）、美国布朗大学、Gartner 咨询公司、TNS（Taylor Nelson Sofres）公司、Jersey Newark 大学和 Sung Kyun Kwan 大学、经济合作及发展组织（OECD）、哈佛大学国际发展中心、IBM 公司等机构，这些国际机构或组织团体从多个方面、多重视角，提出了不同层次的电子政务绩效评价理论与指标体系。

国内关于电子政务绩效评价指标体系理论研究成果有：面向内部和外部的指标体系，基于五项测评的指标体系，基于政府门户网站的指标体系，基于成本和收益的指标体系，基于产出、结果、影响三层次的指标体系。

中国人民大学信息资源管理学院万道濮对国内当前电子政务绩效评价主流模式进行划分、分析与比较，提出了构建电子政务绩效集成评价模型。根据我国工程质量政府监管信息化开发构建过程系统性、整体性与开放性等特征，并结合集成评价模型可成倍提升系统整体效果、集成要素优胜劣汰机制、集成过程动态变化、全方位和多维性等特点，本书选用集成评价模型作为政府监管信息化平台构建与运行的绩效评价模型，即政府监管信息化绩效集成评价模型。

工程质量政府监管信息化绩效集成评价模型是一种全方位、立体式的政府监管信息化平台构建与运行绩效评价模型，在特定的程序、规范、指标体系和统一标准的基础上，通过定性、定量分析后，使用集成的、科学的方法，对政府监管信息化平台构建与运行的完备度、参与度、成熟度、产出、结果和影响等各方面进行较为全面、客观、系统、准确的分析和评价。

10.4.3 政府监管信息化绩效集成评价模型总体框架

信息化绩效评价工作是一项复杂和困难的工作，为避免片面性评价，应在政府监管信息化平台运行一段时间后，由专业开发人员和用户共同采用定性和定量相结合的方法，对其进行综合评价。本书在借鉴已有电子政务绩效评价模型的基础上，运用集成化研究方法，构建信息化绩效集成评价模型。工程质量政府监管信息化绩效集成评价模型总体框架如图 10-5 所示。

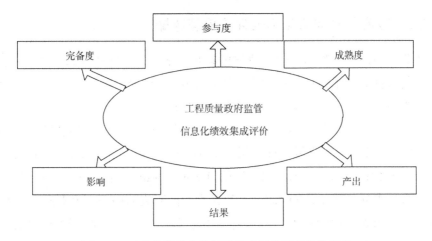

图 10-5　政府监管信息化绩效集成评价模型总体框架

集成评价模型具有多维性，它从完备度、参与度、成熟度、产出、结果、影响等 6 个维度对政府监管信息化平台构建与运行绩效进行评价，由于政府监管信息化平台构建内容的相对确定性决定了绩效集成评价内容和对象的相对确定。加入评价内容后的工程质量政府监管信息化绩效集成评价如图 10-6 所示。

10.5 工程质量政府监管信息化绩效集成评价体系设计与方法

10.5.1 指标体系构建原则

信息化绩效集成评价模型指标体系构建原则应遵从全面性和综合性原则、可操作性原则、独立性原则、可比性原则等。

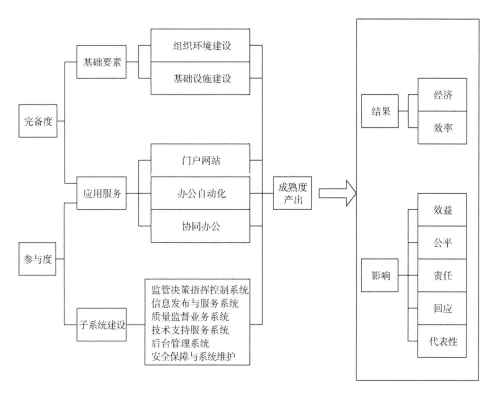

图 10-6　政府监管信息化绩效集成评价体系结构图

1. 全面性和综合性原则

信息化绩效集成评价模型指标体系全面性和综合性主要体现在以下 3 个方面：

1）信息化绩效评价是对工程质量政府监管信息化建设水平的综合反映，为此，指标设置要全面反映工程质量政府监管信息化的整体情况，避免局限于某些具体方面或局部细节。

2）选取较少指标反映较全面情况，这就要求指标的选取要具有综合性，各指标间要有较大逻辑关联度。

3）在对各级、各地区工程质量政府监管信息化进行综合考核和横向比较时，如果指标过细，会产生许多模糊问题，进而带来较多误差，选用综合指标可以规避误差等问题。

2. 可操作性原则

在信息化绩效评价指标设置中，应充分考虑数据信息采集的可获得性和在用指标的可操作性。其中，被选取的指标应尽量做到与现有真实数据的衔接，同时应明确定义新选取的指标，方便后续数据的采集及利用。

3. 独立性原则

信息化绩效评价指标体系设置的各项指标可以独立测评政府监管信息化平台建设的某项具体内容，但应尽量避免与其他指标项内容交叉与重叠，防止重复评价，降低最终评价分数中含有的偏差。

4. 可比性原则

信息化绩效评价指标应具有普遍统计意义，使评价结果能够实现不同客体之间功能上的横向比较及时间上的纵向比较。

10.5.2 集成评价模型指标体系的建立及说明

依据政府监管信息化绩效集成评价模型框架，遵循集成评价模型指标构建原则，基于电子政务绩效评价指标体系研究成果，构建出科学、系统、全面、多维的政府监管信息化绩效集成评价模型指标体系，如图10-7所示。

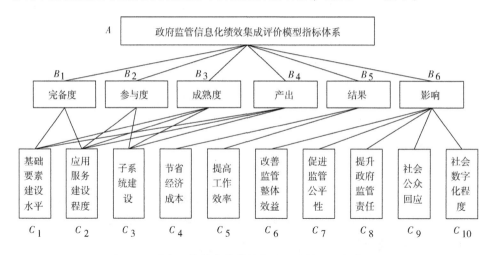

图10-7 政府监管信息化绩效集成评价模型指标体系图

图10-7给出了政府监管信息化绩效集成评价模型指标体系及各参数，指标体系及各参数说明如下：

B_i表示政府监管信息化绩效集成评价模型指标体系中一级指标因素指标集中的第i个因素。

C_j表示一级指标因素下的第二级指标因素指标集中的第j个因素。

同时，可对二级指标进行细化，构建三级指标D_{ij}。D_{ij}表示二级指标下第i个因素所对应三级指标下的第j个因素。如D_{1j}包括组织环境建设、基础设施建设；D_{2j}包括门户网站、办公自动化、系统办公；D_{3j}包括监管决策指挥控制系统、信息发布与服务系统、质量监督业务系统、技术支持服务系统、后台管理系统、安全保障与系统维护；D_{4j} 包括政府监管部门办公成本、参建单位服务成本、社会公众服务成本；D_{5j} 包括政府监管部门办公效率、参建单位办事效率、社会公众办事效率；D_{6j} 包括政府监管部门监管效益、参建单位参与效益、社会公众服务效益；D_{7j} 包括参建主体服务公平性、系统用户服务公平性；D_{8j} 包括日常监管责任、服务公众责任；D_{9j} 包括监管工作人员回应、社会公众回应；D_{10j} 包括监管部门信息化建设水平、社会数字化水平。

10.5.3　评价方法选择与评价过程

1. 评价方法选择

政府监管信息化绩效集成评价模型是一项涉及完备度、参与度、成熟度、产出、结果、影响的六维评价体系，涉及基础要素、应用服务、子系统建设、经济、效率、效益、公平性、责任、回应、数字化程度等诸多因素。由图 10-7 可以看出评价指标相互间存在明显的层次性和一定的关联度，是一种既非完全相关又非完全独立的混合结构，根据此种情况宜采用层次分析法（AHP）确定各指标权重；考虑到影响政府监管信息化绩效集成评价的因素众多、模糊性强、主观判断差异性大等问题，要对各因素的重要程度及其评价结果进行定量化评价，适宜用模糊综合评价方法进行全面评价。基于上述两点，政府监管信息化绩效集成评价模型采用 AHP 和模糊综合评价法对其进行评价，也可称之为模糊层次分析综合评价法。

2. 量化评价过程

（1）根据指标体系确定指标权重。

1）利用 AHP 法确定 B 层的相对权重。从政府监管部门、技术部门、各参建主体和社会公众中抽调多位专业人员组成评价小组，通过各自的判断矩阵和计算，得到 $B_1 \sim B_6$ 6 个评价准则的权重。

2）由于 4 个评价主体对 $B_1 \sim B_6$ 6 个评价项目计算所得权重各不相同，一般政府监管部门和技术部门意见的权重相对较大，各参建主体和社会公众意见的权重相对次之，需用加权和的方法计算 $B_1 \sim B_6$ 的加权评价准则权重。

3）分别建立 C_1，C_2 对 B_1 的判断矩阵；C_2，C_3 对 B_2 的判断矩阵；C_1，C_2，C_3 对 B_3 的判断矩阵；C_1，C_2，C_3 对 B_4 的判断矩阵；C_4，C_5 对 B_5 的判断矩阵；以及 C_6，C_7，C_8，C_9，C_{10} 对 B_6 的判断矩阵，并据此计算出各评价项目的权重。再用层次总排序（综合权重）的方法计算出最后一层 $C_1 \sim C_{10}$ 的综合权重 $W = (W_1,$

W_2，W_3，W_4，W_5，W_6，W_7，W_8，W_9，W_{10}）。

（2）确定评价等级和相应尺度。

由上述4个评价主体的多位专家组成评价小组确定评价等级，分别是"优""良""中""差"4个等级，各评定等级设立标准见表10-2。

表10-2 评定等级及其设立标准

评定等级	设立标准
优	反映政府监管信息化构建与运行符合监管流程，具有社会、经济、环境效益，对改进政府监管手段和提高监管效率有较大意义
良	反映政府监管信息化构建与运行符合监管流程，具有一定社会、经济、环境效益，但仍存在一定缺陷
中	反映政府监管信息化构建与运行符合监管流程，但社会、经济、环境效益低
差	政府监管信息化构建与运行与监管流程不符，社会、经济、环境效益差

将定性评定等级指标——"优，良，中，差"定量化，设定相应的评价尺度集 $E = \{e_1, e_2, e_3, e_4\}$。

（3）建立隶属度矩阵。

按照已经确定的评价尺度，使用单因素评价对各因素进行模糊评价，并建立单因素评价矩阵 R 如下

$$R = \begin{bmatrix} R_1 \\ R_2 \\ \vdots \\ R_{10} \end{bmatrix} = \begin{bmatrix} r_{1,1} & r_{1,2} \cdots & r_{1,4} \\ r_{2,1} & r_{2,2} \cdots & r_{2,4} \\ \vdots & \vdots & \vdots \\ r_{10,1} & r_{10,2} \cdots & r_{10,4} \end{bmatrix}_{10 \times 4}$$

（4）计算模糊综合评定向量 S。

根据模糊集理论综合评价概念，若已知综合权重 W 与评价矩阵 R，模糊综合评定向量 $S = W \circ R$，即 $S = W \circ R = (S_1, S_2, S_3, S_4)$。其中，$S_1$ 对应评价等级"优"，S_2 对应评价等级"良"，S_3 对应评价等级"中"，S_4 对应评价等级"差"。

（5）确定评定等级。

根据最大隶属度原则，确定政府监管信息化绩效的等级。

10.6 工程质量政府监管信息化绩效评价报告

信息化绩效评价结束后，应形成书面文件及绩效评价报告。绩效评价报告

既是对政府监管信息化平台开发工作的评定和总结，也是今后对系统平台进行进一步维护和完善的依据。信息化绩效评价报告应包括以下5方面内容：

1）有关政府监管信息化平台的资料、文件、任务书等。

2）政府监管信息化平台完备度、参与度、成熟度的评价报告。

3）政府监管信息化平台产出、结果、影响的评价报告。

4）政府监管信息化绩效等级报告。

5）结论及建议。

第 11 章　工程质量政府监督激励体系架构

11.1　工程质量政府监督代理链分析与多层次激励机制

建筑节能工程质量事关国家经济发展、社会稳定和人民生命财产安全，是工程建设经济效益、社会效益、环境效益，甚至是政治效益综合体现的基础[133]。高度重视工程质量，严格监管工程项目，不仅是建设各方义不容辞的责任，更是工程质量政府监督部门维护国家和公众质量利益的集中体现。经过 30 余年的工程质量政府监督管理的摸索和改革，其监管体制实现了监督管理职能由授权执法转变为委托执法，监督管理方式由环环把关向随机抽查转变，竣工验收方式由核验质量等级制度向工程质量竣工备案登记制度转变，工程质量政府监督效益有了明显提高[134]。但是，工程质量事故，尤其是恶性事故依然频发，给人民生命财产造成了重大损失和恶劣社会影响。这些事故的发生，各工程建设主体参与建设的生产责任不容回避，工程质量政府监督部门的监督责任也难以推卸。

调动与激励工程质量政府监督者从事工程质量监管的积极性、进一步强化工程质量政府监督、提高工程质量政府监督的有效性、全面提升工程质量整体水平是工程质量政府监督管理者值得全身心投入的长期战略任务。同时，探索工程质量政府监督的多层次激励机制，以有效激励来增强工程质量政府监督的内在驱动力，成为工程质量政府监督管理者必须要解决的重要课题[133]。

11.1.1　工程主体及其质量形成特征

建设工程主体是实现建筑产品生产、交易活动的一个组织体系，由于建筑产品先有交易后有生产，是以契约为纽带的预约式生产与管理过程，形成了其不同于一般商品的显著特性。从经济学的角度看，建设工程市场和建设实施过程集中体现出多层次信息不对称性和多级交互契约的不确定性。因此，探究工程质量政府监督的多层次激励机制，需要了解工程质量政府监督的对象——建设工程相关主体组织构成及其工程质量形成的基本特征。

1. 建设工程项目的相关者

建设工程项目实施项目管理是国际惯例，组建强有力的工程项目治理团队，是建设工程项目协调必须解决的组织体系问题，是工程质量形成的组织保障。

基于工程建设的内在要求与社会专业分工，建设工程项目的利益相关者构成如图 11-1 所示，包括业主，政府，建设单位，银行、保险和其他投资方，设计单位、质量检测方，施工承包商，监理方和原材料供应商等。按照工程建设管理实施过程和责任层级，建设工程项目利益相关者可分为 4 个层面，即项目业主层、项目管理层、项目执行层、项目供应层[135]。

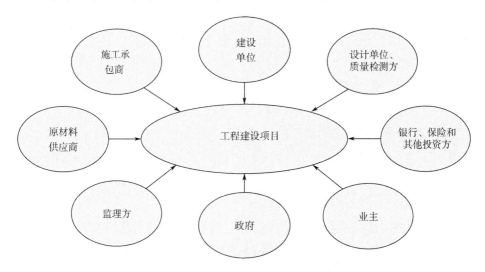

图 11-1　建设工程项目的利益相关者

1）项目业主层指的是项目的投资者，包括企业、个体投资者以及政府。政府既是项目的投资者，也是代表业主实施建设工程项目的宏观监管者，是具有双重身份的项目业主方，这是政府职能的重要体现。

2）项目管理层即为建设单位，是工程建设实施的策划者、决策者和组织者。业主通过公开、公平、择优的市场竞争方式，选择并确定一个最合适的建设单位。它应该是由熟悉并精通工程项目建设各方面的专家组成，是一个完全独立、产权明晰的市场部门，在工程建设、经营、管理方面有着丰富的经验，能够在激烈的市场竞争中凭借实力、信誉和业绩获得实施项目建设的管理权。

3）项目执行层是承担工程建设任务的工程项目产品生产活动的主体，包括勘察单位、设计单位、承包商、监理方和质量检测部门等。项目执行层多是由项目管理层通过公开招标选定的，项目执行层受项目管理层领导，对项目管理层负责。

4）项目供应层是工程项目建设的物质提供者，包括材料、构件、机械、设备加工、批量生产厂家与供货商等，是工程质量的物质保障基础组织。

从以上4个层面的基本工程建设职能分析来看，紧密围绕管理层的是业主层与执行层，这两层直接作用于建设工程项目。因此，业主层与管理层、管理层与执行层以及执行层不同组织之间的关系成为工程项目建设中的关键性关系，形成了以工程建设过程为主线的完整链式结构。

2. 建设工程产品特性及其经济契约特征

（1）建设工程产品基本特点。

建设工程产品具有独特鲜明的基本特点：产品固定性，产品多样性、个别性强，单项产品体积庞大、价值巨大，建筑产品生产周期长，生产过程管理协调组织成本较高。

（2）建设工程的经济契约特征。

建设工程产品的基本特性不仅决定了建筑行业经济的特征，同时集中体现出工程建设过程的契约信用特征。

1）复杂性。无论从建设工程契约信用主体方面，还是从建设工程契约信用的内容来看，建设工程契约信用涉及面广，关系复杂性、内容丰富程度等都远远超过一般信用所涉及的范围。

2）危害性。建设工程契约信用缺失导致的后果中最为严重的两个方面是拖欠工程款和工程质量、安全问题。发包人契约信用缺失，不履行合同，拖欠工程款，影响的不仅仅是承包人，问题背后关系国家稳定和经济发展。承包人契约信用缺失，不按规定履行合同，出现质量、安全问题，后果严重的，涉及国家和人民的生命财产安全，尤其是恶性事故将会带来不可弥补的巨大损失和伤害。

3）长期性。契约信用，从时间范围上讲，应当包括合同订立阶段的信用、合同履行阶段的信用和合同履行后阶段的信用。在工程建设领域，由于建设产品的生产特点决定了建设工程合同的订立周期相对较长，从招投标阶段就开始了合同的要约与承诺过程；工程建设周期长带来合同履行阶段的长期性；工程建设保修和滞纳金等规定反映了合同履行后信用的至关重要性。

4）隐蔽性（不可逆）。产品形成过程的不可逆，内在规定了建设工程契约信用保证的核心基础作用；建设工程产品的不确定性、建设过程的不确定性和交易过程潜规则的多发性必然造成契约信用的隐蔽性；建设工程产品预约生产的建设特性决定了契约信用面向未来的不确定性和隐蔽性，工程建设过程的内在必然联系决定了建设工程产品形成的不可逆特性。

3. 工程质量形成过程的特征

工程建设实施过程就是工程质量形成的过程，工程质量是工程建设决策、规划设计、施工建设、维护运行全过程建设活动的结果。工程质量形成过程涉及所有参与工程建设活动的各类各层次建设主体的工程质量行为和活动结果，覆盖了工程质量形成中必需的人、材料、机械、工艺方法、建设环境，即4M1E的全部质量影响因素，涉及工程建设期间的全方位和各环节[133]。

工程质量的形成是一个复杂的项目活动与项目管理过程，是以各类各层次工程建设主体质量保障体系良性运行为基础的，工程质量受到多因素复杂交互的影响。首先，社会信誉和企业形象的培育是一个长期的过程。其次，政策法规、规章制度都有一个完善的过程。再次，工程质量形成的不同阶段、周期难以精确控制。最后，还面临着未来的一线作业专业化的施工趋势不可逆转，将不再是大而全，而是简而精，分工交互作用增加了建设过程协调的难度；关键是随着工程项目规模越来越大，施工环境越来越复杂，新型建材越来越多样，各主体各层次的管理水平越来越高，对施工环节提出的要求也越来越高。

工程产品是人民生产生活的活动设施，投资巨大，直接关系人民生命财产的安全。工程质量形成的本质特征是工作质量决定工序质量，工序质量决定产品质量，且工程质量形成过程具有明显的隐蔽性、不确定性和不可逆转性。因此，提高工程质量，必须从各类各层次建设主体的质量活动、质量行为入手，严格实施工程质量管理。改善建设主体质量行为，关键还要打破密集劳动力发展模式，变革管理方式和体系，提高施工队伍素质。

11.1.2　工程质量政府监督链构成分析

1. 工程质量政府监督委托代理关系

根据信息经济学理论，借鉴现代企业制度中处理投资人和经理人之间关系的方法，工程质量政府监督实施的本质是委托代理行为，其基本的监督委托代理链如图11-2所示。这些主体之间具有严格经济学意义的委托代理关系，主要有以下几个原因：

1）业主投资所有权与建设单位控制权的相对分离。建设工程项目是一个复

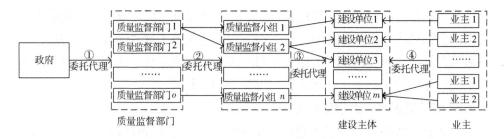

图 11-2　工程质量政府监督代理链

杂的体系，市场经济发展的必然结果是资源配置的专业化、社会化、市场化。业主理性的选择是以契约的形式，建立委托代理关系，由建设单位进行建设。在这一关系中，投资权和控制权要适当分离，业主对投资和建设工程项目具有最终所有权，建设单位在建设过程中根据契约授权，对建设中的具体行为具有决策权和控制权。作为代理人的建设单位与作为委托人的业主之间存在严重的信息不对称。处于信息劣势的业主既不能准确获取有关承包商的思想道德素质、职业能力等信息，也无法全部观测到承包商的行为选择和努力程度等信息，或者因为观测成本昂贵而不经济。

2）政府对工程质量的监督是通过工程质量政府监督部门完成的。换句话说，就是工程质量政府监督部门代表政府实现对以建设单位为龙头的所有工程建设主体和建设活动实施工程质量的政府执法监督，他们之间的关系就是第一层的委托代理关系[133]。政府是一个虚拟的主体，缺乏专业工程技术与管理人员的监督能力，难以实现和促进建设工程市场的质量整体水平的提升。工程质量政府监督的依据是国家、地方和各专业建设管理部门颁发的法律、法规及各类规范和强制性标准。工程质量政府监督的基本职能包括监督工程建设参与各方主体的质量行为和监督检查工程实体的施工质量及监督工程质量验收。工程质量政府监督一般由建设行政主管部门或者其他有关部门委托的工程质量监督部门具体实施。

3）工程质量政府监督部门和建设单位（或其他建设主体）也是委托代理关系。这是由于他们之间是监督与被监督关系，工程质量政府监督部门实现政府工程质量的执法监督职能，包括事前、事中、事后的全过程质量监督。工程质量信息方面，建设单位（或其他建设主体）是拥有工程质量私有信息优势的一方，工程质量政府监督部门则是拥有信息劣势的一方；工作性质和内容方面，建设单位（或其他建设主体）是工程质量的生产者和实现者，工程质量政府监督部门是工程质量的监督者；委托人的区别方面，工程质量政府监督部门代表的是政府的作用，建设单位（或其他建设主体）代表的是业主的意志。

2. 工程质量政府监督委托代理特征

按照现代经济学的假定，委托人和代理人都是追求自身利益最大化的经济人，都有通过签订契约取得分工效果，从而增加自身利益的动机，追求各自利益的最大化。确定委托代理关系的关键在于委托人一方先确定一种报酬机制，激励代理人尽心尽责，努力实现委托人利益最大化的目标；代理人据此选择自己的努力行为，以求得自身效用最大化。工程建设过程与工程质量政府监督过程的委托代理关系的主要经济特征表现为：

1）信息不对称性。指代理人的某些行为（努力程度、机会主义等）和私有信息（能力大小、风险态度）等难以被委托人观察和证实，从而给委托人的工程质量政府监督和控制带来很大困难。

2）代理结果的不确定性。代理结果除了受代理人努力程度的影响外，还受许多代理人难以把握的不确定性因素影响。

3）契约的不完备性[136]。由于契约不可能完全预测到事情发展的结果，订立完备契约的成本太高，在履约过程中，当事人双方信息不对称，其中一方可能欺骗另一方，因此契约不可能是完备的。

3. 工程质量政府监督代理链

工程质量政府管理是指政府建设行政主管部门代表政府为实现工程质量的社会利益和公众利益，通过法律、法规和强制性标准规定基本质量目标，以特定的方式和手段，对工程建设全过程，实施整体的、全面的工程质量规划、指挥、协调和监督的总和。工程质量政府监督是受政府建设行政主管部门委托，对工程建设主体质量行为及实体工程质量实施政府执法监督；工程质量政府监督主体是工程所在地质量监督部门（站），其目的是保障建设工程安全使用和环境质量。工程质量政府监督代理链[137]如图 11-2 所示。

4. 工程质量政府监督代理链的简化

工程质量是项目利益相关者的共同生命线，建设单位（或其他建设主体）是实现工程质量形成的主体，如图 11-2 所示。政府的工程质量意志通过工程质量政府监督管理部门来达成，以提高全社会的工程质量水平和改善建设主体质量行为，如图 11-2 中①所示的委托代理关系（一对多的委托代理）；工程质量政府监督部门派遣工程质量监督小组检查监督建设单位（或其他建设主体）的工程质量，确保建设工程质量，如图 11-2 中②所示的委托代理（一对多的委托代理）；工程质量监督小组对建设单位（或其他建设主体）进行检查监督，如图 11-2 中③所示的委托代理关系（一对一的委托代理，当然也可以委派同一监察小组去不同建设单位（或其他建设主体）去检查，但性质上是独立的，可以通过抽样派遣规避这种情况）；业主是建设项目的领导者、投资者、管理者，所以对控制工程质量、工程进度、工程投资起着至关重要作用，是任何单位不可替代的，如图 11-2 中④所示的委托代理关系。

由于本书研究内容的局限，集中讨论工程质量政府监管行为，以及提高工程质量政府监督的有效性，简化后的工程质量政府监督代理链结构如图 11-3 所示（下面的分析以此委托代理链为基础）。

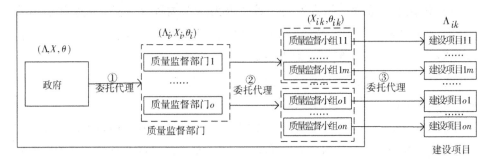

图 11-3　工程质量政府监督代理链结构

11.1.3　工程质量政府监督代理链博弈分析

对于政府来说，工程项目最终实现的效用是包括经济、社会、环境、政治等效益的总和，完全由建设工程产品质量决定，工程质量越高，政府保证建设工程安全使用和环境质量履责的整体形象就越高。

1. 工程质量政府监督代理链模型的建立

建立代理链的数学模型，采用 Holmstrom 与 Milgrom（1973）给出的参数化方法，表述它们的委托代理机制[138]。

如图 11-3 所示，令 Λ_{ik} 是标号为 ik 的建设项目合同额，则政府质量监督部门在某一段时期监督的项目合同总额为 $\Lambda = \sum_i \Lambda_i = \sum_i \sum_k \Lambda_{ik}$。对政府质量监督小组来说，令 a_{ik} 表示其质量监督的努力程度，其努力下实现的工程项目质量收益为 $\theta_{ik} = a_{ik} + \eta_{ik}$，$\eta_{ik}$ 是均值为零、方差为 σ^2 的正态分布随机变量，是外生不确定因素，故有 $E\theta_{ik} = a_{ik}$，$Var(\theta_{ik}) = Var(a_{ik}) + Var(\eta_{ik}) = \sigma^2$。外生随机变量 η_{ik} 是质量形成过程中那些不可控制因素的累积，根据中心极限定理，它服从正态分布，诸 η_{ik} 独立同分布，都用统一的符号 η 表示。令 c_{ik} 为工程质量监督小组付出质量监督努力的成本，显然它是合同额 Λ_{ik} 和质量监督努力程度 a_{ik} 的增函数。令 X_{ik} 为工程质量效益转移函数，是完成了合同额 Λ_{ik} 的工程项目质量诉求 θ_{ik} 所获得的收益，是工程质量监督小组从工程质量政府监督部门获得的转移支付。

对于工程质量政府监督部门来说，工程质量政府监督部门 i 实现的工程质量收益为 $\theta_i = f(\theta_{ik})$，是其负责监管的各工程项目实现工程质量 θ_{ik} 的函数，形成工程质量 θ_i 所付出的监督成本为 $c_i = \sum_k X_{ik}$，其收益的实现源自政府的拨款；令 X_i 表示第 i 个工程质量政府监督部门从政府获得预算分配，也就是工程质量政府监督部门的收入，它是其所实现工程质量 θ_i 和完成监督工程项目合同额总和 Λ_i 的函数，即 $X_i(\theta_i,\ \Lambda_i)$。

对于政府来说，所获得的工程质量收益为 $\theta = f(\theta_i)$，是各工程质量政府监督部门实现的工程质量收益 θ_i 的函数，其形成工程质量收益 θ 所付出的成本为 $c = \sum_i X_i$，也就是一定时期的政府质量监督总预算 X。Π 是政府从工程质量政府监督中获得的收益（包括口碑、执行力等社会、政治、经济效益的总和），它是社会工程质量 θ 和完成工程质量监督总量 Λ 的函数，即 $\Pi(\theta,\ \Lambda)$。

假设：

1）政府和工程质量政府监督部门追求的唯一目标是工程质量效益最大化，且他们是风险中性的。

2）工程质量监督小组（执行监督职能代理人）是风险厌恶的，其绝对风险厌恶系数是一个常数，即它的效用函数是一个指数型的效用函数 $U(w) = -\exp(-rw)$，r 是 Arrow-Pratt 型绝对风险厌恶函数，为常数，$r = -U''(w)/U'(w) > 0$，w 表示代理人的收益。

3）政府实现的工程质量函数 θ 是所有 θ_i 的增函数，θ_i 是所有 θ_{ik} 的增函数；也就是说，它们都是工程质量监督小组实现工程质量 θ_{ik} 的增函数。

因此，政府的收益函数为

$$\max E(\Pi - X) = \max\left(\Pi - \sum_i X_i\right)$$

工程质量政府监督部门 i 的收益函数为

$$\max E\left(X_i - \sum_k X_{ik}\right)$$

工程质量监督小组 ik 的收益函数为

$$\max E(X_{ik} - c_{ik})$$

根据委托代理理论[136]：

1）激励相容约束（IC）：由于信息不对称，各方主体必须使其所得到的期望效用不小于它选择其他行动所得到的期望效用，即选择各自利益最大化的行为。

2）参数约束（PC）：代理人参与委托代理合约获得的期望效用不低于不参与委托代理合约所能获得的期望效用。

下文重点考虑激励机制的设计问题。图 11-3 中的委托 – 代理机制可表示为各方共赢的优化模型

$$
\begin{cases}
\max_{\theta_i} E\big[\, \varPi(\theta, \varLambda) - \sum_i X(\theta_i, \varLambda_i) \,\big] \\
\max_{\theta_{ik}} E\big[\, X(\theta_i, \varLambda_i) - \sum_k X(\theta_{ik}, \varLambda_{ik}) \,\big] \qquad i, \ k = 1, 2, \cdots \\
\max_{a_{ik}} U\Big\{ E\big[\, X(\theta_{ik}, \varLambda_{ik}) - c_{ik} \,\big] \Big\}
\end{cases}
$$

s. t. $\quad U\Big\{ E\big[\, X(\theta_{ik}, \varLambda_{ik}) - c_{ik} \,\big] \Big\} \geqslant \bar{\omega}_{ik}$ （11-1）

式中，$\bar{\omega}_{ik}$ 为工程质量监督小组 ik 的预期收益。模型蕴含的 $\big[\varPi(\theta, \varLambda) - \sum_i X(\theta_i, \varLambda_i)\big]$ 是 θ 的增函数，$\big[X(\theta_i, \varLambda_i) - \sum_k X(\theta_{ik}, \varLambda_{ik})\big]$ 是 θ_i 的增函数，表达政府和工程质量政府监督部门追求工程质量改善的诉求。模型内涵是在某种契约安排下，工程质量监督小组选择最优的质量监督努力水平，以期达成提高社会整体工程项目质量的目的。

2. 基于模型简化的多层次激励模型构建

从委托代理理论可知，当委托人和代理人的绝对风险规避系数都为常数时，最优契约是线性的。为便于讨论，再假设：

1）所有工程质量监督小组是完全一样的，具有完全相同的专业知识和监管能力，区别仅在于它们选择的质量监督努力程度的不同。

2）所有工程质量政府监督部门的区别仅仅在于工程质量监督小组数量的不同，亦即规模的不同。

3）简化 $c_{ik} = b\varLambda_{ik}^2 a_{ik}^2/2$，这里 $b > 0$ 为单位工程质量监督成本系数，二次函数（非线性函数）的含义为工程质量的提升和改进是非常困难的（工程项目价值越高，质量监督努力程度越高，代理人付出的成本就越大）。

4）工程质量形成函数 θ，θ_i 是 θ_{ik} 的加权函数，即 $\theta_i = f(\theta_{ik}) = \dfrac{\sum_k \varLambda_{ik} \theta_{ik}}{\varLambda_i}$,

$$\theta = f(\theta_i) = \frac{\sum\limits_i \Lambda_i \theta_i}{\Lambda}。$$

若令 $\Pi(\theta, \Lambda) = \theta\Lambda$，工程质量监督小组 ik 获得其质量监督行为收益为 $X_{ik} = \alpha + \beta\theta_{ik}\Lambda_{ik}$，$\beta$ 为工程质量监督小组获得的质量监督激励系数；工程质量政府监督部门所完成的工程质量 θ_i 所获得收益为 $X_i = \delta + \lambda\theta_i\Lambda_i$，$\lambda$ 为工程质量政府监督部门所获得的质量监督激励系数，则式 (11-1) 简化为

$$\begin{cases} \max_{\delta, \lambda} E\big[\theta\Lambda - \sum\limits_i (\delta + \lambda\theta_i\Lambda_i)\big] \\ \max_{\alpha, \beta} E\big[\delta + \lambda\theta_i\Lambda_i - \sum\limits_k (\alpha + \beta\theta_{ik}\Lambda_{ik})\big] \quad i, k = 1, 2, \cdots \\ \max_{a_{ik}} U\big\{E(\alpha + \beta\theta_{ik}\Lambda_{ik} - b\Lambda_{ik}^2 a_{ik}^2/2)\big\} \end{cases}$$

$$\text{s. t.} \quad U\big\{E(\alpha + \beta\theta_{ik}\Lambda_{ik} - b\Lambda_{ik}^2 a_{ik}^2/2)\big\} \geqslant \bar{\omega}_{ik} \tag{11-2}$$

其中政府选择机制参数 δ，λ；工程质量政府监督部门选择参数 α，β；工程质量监督小组选择质量监督努力程度 a_{ik}。

若工程质量政府监督部门的收益全部都转移给工程质量监督小组，模型就可简化为

$$\begin{cases} \max_{\alpha, \beta} E\big[\theta\Lambda - \sum\limits_i \sum\limits_k (\alpha + \beta\theta_{ik}\Lambda_{ik})\big] \\ \max_{a_{ik}} U\big\{E(\alpha + \beta\theta_{ik}\Lambda_{ik} - b\Lambda_{ik}^2 a_{ik}^2/2)\big\} \quad i, k = 1, 2, \cdots \end{cases}$$

$$\text{s. t.} \quad U\big\{E(\alpha + \beta\theta_{ik}\Lambda_{ik} - b\Lambda_{ik}^2 a_{ik}^2/2)\big\} \geqslant \bar{\omega}_{ik} \tag{11-3}$$

3. 激励机制模型的求解

对所有 i，k，先求 $U\big\{E(\alpha + \beta\theta_{ik}\Lambda_{ik} - b\Lambda_{ik}^2 a_{ik}^2/2)\big\}$ 的确定性等价值为 $U(CE)$，由于

$$E(\alpha + \beta\theta_{ik}\Lambda_{ik} - b\Lambda_{ik}^2 a_{ik}^2/2) = E\big[\alpha + \beta(a_{ik} + \eta)\Lambda_{ik} - b\Lambda_{ik}^2 a_{ik}^2/2\big]$$
$$= \alpha + \beta a_{ik}\Lambda_{ik} - b\Lambda_{ik}^2 a_{ik}^2/2 + E_\eta(\beta\Lambda_{ik}\eta)$$

由于工程质量监督小组是风险厌恶的，且 $\beta\Lambda_{ik}\eta$ 的风险成本是 $\frac{r}{2}\beta^2\Lambda_{ik}^2\sigma^2$，所以

$$U(CE) = \alpha + \beta a_{ik}\Lambda_{ik} - \frac{b}{2}\Lambda_{ik}^2 a_{ik}^2 - \frac{r}{2}\beta^2\Lambda_{ik}^2\sigma^2$$

工程质量监督小组选择最优努力变量 a_{ik} 使其效用最大化，根据极值的一阶条件得

$$\frac{\partial U(CE)}{\partial a_{ik}} = \beta \Lambda_{ik} - b \Lambda_{ik}^2 a_{ik} \Rightarrow a_{ik} = \frac{\beta}{b \Lambda_{ik}^2}$$

考虑到工程质量监督小组的参与约束，在最优的情形下，参与约束的等式成立（委托人没有必要支付代理人更多），即

$$\alpha = \bar{\omega}_{ik} - \beta a_{ik} \Lambda_{ik} + \frac{b}{2} \Lambda_{ik}^2 a_{ik}^2 + \frac{r}{2} \beta^2 \Lambda_{ik}^2 \sigma^2 \qquad (11\text{-}4)$$

将参与约束的通过固定项 α 带入式（11-3）的目标函数，得

$$\max_{\alpha,\beta} E \Big[\theta \Lambda - \sum_i \sum_k (\alpha + \beta \theta_{ik} \Lambda_{ik}) \Big]$$

$$= \max_{\alpha,\beta} E \Big[\sum_i \sum_k \theta_{ik} \Lambda_{ik} - \sum_i \sum_k (\alpha + \beta \theta_{ik} \Lambda_{ik}) \Big]$$

$$= \max_{\alpha,\beta} E \Big[\sum_i \sum_k (\theta_{ik} \Lambda_{ik} - (\alpha + \beta \theta_{ik} \Lambda_{ik})) \Big]$$

$$= \max_{\alpha,\beta} E \Big[\sum_i \sum_k (\theta_{ik} \Lambda_{ik} - \alpha - \beta \theta_{ik} \Lambda_{ik}) \Big]$$

$$= \max_{\alpha,\beta} E \Big[\sum_i \sum_k (\theta_{ik} \Lambda_{ik} + \beta a_{ik} \Lambda_{ik} - \frac{b}{2} \Lambda_{ik}^2 a_{ik}^2 - \frac{r}{2} \beta^2 \Lambda_{ik}^2 \sigma^2 - \beta \theta_{ik} \Lambda_{ik} - \bar{\omega}_{ik}) \Big]$$

$$= \max_{\alpha,\beta} \Big[\sum_i \sum_k (a_{ik} \Lambda_{ik} - \frac{b}{2} \Lambda_{ik}^2 a_{ik}^2 - \frac{r}{2} \beta^2 \Lambda_{ik}^2 \sigma^2 - \bar{\omega}_{ik}) \Big]$$

再将 $a_{ik} = \dfrac{\beta}{b \Lambda_{ik}^2}$ 带入上面目标函数，得

$$\max_{\alpha,\beta} \Big[\sum_i \sum_k (\frac{\beta}{b \Lambda_{ik}} - \frac{1}{2} \frac{\beta^2}{b \Lambda_{ik}^2} - \frac{r}{2} \beta^2 \Lambda_{ik}^2 \sigma^2 - \bar{\omega}_{ik}) \Big]$$

一阶条件为

$$\sum_i \sum_k (\frac{1}{b \Lambda_{ik}} - \frac{\beta}{b \Lambda_{ik}^2} - r \beta \Lambda_{ik}^2 \sigma^2) = 0$$

$$\beta = \frac{\displaystyle\sum_i \sum_k \frac{1}{\Lambda_{ik}}}{\displaystyle\sum_i \sum_k (\frac{1}{\Lambda_{ik}^2} + rb \Lambda_{ik}^2 \sigma^2)} \qquad (11\text{-}5)$$

鉴于工程质量政府监督部门是政府授权委托的政府监督职能部门，体现了政府工程质量监督的意志和目的。所以，政府工程质量监督目标函数达到最优，意味着他的收益也达到了最优。从式（11-2）中可知，当 $\delta = \sum_k \alpha, \lambda = \beta$ 时，

政府工程质量监督的目标函数取得最大值，工程质量监督小组 ik 所获得的质量监督行为收益为 $X_{ik} = \alpha + \beta\theta_{ik}\Lambda_{ik}$；工程质量政府监督部门所完成的工程质量 θ_i 所获得的收益为 $X_i = \delta + \lambda\theta_i\Lambda_i$，工程质量监督的激励参数如表 11-1 所示。

表 11-1 政府工程质量监督的激励参数

$\alpha = \bar{\omega}_{ik} - \beta a_{ik}\Lambda_{ik} + \dfrac{b}{2}\Lambda_{ik}^2 a_{ik}^2 + \dfrac{r}{2}\beta^2\Lambda_{ik}^2\sigma^2$	$\beta = \dfrac{\displaystyle\sum_i\sum_k\dfrac{1}{\Lambda_{ik}}}{\displaystyle\sum_i\sum_k\left(\dfrac{1}{\Lambda_{ik}^2} + rb\Lambda_{ik}^2\sigma^2\right)}$
$\delta = \displaystyle\sum_k\alpha$	$\lambda = \beta$

4. 多层次激励机制模型的分析

工程质量监督小组需要承担一定的风险，β 是 r，σ^2，b 的减函数，即代理人愈是风险规避（r 越大），工程质量形成过程的方差愈大（σ^2 越大），代理人愈是害怕努力工作，相应承担的风险就愈小。这是因为工程质量的形成是一个复杂的过程，涉及事前、事中、事后各方面的协同管理。

显然激励系数 $\beta > 0$。如果工程质量监督小组所形成的工程质量只有两种情况（$\theta_{ik} = 0, 1$，合格和不合格），当所有的工程质量监督结果都为 $\theta_{ik} = 1$ 时，那么工程质量监督小组获得收益都相同，激励机制也不能起作用。因此，需要建立质量分级评价机制，才能更好地体现激励机制的作用。

上述讨论假设质量监督成本系数 b 都相同，在实际中是不一定相同的，此时会影响工程质量监督人员的质量监督努力程度（$a_{ik} = \dfrac{\beta}{b\Lambda_{ik}^2}$），所以，不断提高工程质量监督人员的素质和专业水平，就会降低其质量监督成本系数。

工程质量政府监督部门的运行管理需要一定的费用，并且不会将其获得的政府转移支付完全传递给工程质量监督小组。这时只要保留一定比例的费用，若工程质量政府监督部门保留费用比例为 $1 - \rho$，调整激励机制的系数为 $\rho\delta$ 和 $\rho\gamma$，仍可使政府的目标函数达到最优。

11.1.4 完善工程质量政府监督的策略

除激励机制外，工程质量政府监督应着重实施惩罚机制、信誉机制、保险机制、评级机制，它们共同作用来保障工程质量的稳步提升[139]。

1）激励机制的实施还需引入惩罚机制，规避工程质量监督中的共谋风险，提高工程质量监督人员的责任意识[140]。

2）完善工程质量监督体系中的诚信机制，构建全社会监督的工程质量信息网络，形成高效的信息互动网络，增加渎职成本。

3）完善工程质量的保险机制，实施工程质量终身负责制，在提高工程建设主体质量责任意识、完善建设主体质量保障体系的同时，引入与完善工程质量保险机制，动员市场力量对工程质量进行监督和管理[141]。

4）加强工程质量的评价机制设计，逐渐形成良性的质量评价体系。对工程质量监督人员进行评级激励，调动保障工程质量监督意识高的监督人员的积极性和能动性[142]。加强工程质量监督的教育、从业人员的培训，逐渐提高从业人员的素质与能力，从根本上提升整个工程质量监督的有效性和执法监督水准。

11.2 工程质量政府监督多层次利益分配与激励协同机制

工程质量政府监督的运行本质是政府主管部门委托政府质量监督机构对所辖区域的所有工程质量实施执法监督，保证所辖区域的工程安全使用和环境质量，开展工程质量监督的具体实施过程是政府质量监督机构委托（或分配）质量监督团队（或小组）对工程建设过程的主体质量行为和实体质量进行随机抽查的执法监督检查，并最终以竣工备案来确认工程质量是否满足安全使用和环境质量要求[143]。

我国30多年的工程质量政府监督实践，对于提高工程质量整体水平、有效维护国家与公众的工程质量利益起到了积极保障作用。但工程恶性事故频发现象依然没有杜绝，一定程度上反映了工程质量政府执法监督的失责与失效，其根源是工程质量政府监督者的主动执法监督的内生动力不足，有效的工程质量政府监督运行机制尚未形成。因此，从工程质量政府监督多层次利益分配机制分析入手，构建工程质量政府监督激励协同机制具有现实的理论与实践价值。在建筑市场竞争机制运行过程中，为实现质量监督的各方共赢，工程质量政府执法监督过程中的各方要求更多的信赖、合作和信息共享。

工程质量政府执法监督的模式类似于总分包模式，强调监督资源共享、合作的伙伴关系、降低监督成本、优化质量监督资源配置。这种模式是从政府的有效质量需求出发，以政府质量监督机构为核心，以质量监督团队（或小组）为执法监督实施主体，涉及业主、勘察设计、施工承包、工程监理、质量检测等相关建设主体的质量行为和实体质量结果所构成的一个整体项目质量管理系统。政府质量监督机构与政府主管部门是事实上的委托代理合同关系，就建设工程的安全使用和环境质量向政府负责；在实施质量监督过程中，质量监督团队（或小组）在质量执法监督过程中出现任何问题最终都是由政府质量监督向政府负责，也就是说，工程质量政府监督实行监督机构法人负责制[143]。

国内外相关研究主要涉及基于供应链主体相关性的利益分配模型与机制[144]等三个方面（Kayna 等（2017）、Sarlak 等（2012）、Mialonsa 等（2008）、时茜茜等（2017）、温修春（2014）、胡盛强等（2012）、吕萍等（2012）、张云等（2011）），基于过程的主体行为演化博弈策略[145]（Wu Qiong 等（2017）、Shang Tiancheng 等（2015）、何清华等（2016）、曹霞等（2016）、王颖林等（2016）、谢晶晶等（2014）、胡盛强等（2016））和多层次协同激励机制[146]（Pobitzer Armin 等（2016）、郭汉丁等（2017）、范波等（2015）、郑鑫等（2015）、胡文发等（2014）、叶伟巍等（2014）、陈洪转（2014）），研究对象的核心特征是相互平等的独立主体。

工程质量政府监督多层次利益分配与激励协同机制研究既涉及平等独立的主体关系，又涵盖关联主从主体关系的利益分配与激励协同，具有研究对象和组织形式的复杂性，从理性视角探讨基于工程质量政府监督的多层次利益分配机理，并基于利益分配从两阶段合作博弈与非合作博弈模型构建切入，探讨主从关系主体特征下的激励协同运行机制与实施策略，对于一般公共品的市场治理与监管具有理论支撑与实践借鉴的价值。

11.2.1　多方利益分配理论与利益分配机制构建思路

1. 多方利益分配理论概述

关于多方利益分配已形成较为成熟的供应链理论和动态联盟理论两类方法。供应链利润分配研究的收益分配模型和研究方法，涉及 Shapley 值法、博弈模型、优化模型等；联盟利润分配研究包括委托代理理论、Shapley 值法及优化理论等[144]。供应链和动态联盟理论为工程质量政府监督运行模式下各方利益分配奠定了理论支撑。

2. 工程质量政府监督利益分配机制构建思路

本书从工程质量政府监督机构和质量监督团队（或小组）组成的两级管理系统分析入手，引入利益分配和激励机制，构建政府质量监督的伙伴关系，以提高工程质量监督各方的努力程度和政府质量监督整体绩效。其基本思路是通过构建工程质量政府监督多层次各方之间的博弈模型，分析工程质量政府监督机构和质量监督团队（或小组）之间的利益分配机制，揭示政府质量监督机构管理协调能力、质量监督团队管理协调能力及建设主体质量行为对利益分配的影响[143]，为工程质量政府监督机制设计提供决策建议。

11.2.2 模型描述与建立

1. 模型描述

工程质量政府监督的实施模式正像工程总分包模式一样，在所辖区域由一个政府质量监督机构和 n 个质量监督团队（或小组）构成多级供应链，如图11-4 所示[145]。在工程质量政府监督实施过程中，政府质量监督机构和各质量监督团队（或小组）相互独立，能独立地做出质量监督决策，区域工程质量整体是各工程项目质量个体的集成，区域工程质量政府监督的有效性取决于各监督团队质量监督效果的集成。因此，从利益分配关系来看，政府质量监督机构与质量监督团队（或小组）形成相互合作的伙伴关系。在工程质量政府监督体系中，以政府质量监督机构为核心，将 n 个质量监督团队（或小组）、政府及相关的质量活动连成一个满足政府工程质量监督有效需求的管理协调组织。

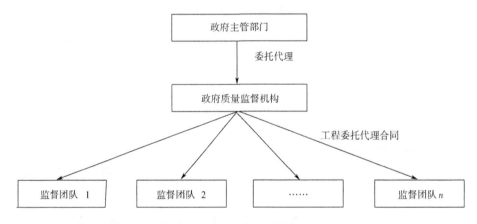

图 11-4 工程质量政府监督运行模式的多级管理组织

2. 模型的基本假设

基于以上工程质量政府监督实施模式的运行分析，可提出以下基本假设：

1）模型考虑所辖区域的一个政府质量监督机构和 n 个质量监督团队（或小组）组成的二级管理组织。

2）政府为了取得区域工程质量整体水平的提升和政府质量监督的有效性，

政府主管部门愿意支付奖励，在总委托代理合同中规定奖励系数和奖励机制。

3）工程质量政府监督机构为了调动质量监督团队（或小组）质量执法监督的积极性，愿意将总委托代理合同的奖励通过二级委托代理合同与质量监督团队（或小组）一起分配。

4）工程质量政府监督机构和各质量监督团队（或小组）都愿意遵循职业道德准则，为赢得激励奖励而付出工程质量政府执法监督的努力。

5）n 个质量监督团队都能胜任工程质量政府监督工作，且只要认真履行工程质量政府监督行为，其质量监督的工作结果是同质的。

6）各工程质量监督团队（或小组）有追求自身利益的内在行为特征，会从自身收益最大化的角度选择努力程度。

7）工程质量政府监督机构和各质量监督团队（或小组）都是风险中性。

3. 模型所涉及的主要参数与含义

Q_i 合同价格，$i \in \{0, n\}$。当 $i = 0$ 时，Q_i 为政府质量监督机构与政府主管部门签订的合同价格；当 $i \neq 0$ 时，Q_i 为第 i 个质量监督团队（或小组）与政府质量监督机构签订的合同价格。

Q'_i 合同价格与激励奖励之和，$i \in \{0, n\}$。当 $i = 0$ 时，Q'_i 为政府质量监督机构与政府主管部门签订的合同价格与所得激励奖励之和；当 $i \neq 0$ 时，Q'_i 为第 i 个质量监督团队（或小组）与政府质量监督机构签订的合同价格与所得激励奖励之和。

a_i 努力协调程度，$i \in \{0, n\}$。$i = 0$ 时，a_i 为政府质量监督机构的努力协调程度，即政府质量监督机构为获得奖励所付出的努力水平，$0 \leq a_0 \leq 1$；当 $i \neq 0$ 时，a_i 为第 i 个质量监督团队（或小组）的努力协调程度，即第 i 个质量监督团队（或小组）为获得奖励所付出的努力水平，$0 \leq a_i \leq 1$。

α_i 努力协调效率，$i \in \{0, n\}$。当 $i = 0$ 时，α_i 为政府质量监督机构的努力协调效率，即在政府质量监督机构所付出的努力水平 a_0 下所达到的协调效果，$\alpha_0 > 0$；当 $i \neq 0$ 时，α_i 为第 i 个分包商的努力协调效率，即在第 i 个质量监督团队（或小组）为获得奖励所付出的努力水平 a_i 下所达到的协调效果，$\alpha_i > 0$。

β_i 努力协调成本系数，$i \in \{0, n\}$。当 $i = 0$ 时，β_i 为政府质量监督机构的努力协调成本系数，即为政府质量监督机构的努力程度所支付的成本，$0 < \beta_0 \leq 1$；当 $i \neq 0$ 时，β_i 为第 i 个质量监督团队（或小组）的努力成本系数，即为第 i 个质量监督团队（或小组）的努力程度所支付的成本，$0 < \beta_i \leq 1$。

C_i 固定成本，$i \in \{0, n\}$。当 $i = 0$ 时，C_i 为政府质量监督机构为完成工程质量政府监督任务所付出的固定成本；当 $i \neq 0$ 时，C_i 为第 i 个质量监督团队（或小组）为完成工程质量政府监督任务所付出的固定成本。

C_i' 附加成本，$i \in \{0, n\}$。当 $i = 0$ 时，C_i' 为政府质量监督机构为赢取奖励所付出的附加成本；当 $i \neq 0$ 时，C_i' 为第 i 个质量监督团队（或小组）为赢取奖励所付出的附加成本。

λ_i 奖励分配系数，$i \in \{0, n\}$。当 $i = 0$ 时，λ_i 为政府质量监督机构的奖励分配系数，$0 \leq \lambda_0 \leq 1$；当 $i \neq 0$ 时，λ_i 为第 i 个质量监督团队（或小组）的奖励分配系数，$0 \leq \lambda_i \leq 1$。

γ_0 协调效率成本系数比，$i \in \{0, n\}$。当 $i = 0$ 时，γ_0 为政府质量监督机构的协调效率成本系数比；当 $i \neq 0$ 时，γ_0 为第 i 个质量监督团队（或小组）的协调效率成本系数比。

π 由政府质量监督机构和 n 个质量监督团队（或小组）组成的管理系统的总收益。

π_i 各工程质量政府监督者的收益，$i \in \{0, n\}$。当 $i = 0$ 时，π_i 为政府质量监督机构的收益；当 $i \neq 0$ 时，π_i 为第 i 个质量监督团队（或小组）的收益。

P 为政府主管部门付给政府质量监督机构的奖励总额。

Φ_0 为政府主管部门与政府质量监督机构驱动的总合同规定的奖励系数，且满足条件 $0 \leq \Phi_0 \leq 1$。

4. 模型建立

（1）政府质量监督机构视角的收益成本分析。

在工程质量政府监督委托的区域划分的总分包组织模式下，一个区域的工程质量监督关系一般只有一个政府主管部门和一个政府质量监督机构[145]。政府质量监督机构与政府主管部门签订委托代理的质量监督合同价格为 Q_0，且当政府质量监督机构按委托代理合同约定的工程质量监督目标完成该区域工程质量政府监督任务时，政府主管部门给予政府质量监督机构激励奖励，激励奖励与监督合同价格、政府质量监督机构的努力协调程度、努力协调效率、奖励比例及各质量监督团队（或小组）的努力协调程度和努力协调效率等有关[146]，计算表达式如下

$$P = \varphi_0 Q_0 \sum_{i=0}^{n} a_i \alpha_i \tag{11-6}$$

由于完成监督任务的奖励由政府质量监督机构和各质量监督团队共享，设政府质量监督机构的奖励分配系数为 λ_0，则政府质量监督机构的最终质量监督

合同价[147]可表示为

$$Q'_0 = Q_0 + \lambda_0 P = Q_0 + \lambda_0 \varphi_0 Q_0 \sum_{i=0}^{n} a_i \alpha_i \qquad (11\text{-}7)$$

为了达到政府质量监督机构的自身目标和改善工程质量水平，除了要付出正常的监督管理成本 C_0 之外，必须另外投入一些附加的成本 C'_0，用于与各质量监督团队（小组）之间的协调。而且，这部分附加成本与政府质量监督机构的努力协调程度和协调成本系数有关，并随着努力协调程度和协调成本系数的增加而增加。假设其附加成本可表述为努力程度和协调成本系数的二次函数，则政府质量监督机构的附加成本可表示为

$$C'_0 = \varphi_0 Q_0 (a_0 \beta_0)^2 \qquad (11\text{-}8)$$

（2）质量监督团队视角的收益成本分析。

假设一个区域的工程质量政府监督有 n 个质量监督团队（或小组），第 i 个质量监督团队（或小组）与政府质量监督机构签订二级委托代理合同价格 Q_i，当质量监督团队按二级委托代理合同约定的工程质量监督目标完成质量执法监督任务时，政府质量监督机构给予该质量监督团队（或小组）一定的奖励[147]，设其奖励分配系数为 λ_i，则第 i 个质量监督团队的最终二级委托代理合同价格可表达为

$$Q'_i = Q_i + \lambda_i P = Q_i + \lambda_i \varphi_0 Q_0 \sum_{i=0}^{n} a_i \alpha_i \qquad (11\text{-}9)$$

为了达到其工程质量监督的效果，第 i 个质量监督团队除了要支付正常的成本 C_i，还必须另外投入一些附加的成本 C'_i，其附加成本与第 i 个质量监督团队（或小组）的努力协调程度和协调成本系数有关，且随着其努力协调程度和协调成本系数的增加而增加。同样，假设其附加成本表述为努力程度和协调成本系数的二次函数[146]，则第 i 个质量监督团队的附加成本可表示为

$$C'_i = \varphi_0 Q_0 (a_i \beta_i)^2 \qquad (11\text{-}10)$$

（3）收益目标函数模型构建。

设所辖区域工程质量政府监督的总收益为 π，政府质量监督机构的收益为 π_0，第 i 个质量监督团队（或小组）的收益为 π_i[148]。收益等于收入减去成本，据上述分析，则所辖区域工程质量政府监督的总收益、政府质量监督机构的收益、第 i 个质量监督团队（或小组）的收益的目标函数可分别表示为

$$\pi = Q_0 + \varphi_0 Q_0 \sum_{i=0}^{n} a_i \alpha_i - \sum_{i=0}^{n} C_i - \sum_{i=0}^{n} \varphi_0 Q_0 (a_i \beta_i)^2 \qquad (11\text{-}11)$$

$$\pi_0 = Q_0 + \lambda_0 \varphi_0 Q_0 \sum_{i=0}^{n} a_i \alpha_i - C_0 - \varphi_0 Q_0 (a_i \beta_i)^2 - \sum_{i=0}^{n} Q_i \quad (11\text{-}12)$$

$$\pi_i = Q_i + \lambda_i \varphi_0 Q_0 \sum_{i=0}^{n} a_i \alpha_i - C_i - \varphi_0 Q_0 (a_i \beta_i)^2 \quad (11\text{-}13)$$

11.2.3 博弈模型求解与分析

从工程质量政府监督实施的模式运行来看，两个层次委托代理的行为策略有两种可能：一是政府质量监督机构与各质量监督团队（或小组）采取合作策略；二是政府质量监督机构与各质量监督团队（或小组）采取非合作策略。由此，该博弈模型的求解也分为两个阶段[148]：第一阶段是合作对策阶段，政府质量监督机构和各质量监督团队（或小组）共同合作完成所辖区域的工程质量监督工作，以此设计相应的利益分配与协调结构合同；第二阶段属于非合作对策阶段，政府质量监督机构和各质量监督团队（或小组）独立地选择质量执法监督的努力程度，由此形成该阶段的利益分配与协调模型。下面从第二阶段的利益分配与协调模型逆向分析求解开始。

1. 第二阶段的非合作博弈求解与推论

从政府质量监督机构视角来看，若使得政府质量监督机构收益最大，需要有最佳的努力协调程度 a_0^{*} [149]，所以，将式（11-13）中 π_0 对 a_0 求一阶导数可得

$$\frac{\partial \pi_0}{\partial a_0} = \lambda_0 \varphi_0 Q_0 a_0 - 2\varphi_0 Q_0 \beta_0^2 a_0 \quad (11\text{-}14)$$

令 $\frac{\partial \pi_0}{\partial a_0} = 0$，求解可得最佳努力协调程度 a_0^{*} 表达式为

$$a_0^{*} = \frac{\lambda_0 a_0}{2\beta_0^2} \quad (11\text{-}15)$$

推论1：政府质量监督机构为了实现自身利润最大化，必须付出最佳的努力程度[150]。最佳的努力程度与其自身协调效率成正比，与其成本系数的平方成反比，而且与其所得的奖励为正相关。

证明：a_0^{*} 对 a_0 求一阶导数可得 $\frac{\partial a_0^{*}}{\partial \alpha_0} = \frac{\lambda_0}{2\beta_0^2}$，因为 $0 \le \lambda_0 \le 1$，$0 \le \beta_0 \le 1$，所以 $\frac{\partial a_0^{*}}{\partial \alpha_0} > 0$，故政府质量监督机构的最佳努力协调程度与其自身协调效率成正比[151]。

a_0^* 对 β_0 求一阶导数可得 $\dfrac{\partial a_0^*}{\partial \beta_0} = -\lambda_0 \dfrac{\alpha_0}{2\beta_0^2}$，因为 $0 \leqslant \lambda_0 \leqslant 1, 0 \leqslant \beta_0 \leqslant 1, 0 \leqslant \alpha_0 \leqslant 1$，所以 $\dfrac{\partial a_0^*}{\partial \beta_0} < 0$，故政府质量监督机构的最佳努力协调程度与成本系数的平方成反比。

a_0^* 对 λ_0 求一阶导数，可得 $\dfrac{\partial a_0^*}{\partial \lambda_0} = \dfrac{\alpha_0}{2\beta_0^2}$，因为 $0 \leqslant \beta_0 \leqslant 1, 0 \leqslant \alpha_0 \leqslant 1$，所以，奖励分配系数越大，政府质量监督机构的奖励越多[152]，即政府质量监督机构的努力程度与奖励数额正相关。由此可证得推论 1 成立。

从第 i 个质量监督团队（或小组）视角来看，若使得自身利润最大，需要有最佳的努力协调程度 a_i^* [153]，所以 π_i 对 a_i 求一次导数可得

$$\frac{\partial \pi_i}{\partial a_i} = \lambda_i \varphi_0 Q_0 a_i - 2\varphi_0 Q_0 \beta_i^2 a_i \tag{11-16}$$

令 $\dfrac{\partial \pi_i}{\partial a_i} = 0$，可求解得到第 i 个质量监督团队（或小组）的最佳努力协调程度 a_i^* 为

$$a_i^* = \frac{\lambda_i a_i}{2\beta_i^2} \tag{11-17}$$

推论 2：第 i 个质量监督团队（或小组）为了实现自身利润最大化，必须付出最佳的努力程度，最佳努力程度与其自身效率成正比，与其成本系数的平方成反比，而且与其所得的奖励比例正相关。

证明：a_i^* 对 a_i 求一阶导数可得 $\dfrac{\partial a_i^*}{\partial \alpha_i} = \dfrac{\lambda_i}{2\beta_i^2}$，因为 $0 \leqslant \lambda_i \leqslant 1, 0 \leqslant \beta_i \leqslant 1$，所以 $\dfrac{\partial a_i^*}{\partial \alpha_i} > 0$，故第 i 个质量监督团队（或小组）最佳努力协调程度与其自身协调效率成正比。

a_i^* 对 β_i 求一阶导数可得 $\dfrac{\partial a_i^*}{\partial \beta_i} = -\lambda_i \dfrac{\alpha_i}{2\beta_i^3}$，因为 $0 \leqslant \lambda_i \leqslant 1, 0 \leqslant \beta_i \leqslant 1, 0 \leqslant \alpha_i \leqslant 1$，所以 $\dfrac{\partial a_i^*}{\partial \beta_i} < 0$，故第 i 个质量监督团队（或小组）最佳努力协调程度与成本系数的平方成反比。

同理，可得 $\dfrac{\partial a_i^*}{\partial \lambda_i} = \dfrac{\alpha_i}{2\beta_i^2}$，因为 $0 \leqslant \beta_i \leqslant 1, 0 \leqslant \alpha_i \leqslant 1$，所以，分配系数越大，

则第 i 个质量监督团队（或小组）的奖励越多，即第 i 个质量监督团队（或小组）努力程度与奖励数额正相关。由此可证得推论 2 成立。

推论 3：政府质量监督机构和质量监督团队（或小组）的努力协调程度均与其固定成本无关。

证明：通过政府质量监督机构的最佳努力协调程度 a_0^* 公式（式（11-15））和质量监督团队（或小组）的最佳努力协调程度 a_i^* 公式（式（11-17）），可证得推论 3 成立。

2. 第一阶段的合作博弈求解与推论

将 a_0^*，a_i^* 代入式（11-11）可得合作博弈的收益表达式如下

$$\pi = Q_0 + \varphi_0 Q_0 \sum_{i=0}^{n} \frac{\lambda_i \alpha_i}{2\beta_i^2} - \sum_{i=0}^{n} C_i - \sum_{i=0}^{n} \varphi_0 Q_0 \frac{\lambda_i^2 \alpha_i^2}{4\beta_i^4} \tag{11-18}$$

因为 $\lambda_0 + \sum_{i=1}^{n} \lambda_i = 1$，所以 $\lambda_0 = 1 - \sum_{i=1}^{n} \lambda_i$，将其带入式（11-18）可得收益表达式为

$$\pi = Q_0 + \varphi_0 Q_0 \left[\frac{(1 - \sum_{i=1}^{n} \lambda_i)\alpha_0^2}{2\beta_0^2} + \sum_{i=1}^{n} \frac{\lambda_i \alpha_i^2}{2\beta_i^2} \right] - \tag{11-19}$$

$$\sum_{i=0}^{n} C_i - \varphi_0 Q_0 \frac{(1 - \sum_{i=1}^{n} \lambda_i)\alpha_0^2}{4\beta_0^4} - \sum_{i=1}^{n} \varphi_0 Q_0 \frac{\lambda_i^2 \alpha_i^2}{4\beta_0^2}$$

由于工程质量政府监督的总收益与第 i 个质量监督团队（或小组）的奖励分配系数有关[154]，π 对第 i 个质量监督团队（或小组）的 λ_i 求导[155]，可得公式为

$$\frac{\partial \pi}{\partial \lambda_i} = \varphi_0 Q_0 \left(-\frac{\alpha_0^2}{2\beta_0^2} \right) + \varphi_0 Q_0 \frac{\alpha_i^2}{2\beta_i^2} + $$

$$\varphi_0 Q_0 \frac{(1 - \sum_{i=1}^{n} \lambda_i)\alpha_0^2}{2\beta_0^2} - \varphi_0 Q_0 \frac{\lambda_i \alpha_i^2}{2\beta_i^2} \tag{11-20}$$

令 $\frac{\partial \pi}{\partial \lambda_i} = 0$，可求解得

$$-\frac{\alpha_0^2}{2\beta_0^2} + \frac{\alpha_i^2}{2\beta_i} + \frac{\alpha_0^2}{2\beta_0^2} - \frac{\alpha_0^2}{2\beta_0^2} \sum_{i=1}^{n} \lambda_i - \frac{\lambda_i \alpha_i^2}{2\beta_i^2} = 0$$

因为 $\sum_{i=1}^{n} \lambda_i = \lambda_i + \sum_{j=1, j\neq i}^{n} \lambda_j$，所以，上式可表达为 $\frac{\alpha_i^2}{\beta_i^2} - \frac{\alpha_0^2}{\beta_0^2} \sum_{j=1, j\neq i}^{n} \lambda_j = \lambda_i \left(\frac{\alpha_i^2}{\beta_i^2} + \right.$

$\dfrac{\alpha_0^2}{\beta_0^2}$），简化可得

$$\lambda_i = \frac{\alpha_i^2\beta_0^2}{\alpha_0^2\beta_i^2 + \alpha_i^2\beta_0^2} - \frac{\alpha_0^2\beta_i^2}{\alpha_0^2\beta_i^2 + \alpha_i^2\beta_0^2}\sum_{j=1,j\neq i}^{n}\lambda_j$$

又因为 $\sum_{j=1,j\neq i}^{n}\lambda_j = 1 - \lambda_0 - \lambda_i (n>1)$，所以上式可进一步表达为

$$\lambda_i = \frac{\alpha_i^2\beta_0^2}{\alpha_0^2\beta_i^2 + \alpha_i^2\beta_0^2} - \frac{\alpha_0^2\beta_i^2}{\alpha_0^2\beta_i^2 + \alpha_i^2\beta_0^2}(1 - \lambda_0 - \lambda_i)$$

$$= 1 - \frac{\alpha_0^2\beta_i^2}{\alpha_i^2\beta_0^2}(1 - \lambda_0) \tag{11-21}$$

由于 $\lambda_0 = 1 - \sum_{i=1}^{n}\lambda_i$，代入上式可得

$$\lambda_0 = 1 - \sum_{i=1}^{n}\lambda_i = 1 - \sum_{i=1}^{n}\left[1 - \frac{\alpha_0^2\beta_i^2}{\alpha_i^2\beta_0^2}(1-\lambda_0)\right] \tag{11-22}$$

对于相同 n 来说，λ_0 相等，所以

$$\left(1 + \sum_{i=1}^{n}\frac{\alpha_0^2\beta_i^2}{\alpha_i^2\beta_0^2}\right)\lambda_0 = 1 - n + \sum_{i=1}^{n}\frac{\alpha_0^2\beta_i^2}{\alpha_i^2\beta_0^2} \tag{11-23}$$

将式（11-22）代入式（11-23），整理后得

$$\lambda_0 = \frac{1 - n + \sum_{i=1}^{n}\frac{\alpha_0^2\beta_i^2}{\alpha_i^2\beta_0^2}}{1 + \sum_{i=1}^{n}\frac{\alpha_0^2\beta_i^2}{\alpha_i^2\beta_0^2}} = 1 - \frac{n}{1 + \sum_{i=1}^{n}\frac{\alpha_0^2\beta_i^2}{\alpha_i^2\beta_0^2}} \tag{11-24}$$

将式（11-24）代入式（11-21），整理后可得

$$\lambda_i = 1 - \frac{\alpha_0^2\beta_i^2}{\alpha_i^2\beta_0^2}\frac{n}{1 + \sum_{i=1}^{n}\frac{\alpha_0^2\beta_i^2}{\alpha_i^2\beta_0^2}} \tag{11-25}$$

此时，令 $\lambda_0 = \alpha_0/\beta_0$，$\lambda_i = \alpha_i/\beta_i$，将 λ_0，λ_i 分别代入式（11-24）和式（11-25），可得到

$$\lambda_0 = 1 - \frac{n}{1 + \sum_{i=1}^{n}\frac{\gamma_0^2}{\gamma_i^2}} \tag{11-26}$$

$$\lambda_i = 1 - \frac{\gamma_0^2}{\gamma_i^2}\frac{n}{1 + \sum_{i=1}^{n}\frac{\gamma_0^2}{\gamma_i^2}} \tag{11-27}$$

推论4：各质量监督团队（或小组）的协调效率成本系数比越大[156]，即协调效率越高，所分得的奖励份额越大。

证明：λ_0 对 γ_0 求导可得

$$\frac{\partial \lambda_0}{\partial \gamma_0} = \frac{2n\gamma_0}{(1 + \gamma_0^2 \sum\limits_{i=1}^{n} \frac{1}{\gamma_i^2})^2} \qquad (11\text{-}28)$$

又因为 $n \geqslant 1, 0 < \gamma_0^2 = \alpha_0/\beta_0 \leqslant 1$，可知 λ_0 对 γ_0 的一阶导数也大于零，单调递增。λ_i 对 γ_i 求导可得

$$\frac{\partial \lambda_i}{\partial \gamma_i} = \frac{2n\gamma_0^2(1 + \sum\limits_{j=1, j\neq i}^{n} \frac{\gamma_0^2}{\gamma_j^2})}{\gamma_i^3(1 + \gamma_0^2 \sum\limits_{i=1}^{n} \frac{1}{\gamma_i^2})^2} \qquad (11\text{-}29)$$

同上可知，λ_i 对 γ_i 的一阶导数也大于零，单调递增。

故无论从政府质量监督机构视角，还是从第 i 个质量监督团队（或小组）视角，奖励分配系数都会随着协调效率成本系数的增加而增大。所以，可证得推论4成立。

推论5：各个质量监督团队（或小组）的奖励分配系数不仅与自身的协调效率、成本系数有关，还与其他合作成员的协调效率、成本系数有关[154]。当某一个质量监督团队（或小组）保持自身协调效率和成本系数不变时，其他质量监督团队（或小组）协调效率成本系数的增大，将会导致该质量监督团队（或小组）奖励分配系数减小。

证明：λ_0 对 γ_i 求导可得

$$\frac{\partial \lambda_0}{\partial \gamma_i} = -\frac{2n}{\gamma_i^3(1 + \gamma_0^2 \sum\limits_{i=1}^{n} \frac{1}{\gamma_i^2})^2} \qquad (11\text{-}30)$$

因为 $n \geqslant 1, 0 < \gamma_i = \alpha_i/\beta_i \leqslant 1$，可知 λ_0 对 γ_i 的一阶导数也小于零，单调递减。

第 i 个质量监督团队（或小组）的奖励分配系数对第 j 个质量监督团队（或小组）的努力协调效率成本系数求导，即 λ_0 对 γ_j 求导可得

$$\frac{\partial \lambda_i}{\partial \gamma_j} = -\frac{\gamma_0^2}{\gamma_j^2}\frac{2n}{\gamma_i^3(1 + \gamma_0^2 \sum\limits_{i=1}^{n} \frac{1}{\gamma_i^2})^2}$$

同上可知，λ_i 对 γ_j 的一阶导数也小于零，单调递减。

故无论从政府质量监督机构视角，还是从第 i 个质量监督团队（或小组）视角，当其自身协调效率和成本系数不变时，其他质量监督团队（或小组）协调效率成本系数的增大[155]，会导致政府质量监督机构或第 i 个质量监督团队（或小组）的奖励分配系数减小。这就要求政府质量监督机构或质量监督团队（或小组）随时关注其他方的状况，调整自己的工作。故此，可证得推论 5 成立。

11.2.4　工程质量政府监督激励协调机制实施策略

工程质量政府监督的双重委托代理经济行为特征，决定了提高工程质量政府监督的有效性，依赖于科学合理的激励机制设计来调动工程质量各层次监督者的积极性和规范工程质量政府执法监督行为[157]。基于上述工程质量政府监督博弈策略分析和相关推论结果，以激励协调机制改进工程质量政府执法监督，政府主管部门以及各层次工程质量监督者宜采取适度策略。

1）政府主管部门应设立工程质量政府监督激励体系，充分调动各层次工程质量监督者（监督机构、监督团队、监督人员）实施工程质量政府监督的积极性和能动性，提高工程质量政府监督的效率与效益。首先，应该改变目前"大锅饭"包干的工程质量政府监督机构费用预算管理体制，构建工程质量政府监督的"基本费用＋绩效奖励费用"的预算管理体系[158]，从预算管理源头入手，把工程质量政府监督的投入与监督努力及其实现价值相关联，引入工程质量政府监督激励机制，挖掘工程质量政府监督的内在潜力[159]，提高工程质量政府监督的有效性。其次，从工程质量政府监督双重委托代理行为分析入手，探索多层次协同激励运行机制，设计科学合理的奖励分配系数和团队结构体系，发挥工程质量监督者（监督机构、监督团队、监督人员）多层次合作协同效益[151]，实现工程质量政府监督激励效益最大化。

2）政府质量监督机构应合理设置监督团队，提高协调效率，降低监督协调成本，实现自身激励价值最大化。质量监督团队（或小组）数量影响政府质量监督机构的奖励分配系数，当在政府质量监督机构和质量监督团队（或小组）不改变协调效率成本系数比时，随着质量监督团队（或小组）个数增加，政府质量监督机构的奖励分配系数呈逐渐下降的特征。政府质量监督机构若要保持奖励分配系数始终处于一个可接受的范围内[160]，则政府质量监督机构在质量监督团队（或小组）增加时，必须提高努力协调效率，以降低协调成本。

3）质量监督团队（或小组）应建立合作伙伴关系，努力提高协调效率来实现自身激励价值最大化。质量监督团队（或小组）提高努力协调效率，在其他方不改变协调效率成本系数比的前提下，对其他方的奖励分配系数将产生影响。当其他方不改变协调效率成本系数比时，某一质量监督团队（或小组）协调效率越大，则该质量监督团队（或小组）的奖励分配系数越会相应增加，同时，其他方的奖励分配系数将减小。因此，工程质量政府监督团队各方应密切关注合作者的工作效率，随时对自身的工作效率进行改进[146]。另外，随着质量监督团队（或小组）努力协调效率成本系数比 γ_i 的增大，其奖励分配系数 λ_i 也会增大，说明质量监督团队（或小组）的协调效率成本系数比在一定程度上反映了质量监督团队（或小组）的专业执法监督能力。因此，各质量监督团队（或小组）要注意增大自身的协调效率，增强自身的竞争能力，从而增大奖励自己的分配系数。

11.2.5 工程质量政府监督激励协调结论分析

工程质量政府监督是我国工程质量管理的基本制度，政府质量监督的区域划分决定了区域工程质量政府监督的法人负责制，即对所辖区域工程质量监督负全责；具体工程质量监督的群体执法行为特征要求政府质量监督由质量监督团队实施，对具体工程质量监督负责。事实上形成了工程质量政府监督运行的双重委托代理关系。因此，就一个区域工程质量政府监督而言，工程质量政府监督运行过程类似于总分包模式的伙伴关系。从经济学意义上来讲，实现工程质量政府监督各方合作共赢战略有利于提高工程质量政府监督的有效性和区域工程质量整体水平的提升，合作共赢战略实施的关键因素在于以提高所辖区域工程质量政府监督整体有效性为基准而建立工程质量监督参与各方的收益分配与激励协调机制[161]。从政府主管部门、政府质量监督机构和若干质量监督团队（小组）组成的多级项目管理组织系统分析入手，以政府质量监督机构为区域政府质量监督的核心，建立多级博弈策略模型，探析政府质量监督机构和若干质量监督团队（小组）之间的利益分配机制，揭示政府质量监督机构和若干质量监督团队（小组）的专业执法监督能力对利益分配的影响，提出利益分配过程中的奖励分配系数。这不仅与自身的协调效率、成本系数有关，而且还与其他合作成员的协调效率、成本系数有关，且不可独立观测。因此，工程质量政府监督激励协同治理需要树立系统观念，需要确立合作共赢理念[157]，需要以增强专业执法监督能力为本。只有这样，工程质量政府监督激励协同效益、工程质量政府执法监督的有效性才能得到提升，才能实现区域工程质量整体水平的提高，有效保证国家和公众的工程质量利益。

11.3　工程质量政府监督的声誉激励机制

工程质量事关国家经济发展、社会稳定和人民生命财产安全。工程质量形成过程错综复杂，工程质量政府监督涉及多主体和全过程。由于工程建设各方利益相关者存在严重的信息不对称和收益分配的矛盾性，因此，实施工程质量政府监督是国际惯例。无论是工程产品的生产，还是交易，都依赖于建设主体和体系参与者的信誉，信誉是工程质量保证的基础。实施工程质量政府执法监督需要以信誉来保证权威性，信誉保证离不开监督者声誉制约。信誉的外在表现是声誉，声誉是重要的社会资本，它是为了获得长远的交易利益而自觉遵守合约的承诺。Fombrun 认为"对企业而言，良好的声誉就是一张非常好的名片，能帮助企业吸引更多的投资者、消费者和追随者，以及赢得人们的尊敬。"在产品竞争、服务竞争之后，作为无形资产的声誉所拥有的激励和约束作用，在责任消费、信息开放程度高的互联网时代，能给组织和个人带来各种机遇与价值。声誉作为一种保证契约得以顺利实施的隐性机制，深深根植于行为活动和价值创造的各个层面，工程质量的信任要依靠声誉机制来维持，工程质量的政府监督也要依靠声誉机制来强化，本书着重分析声誉机制对监督人员行为的激励作用。

工程建设过程的信息不对称特性决定了其工程质量管理问题研究的主线和视角，从 Akerlof 旧车市场模型（Lemons Mode1）到信息甄别、信号传递以及声誉机制等信息经济学理论，为开展工程质量管理研究提供了理论基础。Klein 和 Leffler（1981）、Shapiro（1983）构建了质量酬金和价格贴水模型，探究了无限重复博弈情况下企业质量声誉形成机制；Stefanie Engel（2006）引用 Tirole《产业理论组织》一书中的声誉模型，证明企业愿意花费较高成本来生产高质量的产品。占小军等（2009）解释了有效的激励与约束机制能够解决公务员的败德行为，阐述了声誉激励就是其中一个制度安排；高晓鸥等（2010）采用质量声誉模型分析了现行质量监管体制下乳制品生产企业质量的选择行为，提出了加大监管力度、完善质量监管体系和法规的建议；刘承毅等[162]（2014）给出声誉激励和社会监督均可减少垃圾处理特许经营企业违规概率的结论；喻凯等[163]（2015）从企业声誉与财务绩效、公司价值、社会责任、公司治理之间的关系入手，探讨了企业声誉的价值与运用。目前，对工程质量政府监督方面的声誉激励研究还不多见。

11.3.1 工程质量形成与产品交易特征决定了实施工程质量政府监督的必要性

1. 工程质量形成规律要求严格实施工程质量政府监督

工程质量是工程建设决策、规划设计、施工建设、维护运行的全过程建设活动的结果。工程质量形成过程涉及所有参与工程建设活动的各类各层次建设主体的工程质量行为和活动结果，覆盖了建设工程质量形成中必需的人、材料、机械、工艺方法、建设环境的全部质量影响因素。工程质量形成过程具有明显的隐蔽性、不确定性和不可逆转性，提高建设工程质量，必须从各类各层次建设主体的质量活动、质量行为入手，严格实施工程质量政府监督管理。

2. 工程产品交易特征内在规定了工程质量政府监督制度的科学性

工程产品具有先交易后生产的基本特征。工程主体是实现建筑产品生产、交易活动的一个组织体系，由于建筑产品先有交易后有生产，是以契约为纽带的预约式生产与管理过程，形成了其不同于一般商品交易的显著特性，使得建设工程市场集中体现出多层次信息不对称性和多级交互契约的不确定性，基于各环节复杂契约关系实施工程产品的生产过程，涉及复杂的多方关联利益关系，既需要法律法规的支撑，也需要政府的调控与监管，因此工程质量政府监督制度应运而生。

11.3.2 工程建设经济性与监督委托代理特征确立了声誉激励的有效性

1. 工程建设管理的经济性特征是声誉激励的市场基础

信息经济学假定，委托人和代理人都是追求自身利益最大化的经济人，都有通过签订契约取得分工效果，增加自身利益的动机。因而，委托人可以借助声誉诱导代理人长期信守契约。工程建设过程具有多阶段复杂委托代理关系，体现出以下 3 个主要特征。

1）信息不对称性。工程质量监督过程的代理人的执法监督行为（努力程度、机会主义等）和私有信息（能力大小、风险态度）等难以被委托人（政府或监督部门）观察和证实，从而给委托人的工程质量监管控制带来很大困难。

2）代理结果的不确定性[164]。代理结果既受到代理人（质量监督部门、质量监督小组）努力程度的影响，又受到许多代理人（质量监督部门、质量监督小组）难以把握的不确定性因素（建设主体质量行为、建设市场环境）的影响。

3）契约的不完备性[165]。工程建设是预约生产，先交易、后生产。契约成为制约交易效果的关键。由于工程建设未来结果不可能完全预测，契约难以确定建设过程的所有可能情况，且建设工程涉及的专业性、技术性太强，订立完备契约的成本太高，因此事实上决定了工程建设契约的不完备性。

2. 工程质量政府监督的委托代理链架构要求声誉激励的层间协同

所在地的质量监督部门（站）是工程质量政府监督的主体，实施工程建设主体质量行为及实体工程质量的执法监督是受其政府建设行政主管部门委托的基本职能，保障建设工程安全使用和环境质量是工程质量政府执法监督的目的所在。政府质量监督形成政府与质量监督部门、质量监督部门与监督小组的双重委托代理链结构，如图11-5所示。政府质量监督部门受政府委托对所辖区域全部工程质量负全责，质量监督小组受质量监督部门委托对所监督工程的质量负监督责任，所有工程质量监督责任的总和就是质量监督部门所辖区域工程质量监督的全部责任。

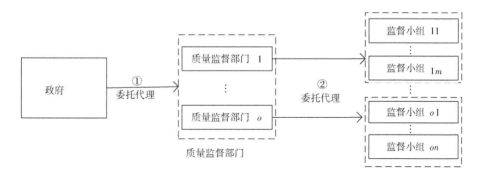

图11-5　工程质量政府监督委托代理链

政府的工程质量意志通过工程质量监督部门的监督来达成，工程质量监督部门注重提高全社会的建设工程质量整体水平，以改善建设主体质量行为为主要切入点，如图11-5中①所示的委托代理关系（一对多的委托代理）；质量监督部门派遣工程质量监督小组检查监督工程建设承建单位（或其他建设主体）的质量行为和工程实体质量，确保工程质量的实现，如图11-5中②所示的委托代理（一对多的委托代理）。为确保工程质量，政府监管职能也体现为对工程质量部门和监督小组进行抽查的监督与激励，以多层次声誉协同激励来核实与提升质量监督部门和人员的工作绩效。委托代理的关键在于政府主管部门先确定一种报酬机制，质量监督部门和人员激励监督机构的监督人员尽心尽责，努力实现政府和公众的质量利益最大化目标；同时，工程质量政府监督机构和监督人员据此选择自己的努力行为，以实现自身效用最大化。

11.3.3 工程质量政府监督的声誉模型的构建

工程质量政府监督的声誉激励模型构建，可以从完备信息和不完备信息两种情况分析。通过分别分析，进一步揭示工程质量政府监督的声誉激励运行机理与实现过程。

1. 工程质量政府监督完全信息下的声誉机制模型

工程质量监督人员在工程质量监督市场中共同代理委托人（政府和质量监督部门）的工程质量意志，若信息是完全的，即政府能观察到工程质量监督部门的质量执法监督行为，工程质量政府监督部门能观察到工程质量监督人员（代理人）的工程质量执法监督行为[166]，可将政府和工程质量监督部门统一为委托人（他们的工程质量行为不一致，在完全信息下就不会设置该质量监督部门），其完全信息动态的博弈关系如图 11-6 所示。如果委托人不信任代理人，交易终止，双方的得益都是 0；如果委托人对代理人采取"信任"行为，若代理人没有辜负其信任，采取"诚信"策略，则委托人的得益为 a，代理人的得益为 e；若代理人采取"欺骗"策略，则委托人的得益为 b，代理人的得益为 h。

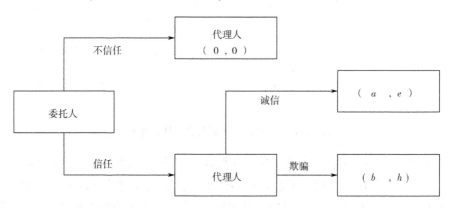

图 11-6 完全信息的博弈

对委托人来说，在机制设计上应保障代理人选择"诚信"质量策略时他的收益更大，即 $a > b$（表示 a 远大于 b）。对代理人来说，若 $e > h$，根据子博弈纳什均衡的逆向归纳法，最后的均衡结果是（信任，诚信），代理人不会改变"诚信"策略，从而其行为就被固化了下来，这是最理想的声誉机制作用效果。若 $e < h$（意味着欺骗策略的选择能获得更多的利益，实践中大都是这种情况，

会诱导代理人的机会主义行为），根据子博弈纳什均衡的逆向归纳法，代理人会
在博弈过程中选择"欺骗"策略，从而委托人会选择"不信任"策略，最后的
均衡结果是（不信任，欺骗），委托人和代理人无法达成契约合作。同理，有
限次重复博弈不可能使他们合作，亦即不可能形成声誉市场。

　　若委托人和代理人在工程质量监督过程中进行无限次重复交易（建设工程
市场的质量监督活动具有大量重复的特点），只要未来收益的折扣不是很大，即
双方都具有足够的耐心，委托人终止与代理人交易的威胁就将会有效地遏制代
理人的欺骗动机[167]。假定委托人采取"冷酷战略"，即委托人首先选择相信代
理人，代理人一旦滥用了委托人的信任，委托人将永远不会相信代理人（注意
信息完全）。

　　给定委托人的上述策略，如果代理人选择"欺骗"策略，他就只能得到本
期 h 单位的收益，但是以后每期的收益都是 g（可以理解为机会成本），设贴现
因子 δ 表示参与人的耐心程度，所以代理人总的贴现值为

$$V = h + \delta g + \delta^2 g + \cdots = h + g\delta/(1-\delta)$$

　　如果代理人选择"诚信"策略，他得到本期收益 e 个单位，以及在下一期 e
个单位的收益，总的贴现收益为

$$V' = e + \delta e + \delta^2 e + \cdots = e/(1-\delta)$$

　　当 $V' > V$ 时，$e/(1-\delta) > h + g\delta/(1-\delta)$，即 $\delta > (h-e)/(h-g)$，"诚信"
策略就是代理人的最优选择，从而"信任"策略也是委托人的最优行为。

　　由于存在长期收益较大的预期，激励代理人不断采用"诚信"策略，契约
得到持续的履行，代理人声誉渐渐累积，委托代理双方的信任度不断强化，代
理人的"诚信"行为也被固化了下来，从而显著地降低监督各方的监督成本和
交易成本，促进工程质量监督市场健康地运行与良性健康地发展。

2. 工程质量政府监督不完全信息下的声誉机制模型

　　基于 Tirole 模型，下面探讨不对称信息下工程质量政府监督声誉机制的模
型构建与分析[168]。

　　（1）工程质量政府监督的声誉收益分析。

　　政府为风险中性者，在任何时期都无法直接获得工程质量水平的信息，只
能通过工程质量监督部门获得工程质量监督信息而了解与掌握工程质量整体水
平和工程质量状况[169]。工程质量监督部门对工程质量的监管分两个时期进行，
分别用 t_1，t_2 表示，工程质量监督人员存在"诚信"和"欺骗"两种类型。"诚
信"型工程质量监督人员选择高质量的监管策略，而"欺骗"型工程质量监督

人员更倾向于选择低质量的监管策略。假设工程市场只有两种质量的工程，"诚信"型工程质量监督人员监管的单位成本为 c_1，"欺骗"型工程质量监督人员监管的单位成本为 c_0，显然有 $0 \leqslant c_0 \leqslant c_1$（高质量的监督行为需要更多的努力）。为便于讨论，在每一个时期，工程质量监管的总量为单位 1，假设从 t_1 时期的开始，工程质量监督部门对监督人员是"诚信"型的预期概率为 ρ，它对高监管质量的支付意愿为 θ，对低监管质量的支付意愿为 0，θ 可以看作是高质量监管所获得的质量溢价。

为了保障整个工程质量监督市场的质量监督水准，政府会建立一整套质量监督约束机制，如设立专门工程质量监督部门，按照一定的质量要求和标准化对工程事前、事中、事后进行全过程质量监督管理，以及对建设工程实体质量情况进行抽查监督，等等[170]。如果工程质量抽查监督结果是低质量的，那么工程质量监督人员的"欺骗"型就会被坐实，这种情况下的抽查监督是有效的。然而，在现实社会中很难（面临着巨额的交易成本）对所有工程质量进行全面检查监督。因此，政府常常在事后会有选择地对一些工程质量进行抽检监督，设其被抽查的概率为 γ，有 $0 \leqslant \gamma \leqslant 1$。

（2）工程质量政府监督不完全信息下的声誉机制模型构建。

基于图 11-5 给出的工程质量政府监督委托代理链框架，工程质量政府监督不完全信息下的声誉博弈模型的时间顺序如图 11-7 所示。

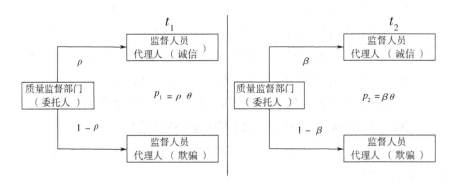

图 11-7　不完全信息的声誉模型

从图 11-7 可以看出，首先，在 t_1 时期工程质量监督部门对工程质量监管市场的类型有一个预期，认为工程质量监督人员"诚信"型的概率是 ρ，"欺骗"型的概率为 $1-\rho$，这决定了工程质量监督部门对工程质量监督人员的最大支付意愿为 $\rho\theta$，即工程质量监督人员这一时期的服务价格为 $p_1 = \rho\theta$。随后，工程质量监督人员选择自己的监督类型，工程质量监督部门以价格 p_1 进行购买，这一时期结束后，政府会组织对工程质量监督人员的监督成果进行随机抽查验收。因此，工程质量监督部门在 t_2 时期的开始，就会获得质量监督人员的质量监督过程类型的分布信息，并对监管市场类型的预期做出修正。如果有"欺骗"型的工程质量监督人员被抽检，其行为就会暴露，工程质量监督部门的支付意愿将直接降为 0。如果有"欺骗"型的工程质量监督人员没有被抽检，那么，工程质量监督部门就得不到质量监督人员类型的任何信息，它们会认为工程质量监督人员有可能是"诚信"型，其概率为 ρ，也可能是"欺骗"型却未被检查，概率是 $(1-\rho)(1-\gamma)$。应用贝叶斯定理，工程质量监督部门在没有获得任何信息的情况下，会将监督市场"诚信"型的预期调整为 β，即 $\beta = \dfrac{\rho}{\rho + (1-\rho)(1-\gamma)}$，当然"欺骗"型的预期会调整为 $1 - \beta$。这就决定了工程质量监督部门对工程质量监督人员的最大支付意愿为 $p_2 = \beta\theta$，即工程质量监督人员这一时期的服务价格为 p_2，对于"诚信"型工程质量监督人员，其两期的收益现值为

$$\Pi = (\rho\theta - c_1) + \delta(p_2 - c_1) \tag{11-31}$$

对于"欺骗"型工程质量监督人员，其收益取决于是否被抽查，两期收益现值可表示为

$$\begin{aligned}\Pi' &= \gamma(\rho\theta - c_0) + (1-\gamma)\left[(\rho\theta - c_0) + \delta(p_2 - c_0)\right] \\ &= (\rho\theta - c_0) + \delta(1-\gamma)(p_2 - c_0)\end{aligned} \tag{11-32}$$

式中，δ 为贴现值。

由式（11-31）和式（11-32）可知，"诚信"型工程质量监督人员的收益与抽查概率 γ 无关，"欺骗"型工程质量监督人员的收益与抽检概率负相关，即抽检概率越大，"欺骗"型工程质量监督人员被揭示出来的概率越大。

当且仅当 $\Pi' \leqslant \Pi$ 时，"诚信"型工程质量监督人员为获得更高的收益会选择高质量的监管行为，即

$$(\rho\theta - c_0) + \delta(1-\gamma)(p_2 - c_0) \leqslant (\rho\theta - c_1) + \delta(p_2 - c_1) \tag{11-33}$$

$$(1 + \delta)(c_1 - c_0) \leqslant \delta\gamma(p_2 - c_0)$$

（3）不完全信息下的声誉机制求解结果分析。

可以得出，式（11-33）的左边为工程质量监督人员采用"诚信"比"欺骗"策略多付出的成本 $c_1 - c_0$，右边是采用"欺骗"策略被抽查后监督人员收益 $p_2 - c_0$ 现值。只有当低质量监督被发现的风险收益不小于高质量监督多支付

的成本时，工程质量监督人员才愿意选择"诚信"策略。基于以上分析，可以得出以下结论：

1）γ 越大，越有利于式（11-33）的成立，即加大对工程质量监督人员的抽查概率会促使其选择"诚信"策略。

2）特别地，若 $\gamma = 0$，即不对监督人员进行抽查，实行"精品工程"，则监督人员选择"诚信"的条件将变为 $(1 + \delta)(c_1 - c_0) \leq 0$，显然这是不成立的，即在政府监管缺失的情况下，单凭对工程质量监督人员的约束机制难以实现质量安全，这也是工程质量安全事故层出不穷的原因之一。

3）若 ρ 越大，则 β 越大，p_2 越大，越有利于式（11-33）的成立，即良好的社会质量意识越有利于监督人员选择"诚信"策略。

4）若 ρ 越大，γ 越大，则 β 越大，只要 $\gamma \neq 0$，就有 $\rho < \beta$；当 $\gamma > 1$ 时，$\beta > 1$，即良好的政府监督机制有助于提高社会整体工程质量水平，推动"诚信"工程质量行为的良性发展。

在各种因素的综合作用下，监督人员的"诚信"行为会持续下去，激励强化了其"诚信"类型，声誉激励机制的效果就显现出来，也就是说，声誉激励机制的价值得到体现。

11.3.4 完善工程质量政府监督声誉激励机制的策略

从上述完全信息和不完全信息的对比分析中可知，工程质量政府监督优劣不仅取决于具体工程质量政府执法监督过程，还依赖于工程质量监督市场整体努力水平，工程质量政府监督表现出显著的外部效应，这是建设主体质量能力和行为改善、建筑市场发育与规范的结果，是社会性规制研究的重要内容[171]。工程质量政府监督服务的"信任品"属性，内在地规定了需要完善工程质量政府监督的声誉激励机制，以提升全社会的工程质量整体水平。因此，完善工程质量政府监督声誉激励机制有赖于诚信机制、评价体系、责任机制、声誉市场、监督能力的系统协同治理。

1）完善工程质量政府监督诚信机制，奠定了工程质量政府监督声誉基石。应建立工程质量监督专业人员的诚信档案，规范建筑市场和主体质量行为，规范质量监督执法行为，以有效监督来持续提高工程质量[172]；形成全社会监督工程质量的信息网络，完善质量监督机构和人员的诚信体系与运行机制，使质量监督信息高效互动，透明公开，增加质量监督人员的渎职成本，以诚信为根基，奠定工程质量政府监督声誉基石。

2）健全质量监督人员评价激励机制，推动声誉体系的建设。建立科学系统的质量监督人员绩效评价体系和激励运行机制，通过评价激励导向驱动质量监督人员规范执法监督行为，评价激励与声誉惩罚机制相结合形成良性的运行机理，增强质量监督人员提高声誉、维护声誉的意识和自觉性，增强质量监督人员规范执法监督行为的积极性和能动性，提升工程质量政府监督的有效性。

3）落实工程质量终身负责制，构建工程建设声誉网络体系。工程质量政府监督声誉机制有效运行的基础是建筑市场体系良性运作，建设主体质量行为规范和质量能力提升离不开整体建设市场声誉体系的构建和建设主体声誉机制的保障[173]。只有提高建设工程主体质量责任意识和质量经营哲学理念，借鉴和总结国内外质量监管的先进经验，动员社会力量、市场力量对工程质量进行全过程、全方位、全面的保证与监督，使工程质量建设主体和监督主体认真履行工程质量终身负责制，维护工程质量的国家和公众利益，才能从根本上保证建设工程安全使用和环境质量。

4）加速声誉市场的建设，创造良好的声誉环境氛围。工程质量政府监督多重委托代理关系，决定了声誉与信任是工程质量执法监督有效运行的基础环境，按照工程质量政府监督的知识型团队和知识型人才形成与发展的内在规律要求，积极发挥声誉市场的作用（$\rho = 1$），规范工程质量监督人员的执法监督行为，降低政府监管成本。声誉激励机制激励工程质量政府监督机构和工程质量监督人员在寻求自身发展的过程中实现政府工程质量管理目标，使工程质量政府管理职能由被动监管转向主动声誉激励，以积极向上的行业声誉环境氛围，推动工程质量政府监督机构和工程质量监督人员有效履行工程质量政府监督的职责。

5）激励与惩罚并举，彰显工程质量政府监督违法成本的制约作用。基于上述声誉激励模型的构建与分析，工程质量政府监督机构和工程质量政府监督人员的执法行为规范程度与其监督违法成本密切相关。因此，提高工程质量监督的违法成本，有利于提升工程质量政府监督的"诚信"行为的概率（ρ）；同时，提高工程质量政府监督"诚信"的收益（$e > h$），有利于降低工程质量监督人员的机会收益，增强工程质量政府监督的积极性与能动性，规范工程质量政府监督行为，提高工程质量政府执法监督的有效性。

6）提升质量监督人员能力，夯实声誉基础。声誉的形成是以能力为基础的，工程质量政府监督声誉离不开工程质量监督人员能力的提升。因此，应强化工程质量政府监督人员教育与培训。以教育培训为途径，逐渐提高从业人员的素质和专业能力，从根本上提升整个工程质量监督的有效性和执法监督的水准，推进工程监督的专业化和现代化，为工程质量政府监督声誉体系构建与声誉提升夯实组织与人力基础。

第 12 章　结论与展望

　　建筑节能工程质量治理与监管研究，可以是多主体、多视角、全方位的。本书从研究对象上界定为两个环节：新建建筑外墙节能工程质量和既有建筑节能工程质量；从工程质量治理主体上选择了工程施工（承包商治理、ESCO 质量风险管理）和政府监管（手段改善：信息化平台运行，理念改善：多层次激励协同）两个主体。在承包商建筑外墙节能工程质量管理实施过程与效果评价、ESCO 既有建筑节能改造工程质量风险管理和工程质量政府监管信息化平台运行机理与激励体系架构等 3 个方面，初步形成了相关研究成果。由于研究的阶段性与局限性，对这 3 个方面仍然有深入探讨的空间。

12.1　研究结论

12.1.1　建筑外墙节能工程质量承包商治理研究结论

　　我国的建筑节能工作从 20 世纪 80 年代初以正式颁布的《居住建筑节能设计标准》为标志，在随后的 30 多年发展过程中，先后由北向南针对不同类型的建筑出台了多部重要的法律法规、标准规范，但在不断提升建筑节能设计标准的同时仍然存在大量新建建筑的节能合格率达不到节能设计标准，出现这些问题的关键在于承包商对建筑外墙节能工程质量管理不到位，使建筑外墙节能工程在质量形成过程中存在质量缺陷，因此研究承包商建筑外墙节能工程质量管理与评价迫在眉睫，势在必行。

　　本书基于国内外建筑外墙节能工程质量管理理论与实践研究成果的综述与借鉴，以承包商的角度为研究视角，从建筑外墙节能工程质量管理存在的问题以及质量问题特征的总结着手，探究影响建筑外墙节能工程质量的主要因素，运用全面质量管理理论，剖析承包商建筑外墙节能工程质量管理的内在机理，通过系统分析建筑外墙节能工程质量形成过程的主要内容，构建了承包商建筑外墙节能工程质量管理有效性评价体系，并对实际案例展开了实际评价分析，提出了改进建筑外墙节能工程质量管理的有效策略，为推动建筑节能事业健康可持续发展提供了理论基础与评价决策。概括起来主要有以下 3 个方面的研究成果。

1）基于对建筑外墙节能工程质量管理存在的问题以及产生根源的深入分析，剖析了影响建筑外墙节能工程质量的主要因素，一方面，从人、材、机、方法和环境等 5 个方面系统分析了建筑外墙节能工程质量的主要影响因素；另一方面，从投入产出角度探究了建筑外墙节能工程质量形成过程中的主要影响因素，为探究建筑外墙节能工程质量管理奠定了基础。

2）以建筑外墙节能工程质量形成过程为主线，站在承包商的角度，结合全面质量管理理论，深入剖析建筑外墙节能工程全面质量管理的特点及实施要求，从计划实施与过程控制两个方面探究承包商建筑外墙节能工程全面质量管理的策略，形成动态循环、不断完善建筑外墙节能工程质量管理体系，推动承包商建筑外墙节能工程质量管理水平的提高，以及实现建筑外墙节能工程质量目标。

3）运用模糊综合评价方法分析承包商建筑外墙节能工程质量管理有效性的问题。从投入管理、过程控制、效果评价 3 个方面深入分析影响建筑外墙节能工程质量管理的主要因素，建立承包商建筑外墙节能工程质量管理有效性的评价体系，将评价研究反馈于承包商建筑外墙节能工程质量管理措施研究。结合实证分析，做到理论与实践相结合，使承包商建筑外墙节能工程质量管理措施和评价研究具有一定的可操作性，对我国建筑外墙节能工程的质量管理提出了一些具有应用价值的理论研究。

12.1.2 ESCO 既有建筑节能改造工程质量风险管理研究结论

本书基于国内外工程质量管理理论与实践研究成果综述与借鉴，以节能服务型企业为研究视角，从既有建筑节能改造工程质量形成过程入手，剖析了节能改造工程质量风险特征，通过分析既有建筑节能改造工程质量风险内涵，实施质量风险识别，构建了既有建筑节能改造工程质量风险评价体系，提出了改进质量风险管理的有效策略，为推动建筑节能事业健康可持续发展提供了理论基础与评价控制决策。概括起来主要有以下 3 个方面的研究成果。

1）通过对既有建筑节能改造工程质量形成过程的梳理，从 "4M1E" 与投入产出两个视角深度剖析了既有建筑节能改造工程质量主要影响因素；通过与一般建筑工程质量特征的对比研究，对既有建筑节能改造工程质量特征进行概括与归纳，为探究其节能改造工程质量风险管理奠定了坚实的基础。

2）以既有建筑节能改造工程质量形成过程为主线，基于节能服务型企业视角，结合一般风险内涵，从风险产生的不确定性与造成损失的不确定性剖析了既有建筑节能改造工程对原建筑结构质量安全影响、实际节能效果、建筑外装饰工程质量等三方面内涵；进一步概括了既有建筑节能改造工程质量风险特征，主要包括：客观性、普遍性、可测定性、发展性以及关联性等五方面。通过以上分析，利用支持向量机对既有建筑节能改造工程质量风险因素进行识别，为质量风险评价提供依据。

3）运用模糊综合评价方法分析既有建筑节能改造工程质量风险管理问题。从投入管理、过程控制及效果评价三方面深入分析影响既有建筑节能改造工程质量风险的主要因素，建立了既有建筑节能改造工程质量风险评价体系，对节能服务型企业实施质量风险控制具有一定的借鉴意义，并对我国既有建筑节能改造工程质量风险管理提出了相关管理与控制方法。

12.1.3　建筑节能工程质量政府监管改善研究结论

工程质量政府监督改善，其核心是两个方面，一是工程质量政府监管的手段信息化；二是工程质量政府监管理念革新，及多层次激励协同机制的构建。工程质量政府监管手段的改善离不开监管部门信息化的推广，信息化平台构建与运行是整个监管领域共同的诉求。

本书基于国内外工程质量监管信息化研究成果综述与借鉴，以工程质量政府监管与信息化相关理论为基础，从工程质量政府监管信息化平台构建的内在机理分析着手，对工程质量政府监管信息化平台构建与运行的 4 个阶段进行了系统探究。首先，是在理论与技术支持基础上分析了政府监管信息化平台构建运行的环境和条件；其次，是在政府监管体系结构基础上从 4 个维度出发构建了政府监管信息化平台 4 大模型；再次，是在政府监管工作流程基础上，规划设计了政府监管信息化平台的 6 个子系统与信息门户；最后，是在集成评价模型基础上构建了政府监管信息化绩效评价体系。工程质量政府监管理念革新的本质是激励，以激励来激发监管能动性，实现监管有效性。概括起来，工程质量政府监管改善在以下 7 个方面取得了初步研究成果。

1. 政府监管信息化平台理论与技术支持

从国外工程质量监管信息化现状和国内工程质量监管信息化发展趋势两个

方面，结合国内工程质量政府监管特征总结，阐述了工程质量政府监管信息化平台的内涵及其整体性、集成性、结构性、层次性和开放性等特征，分析了政府监管信息化平台构建与运行的动力机制、动态控制机制与技术支持架构等软/硬环境。

2. 政府监管信息化平台模型的构建

基于工程质量政府监管机制分析，指出工程质量政府监管信息化平台体系结构包含监管内网和监管外网两大块，又从平台整体、内容、功能、技术4个角度构建了政府监管信息化平台的总体模型、内容模型、功能与控制模型、技术集成模型等。

3. 政府监管信息化平台子系统与门户网站设计

基于工程质量政府监管工作流程分析，结合"监管内网为核心，协同监管外网"的原则，给出了工程质量政府监管信息化平台功能与系统设计两大原则，构建了政府监管信息化平台系统结构框架，详细设计了组成系统框架的核心内容，即工程质量政府监管信息化平台6个子系统，分别是：监管决策指挥控制系统、信息发布与服务系统、质量监督与业务系统、技术支持服务系统、后台管理系统、安全保障与系统维护等；通过对10省（市）工程质量监管信息门户网站的数据统计和对比分析，指出了门户网站发展出路——标准化，探讨了门户网站规划设计要求、定位、原则及互动接口等相关问题。

4. 政府监管信息化绩效评价

基于工程质量政府监管信息化平台构建过程的投入与运行结果的产出分析，从完备度、参与度、成熟度、产出、结果、影响等6个层面建立了工程质量政府监管信息化绩效集成评价模型框架和指标体系，用层次分析法计算评价体系权重，探讨了模糊层次分析综合评价方法和评价过程。

5. 工程质量政府监督代理链分析与多层次激励机制

政府监督者的执法监督行为是制约工程质量政府监督有效性的内在根源，工程质量政府监督运行的本质特征是双重委托代理机制。国内外多重委托代理研究多局限于同一对象、抽象化主体之间的行为策略与均衡过程，工程质量政府监督具有两层委托代理，即面向对象差异和第二层次代理人——监督小组的组织结构复杂性特征，探究其代理链多层次激励机制将有利于丰富双重委托代理理论。基于建设主体构成和经济契约特征分析，剖析工程质量政府监督的委托代理关系与特征，构建与简化工程质量政府监督代理链；采用 Holmstrom 与 Milgrom 参数化方法架构工程质量政府监督委托代理机制模型，基于代理链结构分析，形成简化的激励机制模型，通过博弈求解得到工程质量监督的激励参数，并进行算例演示分析。

结果表明：激励系数 β 是 r、σ^2 和 b 的减函数，工程质量形成过程的方差愈大（σ^2 越大），代理人愈是害怕努力工作，相应承担的风险就愈小；质量监督小组的努力程度 $a_{ik} = \dfrac{\beta}{b\Lambda_{ik}^2}$ 与 β 成正比，与其成本系数、工程合同额成反比，提高监督人员的素质和专业水平有利于降低其质量监督成本系数；激励机制运行的前提是建立质量分级评价机制；质量监督成本将会影响其质量监督努力水平（$a_{ik} = \dfrac{\beta}{b\Lambda_{ik}^2}$），质量监督成本与监督者能力成反比；若政府监督部门保留费用比例为 $1-\rho$，调整激励机制的系数为 $\rho\delta$ 和 $\rho\gamma$，仍可使政府的目标函数达到最优；当不考虑项目合同额 Λ_{ik} 时，模型将简化为委托单代理模型，$\beta = \dfrac{1}{1+rb\sigma^2}$。除激励机制外，惩罚机制、信誉机制、保险机制、评级机制共同作用，有利于保障工程质量稳步提升。

工程质量政府监督代理链与多层次激励机制研究将为工程质量政府监督协同激励对策制定与运行机制优化提供理论支撑，并为其他公共品提供监管激励理论借鉴。

6. 工程质量政府监督多层次利益分配与激励协同机制

实施工程质量政府监督是国际惯例，工程质量政府监督的基本形式是政府主管部门委托工程质量监督机构对工程建设主体的质量行为及其结果的政府监督，其本质是双重委托代理过程。工程恶性事故频发，一定程度上反映了工程质量政府执法监督的失责与失效，其根源在于工程质量政府监督者的执法监督内生动力不足。因此，基于工程质量政府监督多层次利益分配的激励协同机制，值得探讨。针对工程质量政府监督所形成的政府主管部门、政府质量监督机构、质量监督团队（或小组）等多层次管理系统，通过构建参与各方之间的利益分配函数，构建工程质量政府监督多层次激励协调的博弈模型，从第一阶段的合作博弈和第二阶段的非合作博弈求解与推论。合作博弈可求得其奖励系数为 $\lambda_0 = 1 - \dfrac{n}{1+\sum\limits_{i=1}^{n}\dfrac{\gamma_0^2}{\gamma_i^2}}$，$\lambda_i = 1 - \dfrac{\gamma_0^2}{\gamma_i^2}\dfrac{n}{1+\sum\limits_{i=1}^{n}\dfrac{\gamma_0^2}{\gamma_i^2}}$；非合作博弈可求得最佳努力协调程度为 $a_0^* = \dfrac{\lambda_0 a_0}{2\beta_0^2}$。研究结果表明：工程质量政府监督者的努力协调程度与协调成本有关，与其固定成本无关；利益分配系数大小不仅取决于工程质量政府监督者的努力协调效率，而且还与其他方的努力协调效率有关；工程质量监督者在增强自身管理能力的同时，还要关注与其他方的协调，以提高工程质量政府监督的总体绩效。工程质量政府监督合作共赢的激励协调机制策略是：政府质量监督机构应合理设置监督团队（或小组），提高协调效率、降低监督协调成本以实现自身激励价值最大化；质量监督团队（或小组）应建立合作伙伴关系，以努力提高协调效率来实现自身激励价值最大化。研究构架基于多层次利益分配机制的激励协同机理模型与结论，可为一般公共品的市场治理与监管提供理论支撑与实践借鉴。

7. 工程质量政府监督的声誉激励机制

建设工程产品交易特征和质量形成的特殊性决定了工程质量政府监督制度的社会价值。基于工程质量政府监督委托代理链框架结构，从完全信息和不完全信息两方面，构建了工程质量监督的声誉动态博弈模型，由此推导出固定监督人员"诚信"行为的条件，剖析声誉激励机制对于监督质量的推动效果。提出完善工程质量政府监督声誉激励机制和策略：完善工程质量监督诚信机制，健全质量监督人员评价激励体系，落实工程质量终身负责制，提高质量监督人员能力，形成工程质量政府监督声誉基石，推动声誉激励建设，构建全面声誉网络，夯实声誉基础。

12.2 研究展望

12.2.1 承包商建筑外墙节能工程质量治理视角

工程质量治理是一个多主体参与的复杂系统工程。本书以新建建筑外墙节能工程质量关键环节为对象，仅站在承包商质量角度，剖析建筑外墙节能工程质量形成过程，提出相应的治理对策。未考虑业主、监理等相关主体在工程质量形成过程中的相互作用关系，以及他们共同参与建筑节能工程质量治理过程的质量行为策略及其演化机理，更没有涉及建筑节能工程全生命周期的管理。因此，就建筑节能工程质量治理而言，基于全生命周期开展多主体参与的建筑节能工程质量治理值得探讨；基于质量形成复杂系统关系的建筑节能工程质量治理的行为博弈策略与演化机理值得深入研究；基于工程项目管理目标集成的建筑节能工程质量治理效果度量与提升策略值得进一步探索。

12.2.2　ESCO 建筑节能改造工程质量风险管理视角

既有建筑节能改造的目的是功能提升，保证既有建筑节能改造工程质量是其成败的关键。本书以节能服务型企业的视角开展建筑节能工程质量风险管理研究，形成了 ESCO 建筑节能改造工程质量风险识别、评价与应对的理论治理体系。同样未涉及内在影响既有建筑节能改造工程质量的其他主体的关联关系。因此，从工程质量风险管理有效视角来看，既有建筑节能改造工程质量风险共担机制值得研究；从工程质量风险治理理念考虑，既有建筑节能改造工程质量风险治理体系优化与激励机制设计值得深化探索；从既有建筑节能改造工程质量风险治理实践着手，开展既有建筑节能改造工程质量风险治理实践研究具有很强的实践指导意义。

12.2.3　工程质量政府监管信息化平台运行视角

工程质量政府管理信息化平台构建与运行是一项复杂、庞大的系统工程。本书主要从理论上提出了信息化平台的构建原则、设计方案、实现过程及发展趋势，与现实实践应用操作还有较大距离。因此，基于不同环境差异开展工程质量监管信息化平台与门户网站的应用研究还值得深入；尽管本书给出了工程质量政府监督信息化的绩效评价体系，但是无论是评价指标选取，还是评价方法选择，都有进一步深化探索的空间；基于 BIM 背景下工程质量政府监管变革与运行机制优化将会成为新的研究动向。

参 考 文 献

［1］ 贾洁，郑宝华．建筑节能的发展方向：低能耗建筑技术［J］．建筑节能，2006，34
　　（5）：16-18.

［2］ 江亿．我国建筑能耗状况及有效的节能途径［J］．暖通空调，2005，35（5）：30-40.

［3］ 江亿．建筑节能：实现可持续发展的必由之路［J］．科技潮，2005（6）：1.

［4］ 武涌．我国建筑节能的目标任务措施［J］．住宅产业，2007（12）：18，20.

［5］ 魏玉剑，孙敏德．建筑节能有关法规及热工计算方法探讨（下）［J］．上海节能，2004
　　（1）：36-37，20.

［6］ 盛雷．基于TQM的建筑外墙外保温施工质量管理应用研究［D］．上海：上海交通大
　　学，2008.

［7］ 朱庆华，杜佳．国内外政府网站评价研究综述［J］．电子政务，2007（7）：30-39.

［8］ 涂逢祥，王庆一．建筑节能：中国节能战略的必然选择（上）［J］．节能与环保，2004
　　（8）：15-18.

［9］ 钱伯章，朱建芳．建筑节能保温材料技术进展［J］．建筑节能，2009，37（2）：
　　56-60.

［10］ 佟昕，侯恩哲，王霖．建筑节能的实现途径与发展方向［J］．建筑节能，2013，41
　　（4）：73-75.

［11］ 窦媛，郭汉丁，葛继红，等．建筑节能实施过程管理理论与实践研究综述［J］．建筑
　　经济，2009（12）：87-91.

［12］ IZQUIERDO M，VENEGAS M，MARCOS J D，et al. Life cycle and optimum thickness of
　　thermal insulator for housing in Madrid［C］. Tokyo：The 2005 World Sustainable Building
　　Conference，2005：418-425.

［13］ TAVIL A. Window system design and selection for energy conservation in Turkey［C］.
　　Tokyo：The 2005 World Sustainable Building Conference，2005：265-272.

［14］ MILLSA E，KROMERB S，WEISSC G，et al. From volatility to value：anglicizing and manag-
　　ing financial and performance risk in energy savings projects［J］. Energy Policy，2006，34
　　（2）：188-199.

［15］ HAVES P，WRAY C，JUMP D，et al. Development of diagnostic and measurement and verification
　　tools for commercial buildings［R］. Berkeley：Lawrence Berkeley National Laboratory，2014.

［16］ OSMAN A，RIES R. Life-cycle impact analysis of energy systems for buildings［J］. Journal of
　　Infrastructure Systems，Sustainable Development and Infrastructure Systems，2004，10（3）：
　　87-97.

［17］ DOUKAS H, NYCHTIS C, PSARRAS J. Assessing energy-saving measures in building through an intelligent decision support model ［J］. Building and Enviroment, 2009, 44（2）: 290-298.

［18］ 崔新明, 廖春波. 夏热冬冷地区居住建筑节能65%的探讨: 以杭州市"景上公寓"建筑节能示范项目为例 ［J］. 建筑节能, 2007, 35（11）: 17-21.

［19］ 曾旭东, 赵昂. 基于BIM技术的建筑节能设计应用研究 ［J］. 重庆建筑大学学报, 2006, 28（2）: 33-35

［20］ 王恩茂, 刘晓君. 层次分析与模糊综合评判法在节能住宅设计方案优选中的应用［J］. 四川建筑科学研究, 2007, 33（2）: 146-149.

［21］ 叶国栋, 华贲, 胡文斌, 等. 建筑节能优化设计方法概述 ［J］. 华北电力大学学报, 2005, 32（2）: 93-95.

［22］ 周红波, 王贵峰, 叶少帅, 等. 绿色精益施工管理模式及2010年上海世博工程应用研究 ［J］. 建筑经济, 2008（6）: 81-84.

［23］ 贺成龙, 曹萍. 基于CIMS环境的建筑节能集成管理研究 ［J］. 建筑经济, 2006（11）: 84-87.

［24］ 白思俊. 现代项目管理（上册）［M］. 北京: 机械工业出版社, 2002: 269-271.

［25］ 王庆生. 建筑节能工程施工新技术及质量问题的探讨 ［J］. 建筑技术, 2007, 38（10）: 770-773.

［26］ 涂逢祥, 王庆一. 我国建筑节能现状与发展（上）［J］. 新型建筑材料, 2004（7）: 40-42.

［27］ 赵靖, 武涌, 朱能. 基于寿命周期分析的既有居住建筑节能改造目标考核评价体系的研究 ［J］. 暖通空调, 2007, 37（9）: 1-7.

［28］ 兰勇, 万朝均. 建筑外墙传热系数对能耗的影响 ［J］. 重庆工学院学报（自然科学）, 2008, 22（6）: 31-34.

［29］ 樊洪明, 曾剑龙, 简毅文, 等. 围护结构三维导热热值仿真研究 ［J］. 建筑技术, 2002, 33（10）: 736-738.

［30］ 于靖华, 杨昌智, 田利伟, 等. 长江地区居住建筑外墙保温层最佳厚度的研究 ［J］. 湖南大学学报（自然科学版）, 2009, 36（9）: 16-21.

［31］ 王厚华, 吴伟伟. 居住建筑外墙外保温厚度的优化分析 ［J］. 重庆大学学报（自然科学版）, 2008, 31（8）: 937-941.

［32］ 韦延年, 于忠, 张剑峰, 等. 节能建筑外墙与屋面的热工性能便捷检测判定方法［J］. 四川建筑科学研究, 2009, 35（5）: 284-286.

［33］ 孙连营, 李晓东. 严寒地区节能建筑外墙外保温施工方法优选 ［J］. 建筑管理现代化, 2009, 23（2）: 152-155.

［34］ 涂逢祥, 王庆一. 建筑节能: 中国节能战略的必然选择（中）［J］. 节能与环保,

2004（9）：2-5.

[35] 罗忆，刘忠伟. 建筑节能技术与应用 [M]. 北京：化学工业出版社，2007：1-10.

[36] 李德英. 建筑节能技术 [M]. 北京：机械工业出版社，2006：2-10.

[37] 江亿，杨秀. 我国建筑能耗状况及建筑节能工作中的问题 [J]. 中华建设，2006
（2）：12-18.

[38] 郎四维. 建筑节能是可持续发展的重要战略 [J]. 制冷技术，2004（2）：11-13.

[39] 刘大治. 我国建筑节能法规体系与建筑节能设计 [J]. 辽宁工学院学报（自然科学
版），2007，27（6）：387-390，403.

[40] 宋波，张元勃，冯金秋，等.《建筑节能工程施工质量验收规范》GB50411—2007 实
施中的问题解答 [J]. 工程质量，2009，27（4）：5-9.

[41] 何利. 建筑节能工程施工中存在的问题及监理对策 [J]. 建设监理，2008（10）：63-
64，70.

[42] 胡永刚. 节能建筑的外墙外保温施工质量控制 [J]. 黑龙江科技信息，2009
（24）：349.

[43] 杨嗣信，吴琏. 几种外墙外保温做法的探讨 [J]. 施工技术，2002，31（8）：21-22.

[44] 穆忠绵，刘晖. 建筑节能工程质量控制与建筑节能检测 [J]. 四川建筑科学研究，
2008，34（1）：192-193.

[45] 曾晔，朱葛. 建筑节能工程质量政府监管探讨 [J]. 工程质量，2007（5）：9-11.

[46] 尹波，武涌，刘应宗. 建筑能效标识体系的国际经验及启示 [J]. 施工技术，2007
（10）：54-56.

[47] 龙惟定. 建筑节能与建筑能效管理 [M]. 北京：中国建筑工业出版社，2005.

[48] 肖先洪. 浅谈建筑外墙保温节能技术 [J]. 四川建材，2009，35（2）：11-12.

[49] 中华人民共和国建设部. 外墙外保温工程技术规程：JGJ144-2004 [S]. 北京：中国建
筑工业出版社，2005.

[50] 李德英. 建筑节能技术 [M]. 2 版，北京：机械工业出版社，2017.

[51] 郭汉丁，刘应宗. 建设工程主体结构质量问题及其特征分析 [J]. 重庆建筑大学学
报，2005，27（3）：111-115.

[52] 刘敬. 谈建筑工程项目质量控制与管理的重要因素 [J]. 陕西建筑，2007（6）：
54-56.

[53] 李新远. 工程施工质量管理的研究 [D]. 成都：西南交通大学，2008.

[54] 中华人民共和国建设部. 建筑节能工程施工质量验收规范：GB50411—2007 [S]. 北
京：中国建筑工业出版社，2007.

[55] 周洪涛，盖广清，马俊超. EPS 外墙外保温工程的过程质量控制 [J]. 建筑技术，
2010，41（5）：412-414.

[56] 建设部科技发展促进中心. 外墙外保温技术百问 [M]. 北京：中国建筑工业出版

社，2003.

[57] 马保国．外墙外保温技术［M］．北京：化学工业出版社，2007.

[58] 吴洁，于乔新．执行强制性标准保证工程质量［J］．工程质量，2015，33（5）：62-64，68.

[59] 肖卓琳，潘志强，张伊博．装配式混凝土建筑全面质量管理体系［J］．山西建筑，2017，43（19）：237-238.

[60] 陈洁．PDCA 循环与质量管理［J］．质量春秋，2006（10）：31-33.

[61] 陈明新．建筑工程项目质量管理与控制研究［D］．青岛：中国海洋大学，2009.

[62] 陈大海，章表，钟云海．建筑工程管理的质量控制要素分析［J］．价值工程，2010，29（4）：180.

[63] 张杰．外围护结构保温工程施工中的质量控制［J］．四川建筑科学研究，2010，36（1）：266-268.

[64] 刘建华，精细化管理贵在强化责任制度［J］．合作经济与科技，2010（21）：42-43.

[65] 郭汉丁．国外建设工程质量监督管理的特征与启示［J］．建筑管理现代化，2005（5）：5-8.

[66] DAVIS K, LEDBETTER W B, Burati J L, et al. Measuring design and construction quality costs［J］. Journal of Construction Engineering & Management, 1989, 115（3）：385-400.

[67] LEDETTER W B. Quality performance on successful project［J］. J. Constr. Engrg and Mgmt, 1994, 120（1）：34-46.

[68] MCKIM R, HEGAZY T, ATTALLA M. Project performance control in reconstruction projects［J］. Journal of Construction Engineering and Management, 2000, 126（2）：137-141.

[69] CHEN Y, TANG K. A pictorial approach to poor-quality cost management［J］. IEEE Transactions on Engineering Management, 1992, 39（2）：149-157.

[70] MELCHERS R E. Human error in structural reliability assessments［J］. Journal of Structural Engineering, 1989, 115（7）：1795-1807.

[71] ATKINSON A R. The pathology of building defects：a human error approach［J］. Engineering Construction & Architecture Management, 2002, 9（1）：53-61.

[72] MINATOT. Representing casual mechanism of defective designs：a system approach considering human errors［J］. Construction Management & Economics, 2003, 21（3）：297-305.

[73] MANILOFF R J. Construction defect litigation and the mysterious insurance crisis［J］. Insurance Advocate, 2002, 113（15）：30-37.

[74] BOLAN N S, White R E, Hedley M J. A review of the use of phosphate rocks as fertilizers for direct application in Australia and New Zealand［J］. Australian Journal of Experimental Agriculture, 1990, 30（2）：297-313.

[75] 郭汉丁，郭汉刚，崔子丰．国内外建设工程质量政府监督管理理论与实践分析［J］.

项目管理技术，2008（1）：13-17.

[76] 张丽娜，李强，刘钟安. 建设工程监理工作的现状分析及对策研究 [J]. 河南建材，2010（5）：58-59.

[77] 谢琳琳，何清华，乐云. 工程监理职业责任保险的现状及发展趋势 [J]. 建筑经济，2007（2）：4-8.

[78] 李伟，黄微. 浅析合同条件下的工程项目质量管理 [J]. 工业技术经济，2003，22（1）：55-57.

[79] 李益兵，郭顺生，赵春阳. 统计过程控制 SPC 在 ERP 质量管理中的应用研究 [J]. 武汉理工大学学报（交通科学与工程版），2007，31（6）：1094-1097.

[80] 骆汉宾，张静. 基于知识库的建筑工程施工质量控制点设置 [J]. 施工技术，2006，35（5）：8-10.

[81] 叶艳兵. 广义质量驱动的工程项目定义系统研究 [D]. 武汉：华中科技大学，2006.

[82] 陈亚哲，刘桂珍，刘挺，等. 基于熵权的产品广义质量模糊综合评价 [J]. 东北大学学报（自然科学版），2010，31（2）：241-244.

[83] 李学芹，赵家恒. 影响既有建筑节能改造的因素 [J]. 砖瓦，2008，（11）：34-35.

[84] 杜佳军，张蓓红，叶倩. 对既有公共建筑的空调供热节能改造的预评估 [J]. 上海建设科技，2006（3）：53-56.

[85] 叶雁兵. 我国既有公共建筑的节能改造研究 [J]. 工业建筑，2006，36（1）：5-7.

[86] 赵健，孙振忠，张超. 对《建筑节能工程施工质量验收规范》中建筑节能工程质量验收的理解与探讨 [J]. 工程质量，2007（23）：25-26.

[87] 叶敬奎. 房屋建筑项目质量风险管理研究 [J]. 中华建筑，2008（11）：69-70.

[88] 贾新华. 保险机制下的建设工程质量风险管理模式研究 [J]. 建设管理，2010（1）：46-48.

[89] 沈文蓉. 工程施工质量控制与风险管理 [J]. 产业与科技论坛，2009，8（5）：243-244.

[90] 李永忠，冯俊文，高朋，等. 基于质量功能展开的 R&D 项目风险管理模型 [J]. 技术经济与管理研究，2010（3）：30-33.

[91] 卢钢. 建筑工程加强施工阶段质量管理的对策研究 [J]. 中外建筑，2009（4）：143-144.

[92] 林少扬. 建筑节能发行施工工艺及关键技术分析 [J]. 建筑技术，2010（19）：185-186.

[93] 王晓梅，李青柏. 建筑工程项目质量管理与控制影响因素简析 [J]. 吉林建筑工程学院学报，2010，27（4）：73-75.

[94] 付立彬，王永伟，付晓彦. 房屋建筑工程质量影响因素分析 [J]. 华中建筑，2011，29（2）：80-82.

[95] 种淑婷，聂治．浅析建设工程质量形成过程与影响因素 [J]．山西建筑，2009，35 (11)：219，224.

[96] 郭汉丁，张印贤，郭汉刚，等．施工阶段主要分部工程质量政府监督评价探析 [J]．项目管理技术，2009，7 (3)：13-17.

[97] 任邵明，郭汉丁，续振艳．我国节能建筑市场的信息不对称研究 [J]．建筑经济，2009 (2)：92-95.

[98] 杨文红，周斌飞．提高工程工序质量控制措施 [J]．施工技术，2009 (S2)：448-450.

[99] 高雷，张剑敏．基于利益相关方的深基础项目施工质量风险识别 [J]．科协论坛，2009 (12)：139.

[100] 姚波，仲伟周，淦未宇．我国公共工程建设投资与建设中的风险识别与控制 [J]．科技与经济，2006 (10)：89-95.

[101] AKINTOYE A S, MACLEOD M J. Risk analysis and management in construction [J]. International Journal of Project Management, 1997, 15 (1)：31-38.

[102] 周红波，何锡兴，江勇，等．工程质量风险管理模式的研究 [J]．建筑管理现代化，2005 (2)：29-32.

[103] 汪红霞，叶贵．建筑工程质量保险逆向选择的分析及防范 [J]．建筑经济，2010 (1)：14-17.

[104] 赖婉枫，解馨．"质量风险管理"在 GMP 管理过程中的应用 [J]．中国食品药品监管，2010 (6)：60-65.

[105] 孙虹，方海秋．工程咨询设计项目的质量控制与质量风险管理 [J]．建筑经济，2005 (10)：38-41.

[106] 邓建勋，周怡，黄晓峰．引入保险机制的工程质量风险管理模式研究：国外的经验及对我国的启示 [J]．建筑经济，2008 (3)：13-15.

[107] 周正嵩，施国洪．基于动态模糊理论的物流服务质量综合评价 [J]．工业工程，2009 (5)：72-75.

[108] MOSER C A, KALTON G. Survey methods in social investigation [M]. London：Routledge, 1971.

[109] 何锡兴，周红波，姚浩．上海某深基坑工程风险识别与模糊评估 [J]．岩土工程学报，2006 (S1)：1912-1915.

[110] 冯利军，李书全．基于 SVM 的建设项目风险识别方法研究 [J]．管理工程学报，2005，19 (S1)：11-14.

[111] 黄敏，徐飞，王兴伟．一种动态聪明企业风险概率识别方法 [J]．东北大学学报（自然科学版），2005，26 (12)：1138-1140.

[112] 孟玉忠．建筑外墙节能工程质量问题分析与管理 [J]．科技与创新，2015 (13)：

55-56.

[113] 王元明，赵道致．建筑项目质量风险传递模型与控制研究［J］．商业经济与管理，2008（6）：15-20.

[114] 王家远，邹小伟，张国敏．建设项目生命周期的风险识别［J］．科技进步与对策，2010，27（19）：56-59.

[115] 张志宏．国际工程风险管理研究［D］．北京：中国地质大学，2009：106-109.

[116] Chun M，Ahn K. Assessment of the potential application of fuzzy set theory to accident progression event trees with phenomenological uncertainties［J］．Reliability Engineering & System Safety，1992，37（3）：237-252.

[117] 石运甲．工程项目风险评估与对策研究［J］．山西建筑，2015，41（33）：250-251.

[118] 王首绪，杨静，郑秀珍．基于熵权的公路 BOT 项目建设风险的模糊综合评价［J］．交通科学与工程，2010，26（3）：89-94.

[119] 阎春彩，刘平．建设项目全过程跟踪审计探讨［J］．河北工业大学成人教育学院学报，2007，22（3）：55-58.

[120] 刘晋．工程风险管理案例研究与分析［J］．硅谷，2010（2）：83，49.

[121] 尹健．建设项目工期管理方法及其应用研究［D］．北京：北京交通大学，2008：45-48.

[122] 赵海鹏，陈小龙，林知炎．我国工程完工后质量责任阶段重构及期限确定［J］．同济大学学报（自然科学版），2007，35（4）：571-576.

[123] 李欣，黄鲁成，李剑．质量功能展开中关联关系确定的 RBF 方法［J］．工业工程与管理，2010，15（1）：59-64，68.

[124] 李安云．层次分析法在工程项目风险管理中的应用［J］．重庆科技学院学报（社会科学版），2005（3）：55-59.

[125] 郭仲伟，王永县．大型工程项目的风险分析［J］．系统工程，1994（1）：49-54.

[126] 郭汉丁．论建设工程质量政府监管机制［J］．华东交通大学学报，2005，22（5）：44-47.

[127] 高乔明，高晋．建立数字质监平台探索信息化监管模式［J］．工程质量（A 版）2010，28（4）：1-5

[128] 姜奇平．电子政务绩效的行政生态观［J］．互联网周刊，2005（36）：42-43.

[129] 李阳晖，罗贤春．国外电子政务服务研究综述［J］．公共管理学报，2008，5（4）：116-121.

[130] 朱佑国，成虎．建设工程信息集成管理系统研究［J］．建筑管理现代化，2005（5）：27-29.

[131] 刘祖斌．政府数据门户网站及其数据集的建设研究［J］．信息化建设，2011（4）：24-26.

[132] 王汝，李石山．标准化信息网站建设与应用［J］．航空标准化与质量，2005（5）：46-48，54.

[133] 郭汉丁，张印贤，张宇，等．工程质量政府监督多层次激励协同机理研究综述［J］．建筑经济，2013（2）：100-103.

[134] 李仁远，孙绍荣．双重委托代理下工程质量验收奖惩机制研究：基于保障性住房"5＋1＋1"工程质量验收制度［J］．中国集体经济，2014（25）：60-61.

[135] 陈永鸿，罗汉宾，王广斌．集成化建设模式下的工程项目委托代理契约设计［J］．土木工程与管理学报，2014，31（2）：68-72.

[136] 罗艳梅，程新生．双重委托代理关系下内部审计治理有效性研究：基于角色冲突的视角［J］．审计研究，2013（2）：58-67.

[137] 曾顺秋，骆建文．基于数量折扣的供应链交易信用激励机制［J］．系统管理学报，2015，24（1）：85-90.

[138] 王立平，丁辉．基于委托–代理关系的低碳技术创新激励机制研究［J］．山东大学学报（哲学社会科学版），2015（1）：73-80.

[139] 李春红，王苑萍，郑志丹．双重委托代理对上市公司过度投资的影响路径分析：基于异质性双边随机边界模型［J］．中国管理科学，2014，22（11）：131-139.

[140] 王玉洁，苏振民，佘小颉．IPD模式下项目团队激励机制设计与分析［J］．工程管理学报，2013，27（4）：72-76.

[141] 王常伟，顾海英．基于委托代理理论的商品安全激励机制分析［J］．软科学，2013，27（8）：65-68，74.

[142] 胡文发，朱言，何新华．工程项目承包商多层次利益分配与激励机制［J］．同济大学学报（自然科学版），2014，42（9）：1437-1443.

[143] 郭汉丁，张印贤，王星．工程质量政府监督激励体系协同优化与实施策略［J］．建筑经济，2017，38（11）：78-80.

[144] XU N, ZHANG L, WEI D, et al. Profit allocation in the cooperation among the enterprises under the risks of supply chain ［C］//2010 8th World Congress On Intelligent Control Automation (WCICA). New York：IEEE, 2010：5319-5324.

[145] 范波，孟卫东，代建生．具有协同效应的合作研发利益分配模型［J］．系统工程学报，2015（1）：34-43.

[146] 孙蕾，孙绍荣．基于合作博弈的大型基础工程各方利益分配机制研究［J］．工程管理学报，2016，30（3）：88-93.

[147] 管百海，胡培．重复合作联合体工程总承包商利益分配机制［J］．系统管理学报，2009，18（2）：172-176.

[148] 刘红霞．施工单位利益分配激励机制研究［J］．门窗，2013（8）：328，330.

[149] 黄波，陈晖，黄伟．引导基金模式下协同创新利益分配机制研究［J］．中国管理科

学，2015，23（3）：66-75.

[150] 吕萍，张云，慕芬芳. 总承包商和分包商供应链利益分配研究：基于改进的 Shapley 值法 [J]. 运筹与管理，2012，21（6）：211-216.

[151] 谢晶晶，窦祥胜. 我国碳市场博弈中的利益分配问题：基于 ANP 和改进多权重 Shapley 值方法的研究 [J]. 系统工程，2014（9）：68-73.

[152] SARLAK R，NOOKABADI A. Synchronization in multi-echelon supply chain applying timing discount [J]. International Journal of Advanced Manufacturing Technology，2012，59：289-297.

[153] 温修春，何芳，马志强. 我国农村土地间接流转供应链联盟的利益分配机制研究：基于"对称互惠共生"视角 [J]. 中国管理科学，2014，22（7）：52-58.

[154] 胡盛强，张毕西，刘绘珍，等. 基于多方博弈的二级网状供应链合作及利润分配研究 [J]. 系统科学学报，2012，20（2）：48-51.

[155] 张云，吕萍，宋吟秋. 总承包工程建设供应链利润分配模型研究 [J]. 中国管理科学，2011，19（4）：98-104.

[156] 曹霞，张路蓬. 基于利益分配的创新网络合作密度演化研究 [J]. 系统工程学报，2016，31（1）：1-12.

[157] 郭汉丁，郝海，张印贤，等. 建设工程质量政府监督团队权利配置结构优化 [J]. 建筑经济，2014，35（8）：9-12.

[158] 陈洪转，方志耕，刘思峰，等. 复杂产品主制造商 – 供应商协同合作最优成本分担激励研究 [J]. 中国管理科学，2014，22（9）：98-105.

[159] 郑鑫，叶明海. 跨边界协同激励对销售人员绩效的影响机制研究 [J]. 管理世界，2015（11）：184-185.

[160] 叶伟巍，梅亮，李文，等. 协同创新的动态机制与激励政策：基于复杂系统理论视角 [J]. 管理世界，2014（6）：79-91.

[161] 黄伟，黄波，张卫国. 引导基金模式下的协同创新激励机制设计 [J]. 科技进步与对策，2013，30（4）：103-106.

[162] 刘承毅，王建明. 声誉激励、社会监督与质量规制：城市垃圾处理行业中的博弈分析 [J]. 产经评论，2014，5（2）：93-106.

[163] 喻凯，郑小芳. 企业声誉价值理论分析 [J]. 新会计，2015（1）：34-36.

[164] 占小军，唐井雄. 声誉激励：公务员激励机制的新思维 [J]. 江西财经大学学报，2009（4）：13-16.

[165] 高晓鸥，宋敏，刘丽军. 基于质量声誉模型的乳品质量安全问题分析 [J]. 中国畜牧杂志，2010（10）：30-34.

[166] 郭汉丁，王凯. 建设工程质量政府监督机构绩效评价的探讨 [J]. 电子科技大学学报（社会科学版），2006（1）：26-28，92.

［167］刘长玉，于涛．绿色产品质量监管的三方博弈关系研究［J］．中国人口·资源与环境，2015（10）：170-176.

［168］泰勒尔．产业组织理论［M］．北京：中国人民大学出版社，1997.

［169］孔峰，张微．基于双重声誉的国企经理长期激励最优组合研究［J］．中国管理科学，2014（9）：133-140.

［170］初向华，侯景亮．考虑合作和能力声誉的知识型项目团队成员激励分析［J］．统计与决策，2015（20）：58-61.

［171］段永瑞，黄凯丽，霍佳震．考虑团队分享和协同效应的团队员工多阶段激励模型［J］．系统管理学报，2012，21（2）：155-165.

［172］王旭，徐向艺．基于企业生命周期的高管激励契约最优动态配置：价值分配的视角［J］．经济理论与经济管理，2015（6）：80-93.

［173］任鸣鸣，刘丛，杨雪，等．电子废弃物源头污染治理的激励与监督［J］．系统管理学报，2015，24（3）：405-412.

后　记

正值我从事研究生教育 11 周年之际，《建筑节能工程质量治理与监管》即将出版发行。这是我们以研究生为主体的动态研究团队 11 年共同努力、创新探索的结果，也是继《既有建筑节能改造 EPC 模式及驱动要素研究》（天津市哲学社会科学规划后期资助项目（TJGLHQ14））、《既有建筑节能改造市场发展机理与政策体系优化研究——基于主体行为策略视角》（教育部哲学社会科学研究后期资助项目（16JHQ031））之后，11 年研究生教育又一丰硕成果。一定程度上，它标志着我们研究生教育的业绩与成就。

本书是国家自然科学基金项目"市场治理视角下既有建筑绿色改造多主体动力演化与耦合机理研究"（71872122）的阶段性研究成果，是在完成国家自然科学基金项目"工程质量政府监督多层次机理协同机理研究"（71171141）之后的部分后期成果以及 3 篇硕士学位论文（窦媛的"承包商建筑外墙节能工程质量管理与评价研究"、焦江辉的"既有公共建筑节能改造工程质量风险管理研究"和韩新娜的"建设工程质量政府监管信息化平台构建与运行机理研究"）基础上，经过整体系统架构和多次充实修改形成的。全书包括总括、承包商质量治理、ESCO 质量风险管理、政府质量监管改善、总结等五大模块，聚焦"承包商建筑外墙节能工程质量管理实施过程与效果评价""ESCO 既有建筑节能改造工程质量风险管理""工程质量政府监管信息化平台运行机理与激励体系架构"上中下三篇，从核心主体治理与政府监管互动视角，初步形成了建筑节能工程质量治理与监管的理论体系。

本书作为我们研究生教育的成果，得益于建筑节能改造管理研究方向的确立。2003—2005 年我在天津大学管理与经济学部从事博士后研究工作期间，按照合作导师刘应宗教授当时主导项目研究要求，作为核心成员参与完成了"废旧电器回收再生利用产业发展管理研究"和"天津市中长期节能规划研究"两个项目。这两个项目的研究，奠定了我开展管理研究的循环经济理念。基于此，自 2007 年天津城建大学设立管理科学与工程硕士研究生教育开始，我就选择了"既有建筑节能改造管理"作为研究生培养的主导研究方向，取得了丰硕的研究成果。在本书出版之际，衷心感谢我的导师刘应宗教授，是他开阔了我的研究视野，使我顺利步入了生态宜居城市与可持续建设管理研究领域。

　　研究成果的取得依赖于稳定的研究方向和积极向上的动态创新研究团队。我们以生态宜居城市与可持续建设管理研究中心为平台，按照稳定研究方向、实施整体规划、分步分阶段实施的思路系统开展了研究生教育与培养，把科学研究探索与学生个人兴趣和基础相结合，研究方向为引导与学生自主选择相结合，针对既有建筑节能改造管理，我们规划了既有建筑节能改造市场管理、交易关系、投融资管理、绿色建造、绿色产业链管理等五大方向的40余个子课题，供我指导的历届研究生学位论文选题。自2007年起，持续开展了11年的研究历程，形成了以研究生为主体的动态研究团队。至今，已有21位硕士研究生（续振艳、任邵明、葛继红、窦媛、师旭燕、韩新娜、焦江辉、马兴能、尚伶、魏兴、刘继仁、崔斯文、张宝震、赵倩倩、张海芸、陶凯、王星、王毅林、郑悦红、吴思材、陈思敏）完成相关硕士学位论文毕业（其中，葛继红和马兴能分别于2013年和2015年获得天津市优秀硕士学位论文奖），尚有9位在读研究生（伍红民、李柏桐、李玮、秦广蕾、乔婉贞、王文强、刘美辰、魏永成、祁刚）以相关专题作为硕士学位论文研究方向，他们静心探索、勇于创新、扎实努力、团结奋进，在既有建筑节能改造管理研究方面不断推陈出新、创新探索、积累成果，为既有建筑节能改造研究动态团队建设和发展做出了积极贡献，我以他们为荣。

　　社会各界的支持与帮助是我们开展既有建筑节能改造管理研究的坚强后盾。有为研究提供方便与提供研究资料的段炼、王慧娟、郝恩海、雷立争、廖玉平、曹淯博、郭俊克、潘鹏程、郭汉刚、丰红彦、马辉、张宇、刘炳胜、杜亚玲、赖迪辉、王磊、周子龙、张琦、潘辉、姜琳、张睿、王春梅、王玉堃等老师、朋友、领导与同事，有为研究生提供实习与工作的程贵堂、尹波、仙燕明、刘国发、周海珠、杨彩霞、丘佳梅、阎利、张智涛等各位领导、朋友，有为项目立项与结项评定推荐的王明浩正高工、仙燕明正高工、刘应宗教授、李健教授、孙钰教授、尹贻林教授、陈立文教授、陈敬武教授、尚天成教授、李书全教授、郝海教授、杜子平教授、王雪青教授、张连营教授、孙慧教授、易展能总经理、齐晓辉副总经理、刘祖玲正高工、蔡贵生正高工、刘向东正高工、田雨辰高工、韩永进教授、张毅民教授、曹红梅高工、郭邦军高工、郭振国正高工等专家的指导与支持，有研究生学位论文开题与答辩委员王明浩正高工、仙燕明正高工、罗永泰教授、王建廷教授、符启勋教授、董肇君教授、陈敬武教授、尚天成教授、郭伟教授、李锦华教授、任志涛教授、刘戈教授、曹琳剑教授、张宇副教授、马辉副教授、刘国发高工等专家的指导与指正，有项目组成员张印贤、郝海、魏兴、张宝霞、马辉、郭伟、王磊、张宇、张琦以及研究生的共同努力，有伍红民、李柏桐、吴思材、郑悦红、陈思敏、李玮、秦广蕾、乔婉贞、王文强、刘美辰、魏永成、祁刚等研究生广泛收集资料、细心整理文献、精心排版校对、积极参与研究。特别值得一提的是在11年的研究经历中，在成果形成与发表过程中还得到了《中国管理科学》《科技进步与对策》《科技管理研究》《资源开发与市场》《建筑经济》《建筑科学》《土木工程与管理学报》《建筑》《工程管理学报》《建筑节能》《项目管理技术》《科技和产业》《生态经济》《建设科技》《城市》《西安建筑科技大学学报》《华侨大学学报》《工程经济》等期刊专家的评阅与指正，借鉴与参考了包括参考文献在内的国内外专家、学者的观点与见解。本书出版得到了机械工业出版社的精心策划与编审帮助。本书出版得到天津市高等学校创新团队"建筑工业化与绿色发展"（TD13-5006）、工程建设管理市级实验教学示范中心（天津城建大学）的资助。

在本书出版之际，对所有给予我们研究热忱指正与帮助的朋友，一并表示诚挚的敬意和衷心的感谢！